公元787年，唐封疆大吏马总集诸子精华，编著成《意林》一书6卷，流传至今
意林：始于公元787年，距今1200余年

一则故事　改变一生

意林青年励志馆

最怕你一事无成，还安慰自己尚且年轻

《意林》编辑部 编

吉林摄影出版社

·长春·

青年励志馆⑳

图书在版编目（CIP）数据

最怕你一事无成，还安慰自己尚且年轻 /《意林》编辑部编. -- 长春：吉林摄影出版社，2017.5
（意林青年励志馆）
ISBN 978-7-5498-3115-9

Ⅰ.①最… Ⅱ.①意… Ⅲ.①成功心理-青年读物 Ⅳ.①B848.4-49

中国版本图书馆CIP数据核字（2017）第081801号

最怕你一事无成，还安慰自己尚且年轻　ZUI PA NI YISHIWUCHENG, HAI ANWEI ZIJI SHANGQIE NIANQING

出 版 人	孙洪军
主　　编	顾　平　杜普洲
责任编辑	李　彬
总 策 划	徐　晶
策划编辑	郭妙霞
设计总监	资　源
封面设计	资　源
美术编辑	郭　宁
发行总监	王俊杰
开　　本	889mm×1194mm　1/16
字　　数	350千字
印　　张	11.5
版　　次	2017年5月第1版
印　　次	2022年3月第6次印刷

出　　版	吉林摄影出版社
发　　行	吉林摄影出版社
地　　址	长春市净月高新技术产业开发区福祉大路龙腾国际大厦A座17楼
	邮　编：130117
电　　话	总编办：0431-81629821
	发行科：0431-81629829
网　　址	www.jlsycbs.net
经　　销	全国各地新华书店
印　　刷	天津泰宇印务有限公司

书　号	ISBN 978-7-5498-3115-9	定　价	26.90元

启　事

本书编选时参阅了部分报刊和著作，我们未能与部分作品的文字作者、漫画作者以及插画作者取得联系，在此深表歉意。请各位作者见到本书后及时与我们联系，以便按国家相关规定支付稿酬及赠送样书。

　　地　址：北京市朝阳区南磨房路37号华腾北搪商务大厦1501室《意林》编辑部（100022）
　　电　话：010-51900482

版权所有翻印必究
（如发现印装质量问题，请与承印厂联系退换）

目录 CONTENTS

青年励志馆
最怕你一事无成，还安慰自己尚且年轻

幸福这件事，要成为一种信仰

在喧闹的世界中安静地活着	韩浩月 002	当你到达山顶，其实一无所有	张晓风 015
生与死的哲学	韦 星 003	那些年，我赶过的暑假作业	金陵小岱 016
有丰富的心灵才有悠闲的生活	林语堂 004	三个祖母和一个婴儿	张达明 017
找到属于自己的崇高感	梁宏达 005	长生不老和返老还童都是忧伤的事	郭绍明 018
被美化的疾病	侯虹斌 006	开心是最好的补药	林清玄 018
乱世巧克力	鲁 艺 007	做一个有情怀的落伍者	邓 雷 019
需要较真的场场人生"戏"	辉姑娘 008	流浪汉的"体面"	雷碧玉 020
卖猪肠粉的女人	蔡 澜 009	我在机场等来一艘船	祝小签 020
生命中最黑暗的一小时	绿 茶 010	河里漂来的幸福	[日]岛田洋七 021
跟着积极走	章睿齐 011	所有的不开心都是要收费的	周宏翔 022
把最坏的日子过成最好的时光	李 静 012	补心	龚细鹰 023
"拥抱"在最好的年代	黄昉苨 013	都是人心	曾 颖 024
胡歌：始于颜值，陷于才华，忠于人品	西风漂流 014	不犯错的方法	包明丽 024
不是芝麻小事	林清玄 015		

恰到好处的爱，恰到好处的温暖

我在旅行时学到的那些人生哲理	天边的左岸 026	无所事事不是慢生活，是慢待生活	王 欣 033
我与幸福之间，只差一只猫儿	[日]村上春树 027	生活家	凉月满天 034
长大后的白血病患儿	嘉 倩 028	抱膝看闲街	马 德 034
值得思考的选择题	程 玮 029	第50位顾客	凤 凰 035
一碗属于深夜的泡面	九 味 030	一生只做一件事	倪一宁 036
善良是我们自己的事	马亚伟 031	贵族与擀面杖	黄 磊 036
有没有一种生活，可以安静而有趣	林特特 032	得折腾处且折腾	李月亮 037

919路巴士上的康乃馨	于小鱼 038	泰国学生欢乐多	鱼 岸 044
有情趣的人	马 德 039	做得多不如做得对	吴淡如 045
用心去触摸世界	雷碧玉 040	守好你的孤独	小令君 046
喝咖啡选对围裙颜色	黄增强 041	无论如何,都不必自怜	吴淡如 047
要学会忍住心中的痒	郝金红 041	你最大的问题是没有问题	张珠容 047
学会独处和平静地努力	李尚龙 042	面对死亡的态度决定了你的人生	张 越 048
少女苏,别惹她	苏 苏 043	做了两万次的梦可以绕地球几圈	王学超 048

世界如此美妙,凭什么你要受苦

生命遇到绝望,哪还有时间去煽情	李尚龙 050	每天都冒一点儿险	毕淑敏 067
多么不可救药的人生,也应该再抢救一下	李月亮 051	提醒	世 其 067
我拒绝过凑合的人生	李 娜 052	想不开的时候,就跑步	冯 唐 068
你能把生活扇的耳光变成蜜糖吗	肥 桃 053	无臂赛车手极速追梦	李 静 069
诸葛亮的"三把火",竟然一把都不是他烧的		毁不掉的优秀	暗香疏影 070
	忆江南 054	我还是那颗石头	陈 坤 071
自嘲,是有自信的人,才做得到的事	蔡康永 055	你这么年轻,为什么总是焦虑	郴小洁 072
黑暗出发,光明登顶	乔 叶 055	总是抱怨,总有抱怨	吴君如 073
今天一定要过好,因为明天会更老	李月亮 056	十年前扇过的翅膀	沈嘉柯 074
找一个迷人的理由	丹尼斯 057	将你逼入信任的角落	张珠容 075
你是真过得苦,还是太爱诉苦呢	晚 睡 058	能力之后才是细节	李月亮 076
因为什么都不缺,我才觉得自卑 [日]松浦弥太郎 059		那些杀不死我们的	蒋方舟 077
对残酷世界说情话	韩松落 060	即使你一无所有,你仍然可以做两种投资	陆小六 078
最漂亮的话	郑小武 061	只要在困难里坦然地活下去,就没有走不通	
比惨不如比狠	陈立飞 062	的路	林清玄 080
人情银行	辉姑娘 063	哪有天生幸运的传奇,不过是长年累月的供给	巫小诗 081
你怎么知道人家早下班了	刘 墉 064	我除了天才的梦之外一无所有	张爱玲 082
长大成人怎么这么艰难啊	陶瓷兔子 065	成绩倒数怎样考上北大	何 瑫 083
最像噩梦的旅程	任家萱 066	有趣,才是一个人的顶级魅力	喇嘛哥 084

走有光的路，爱真实的自己

怎样才能成为很酷的姑娘	曲玮玮	086	那些微小的改变，让我们越来越好	艾小羊 100
食物链底层的女孩	小 乱	087	早晨型人更容易成功	[日]中岛孝志 101
嗯，曾经自卑过	遇见Luck	088	人生就是一场赤脚与高跟鞋的较量	椰子姑娘 102
社会对漂亮的人更严苛	张 慧	089	"叛逆"成就的世界名校之旅	邹 青 103
我喜欢努力挣钱的自己	巫小诗	090	深海的鱼不必泅渡上岸	晚 禾 104
不迎，不逆	零 凌	091	用马改造囚犯	佟雨航 105
就算你生活再不济，也能活出灿烂的自己	胡 识	092	二十岁，告别自卑，拥抱更好的自己	Nico 106
貂蝉是怎样练成的	忆江南	093	你说话的方式毁了你的优势	艾小羊 107
马丽：我曾活丢了自己	赵晓兰	094	想当舞蹈家的服装设计师	张达明 108
编织"青苔"的女孩	顾静怡	096	谁动了你的自尊	陶瓷兔子 109
阿黛尔的达观	鲁 艺	096	当你觉得不再成长时，可以试着模仿别人	马华兴 110
演回自己	林青霞	097	变成一个自己喜欢的人	刘 同 111
请在这个残酷的世界，维持一颗闪亮亮的少女心	少女陆sunny	098	谁年轻的时候没当过"非主流"	曾 颖 112
敢做自己的胆量	林语堂	099	成熟的标志是什么	周国平 113
			我不聪明，但是我很努力	戴帽子的鱼 114

不砍掉心灵枝丫，阳光从何处而来

姑娘，谈恋爱并不能改变你的现状	乱世佳人	116	衣冠取人	连 岳 130
重刑犯与流浪狗	正经婶儿	117	暗恋要有礼貌	猪小浅 131
过一种有审美的生活	晚 睡	118	安于低调是自信	冯骥才 132
不要期望雪中送炭	刘 同	119	年少的期许在明媚中结果	桥边红药 132
"喜欢"和"需求"，才是坚持梦想的原动力	陶瓷兔子	120	喜欢吃鱼，就不要怕刺	巫小诗 133
做个很酷很酷的短发姑娘	顾 鲸	121	迷茫时，就去寻找生活的乐趣	李 健 134
生活原本沉闷，但跑起来就有风	王 鑫	122	浮躁是最大的失败	姚秦川 134
用游戏管理犯人	江上吹箫	123	穷养与富养的不同人生	闫 红 135
如果可以，我想抱抱曾经的自己	张亚凌	124	敢于直面负能量，才是真的正能量	慕容素衣 136
用心拾掇自己	王举芳	125	真正的原谅	姚秦川 137
谁动了我的少女时代	杨熹文	126	泡咖啡馆不是装文艺	戚瀚文 138
你无法做到最完美	张君燕	127	打动人心的"泰式广告"	张广智 138
成长的第一课	达达令	128	无所不知的人为什么会一事无成	毛羽立 139
舒适的架势走不了远路	谢月贤	129	糖是甜的，盐是咸的	[日]松下幸之助 140
女神雕像的背后	陈荣生	129	那些因爱美而"吃土"的女孩	小绿桑 141
			你讲了那么多道理，我好像都不大信	罗振宇 142

与其迷茫彷徨，不如去闯

你配得上更好的人生 …………………… 沈嘉柯 144
你之所以平庸，就输在一个细节 ………… 肖 卓 145
人和人的差距，远不止一个好运 ………… 沐 沐 146
命运夺不走追求梦想的初心 ……………… 李 静 147
困住你的只是你自己 ……………………… 落 落 148
从没有白费的努力，也没有碰巧的成功 … 鹿十七 150
你那点儿拼，真的不算什么 ……………… 蓑 依 151
当你以为自己顶不住了，这并不是最后的时刻
　　　　　　　　　　　　　　　　　毕淑敏 152
全力以赴是成功最好的名字 ……………… 黄助昌 153
过自律的生活，能够带给我们什么惊喜 … 王 珣 154
来不及就不学了吗 ………………………… 乐乐淘 155
面对恐惧，只需要砥砺前行 ……………… 茅石三 156
我想做一个能让你们骄傲的差生 ………SilverFox 158
你不需要忙，只需要坚持就够了 ………… 汤小小 159
在到达远方之前，我们必须苟且 …… 叶上清之宿雨 160
一路向前，就不会倒了 …………………… 张佳玮 160
"乐"心不改 ……………………………… 汪 去 161

你觉得为时已晚，恰是刚刚好的开始 …… 韦 娜 162
掌控人生的姑娘，从不活在PS里 ……… 李爱玲 163
你所有的迷惑，都是因为想得太多，做得太少
　　　　　　　　　　　　　　　　　汤小小 164
我们晒晒自己的努力 ……………………… 杨熹文 165
高三来袭，别相信传说 …………………… 蒋方舟 166
"迟到"的弥散效应 ……………………… 蒋骁飞 167
一个高考失败者的逆袭 …………………… 十 二 168
三天只做一秒 ……………………………… 张君燕 169
许多想做的事 ……………………………… 李松蔚 170
拼命了十一年的新人演员 ………………… 老 妖 171
想走捷径的，最后都走了弯路 …………… 艾小羊 172
你不是一个人在焦虑 ……………………… 李尚龙 173
不聪明的我如何进北大 …………………… 李玉水 174
低头努力，剩下的交给时光 …… 一直独立特行的猫 175
"垃圾王子"汪剑超：让收破烂儿变得高大上
　　　　　　　　　　　　　　　　　张珠容 176
天才们也是要打草稿的 …………………… 张佳玮 176

幸福这件事，要成为一种信仰

　　幸福是一个很微妙的词语，看不见摸不着，却能真真正正地体会到。幸福需要寻找，它往往藏在我们生活的小事里，当你真心感受它们的时候，就会来到你的身边。幸福是一种心的富足，一种敦实深厚的满足感，不以物质的多寡来衡量，而是付出、分享和爱的感受。

在喧闹的世界中安静地活着

□ 韩浩月

带女儿去做幼儿园入园体检。开学季到来之前的各种扎堆儿大家是知道的,医院也不例外,长长的队伍排了两个蛇阵,不少家庭是全家上阵。家长们的闲聊和小朋友因为害怕抽血而发出的哭声,各种声音混杂在一起,仿佛要把屋顶掀翻。

抱着女儿,她把下巴放在我的肩膀上。早晨起得早,她还打着盹儿。很小的时候,就是这样抱着她排队打防疫针,小胳膊肉肉的,打了针也只是撇撇嘴,竟然一次也没哭过。

排队的时候,我们聊着天,有一句没一句,忽然感觉到了心里的安静。有了这份安静之后,就不觉得排在漫长队伍的中间有多无聊了。甚至觉得,这样的时刻真好,也可列为父女单独相处的亲子时间。

女儿是个安静的孩子。我清清楚楚地知道她的安静来自哪里。双鱼座女生是安全感不太充足的,需要给予特别特别多的关心,要体察到她敏感的小心思,要不断重复她是被爱着的。如果内心没有爱的匮乏感,她也是能够自自然然、脱口而出"我爱你"的小孩儿。

想让她成为一个安静的女孩子,也是我的愿望。因为我有一个内心激烈的童年,在成长过程中,心灵一直是躁动不安的,花了二三十年的时间,耗了无数的内在能量,去平复各种莫名涌动的情绪。一直到四十岁之后,才勉勉强强做到了对外界事物"不为所动"。我不敢说自己现在是安静的,却希望女儿拥有一个安静的童年。因为,安静才意味着快乐,有了安静的基础,才有可能去体会幸福。

见不得人争吵。偶尔在公共场所看到有情侣在争吵,激烈的话语,变形的面孔,为了一个小而又小的事情,争得面红耳赤。为什么会这样?为什么不能心平气和地说话、解决矛盾?当然我自己也做不到心静如水,也会有发怒、失态的时候,但每每过后就后悔不迭,觉得自己浅薄、无礼。所以,回避冲突就会成为潜意识里的行为。好在,无论工作还是生活中的冲突,多数都是可以避免的。

菲茨杰拉德的小说《美丽与毁灭》,在后半部分花了大量篇幅,去写一对夫妻的争吵,这部分内容写得相当细致、逼真,看了让人觉得呼吸紧张、透不过气来。这是因为,这本小说是以菲茨杰拉德本人为原型的,他与妻子泽尔达因为生活琐事争吵不已,悲伤的婚姻很大程度上造就了两个人的悲剧。菲茨杰拉德终日酗酒,精神濒于崩溃,在四十四岁时死于心脏病突发,几年之后,泽尔达死于精神病院的一场大火。

阅读这本书让我惆怅了一段时间。因为它让我找到了恐惧产生的源头。我的世界里曾有一段漫长的时间,是充满各种嘈杂声音的,久远记忆中的那些声音暴力,一直在扰乱我的生命质量,因此每逢有语言冲突的场合,我总会选择早早地避开,哪怕冲突的当事人与我根本没有任何关系。我渴望一个世界,那里的人们互致友好,彼此体谅,没有倾轧,面带微笑,而后来也终于明白,这只能是一个愿望,在喧闹的世界中安静地活着,才是现实的、解决问题的唯一出路。

因此我对那些安静的人充满好感。在队伍中默默排队的人,在影院里一言不发的人,在地铁里沉静读书的人,在急匆匆的行人中间脚步悠闲的人,在湖边钓了一下午鱼的人,牵着孩子的手散步的人,数着红绿灯倒计时数字的人,在喧闹的空间戴上耳机的人,把食指竖在嘴边提醒噪声制造者的人,摆弄餐具小心翼翼的人,在冲突即将发生时突然释然面露微笑的人,选择让步的人,不按汽车喇叭的人……

还能罗列出来许多这样的人。他们一定是可以听到诸多被忽略的美好声音的人。比如在夏天听到虫鸣,在冬天听到雪落。这样安静的人,一定会与另外一个同样安静的人相爱。或者,一个安静的人,会慢慢让另外一个不安静的人,也能够安静下来。这是多么好的事情。

不要急,我对女儿说,永远都不要着急,等你长大了,就会知道不着急的好处。你的爸爸就是因为有时候会着急,才会制造出一些噪声来,可你不一样,你一出生,就是个安静的女孩。我希望,这安静能陪伴你一生。

生与死的哲学

□ 韦星

上周，在采访途中刷微博，我看到了一组抗癌漫画，画面很好，文字也很幽默，充满调侃味。

作者是名癌症患者，叫丁一酱。但是在看到作者照片时，我震惊了：这不是丁××吗？丁一酱不过是他的化名罢了。

前几年，我和丁××有过多次接触，对他印象深刻。但多年没联系，他突然就扔出一颗"炸弹"来。

那时，东莞举办动漫节，我在报社负责这块的采访，在一些专业知识方面，我曾多次向他请教。

丁一酱和我年龄相仿，他2005年7月毕业于华南理工大学，学的是电气工程及自动化专业。不过，他喜欢动漫设计爱好画画，所以大学时经常逃课去参加一些门户网站的动漫设计大赛，也拿过不少奖。但受父辈影响，毕业后，他还是到台山（江门市下属的一个县级市）一家比较稳定的单位上班。此后，我再也没有看到他的作品。

这次看到他抗癌故事的系列作品才知道：10个月前，他被确诊为神经内分泌肿瘤，晚期。神经内分泌肿瘤发病率很低，每10万人发病数是2~5人。在各类癌症中，神经内分泌肿瘤的占比不足一个百分点。

我们知道，56岁的乔布斯就因这病在2011年去世，但丁一酱被确诊患上这病时，不足33岁。

后来，我和丁一酱联系上了，也去看望了他。我们的话题中，还谈到了死亡的问题。丁一酱说，被确诊的那一刻，以为"就剩3个月了"，因为电视剧里，导演想让一个人死，总让他患癌症，且3个月后就死了。

后来他才知道，乔布斯患这病时，也能撑8年才死去。当然，同类患者中能活过5年的，也很少。对这些话题，丁一酱主动提及，没有回避。他说："很多人认为癌症患者忌谈生死，其实是别人比我们更敏感。"

从丁一酱的漫画和微博上可以看出，他对癌症的"嘲讽和调侃"，总能给人积极乐观和无所畏惧的态度。

事实上，在发现自己患癌症的那一刻，丁一酱也"瞬间不淡定了"。他告诉他老婆时，他老婆"稀里哗啦"地就哭起来了。他告诉他爸妈时，电话那头，就传来爸爸妈妈撕心裂肺的哭声……

"说当初一点儿也不害怕是假的。"丁一酱说，但当生命变得无法拒绝的时候，当生命就剩下为数不多的时间的时候，要哭着过，还是笑着过？

想到这些，丁一酱只用了几天的时间，就赶紧把心态调整过来了。他说，人生不过是生与死的问题，谁的人生最终都是这样。自己要笑着过，但这无关坚强，因为不想拿生命再为伤心、绝望埋单。

这也是忍受着极端癌痛，丁一酱也要重拿画笔宣传、普及癌症知识，调侃"肿瘤君"的原因。他希望能给那些在阴抑和惊恐中走向生命终点的群体一丁点儿的启发、体悟和温暖。

但癌痛确实很痛，那种痛就像"胸部粉碎性骨折后，还被人每隔10~20分钟猛踩一下"，所以他的画，也是断断续续的。他的健康状况，也并不乐观：过去10个月里，他的体重从140斤降到110斤，降了30斤。他的睡眠严重不足，一星期通常有两三个晚上，疼得一夜都无法入睡。

但更大的疼痛是来自精神上的折磨。因为治疗，他每个月都去北京，且一待就是一个星期。

对此，他6岁的女儿对他的"意见很大"：每次你都偷偷走，我等很久也没见你回来。每次我到窗台去看，总看不到你。

向我复述女儿的这些话时，一向给人乐观印象的丁一酱，突然就哽咽了，顿时无助得像个在街角身上被堆满了委屈的孩子。

丁一酱是潮州人，他说他从不担心自己死后女儿的生计和读书问题，因为潮州人的家族观念很强，也很团结，"一个人生病，整个家族都动起来了"。但他担心，在女儿的成长路上，父亲的缺席会给她心灵带来巨大伤害。

人生不过是生与死的问题，但又不只是。如何看待生与死，似乎更值得追问。

有丰富的心灵才有悠闲的生活

□林语堂

中国人之爱悠闲，有着很多交织着的原因。中国人的性情，是经过了文学的熏陶和哲学的认可的。这种爱悠闲的性情是由于酷爱人生而产生，并受了历代浪漫文学潜流的激荡，最后又由一种人生哲学——大体上可称它为道家哲学——承认它为合理近情的态度。中国人能囫囵地接受这种道家的人生观，可见他们的血液中原有着道家哲学的种子。

有一点我们须先行加以澄清，这种消闲的浪漫崇尚（我们已说过它是空闲的产物），绝对不是我们一般想象中的那些有产阶级者的享受。那种观念是错误的。

我们要明了，这种悠闲生活是穷愁潦倒的文士所崇尚的，他们中有的是生性喜爱悠闲的生活，有的是不得不如此，当我读中国的文学杰作时，或当我想到那些穷教师们拿了称颂悠闲生活的诗文去教穷弟子时，我不禁要想他们一定在这些著作中获得很大的满足和精神上的安慰。

所谓"盛名多累，隐逸多适"，这种话对那些应试落第的人是很听得进的；还有什么"晚食可以当肉"这一类的俗语，在养不起家的人即可以解嘲。

中国无产阶级的青年作家们指责苏东坡和陶渊明等为罪恶的有闲阶级的知识分子，这可说是文学批评史上的最大错误了。苏东坡的诗中不过写了一些"江上清风"及"山间明月"。难道江上清风山间明月和桑树颠的鸡鸣只有资产阶级才能占有吗？这些古代的名人不是空口白话地谈论着农村的情形，他们是躬亲过着穷苦的农夫生活，在农村生活中得到了和平与和谐的。

这样说来，这种消闲的浪漫崇尚，我以为根本是平民化的。我们只要想象英国大小说家斯顿在他有感触的旅程上的情景，或是想象英国大诗人华兹华斯和柯勒律治他们徒步游欧洲，心胸中蕴藏着伟大的美的观念，而袋里不名一文。

我们想象到这些，对于这些个浪漫主义就比较了解了。一个人不一定要有钱才可以旅行，就是在今日，旅行也不一定是富家的奢侈生活。

总之，享受悠闲生活当然比享受奢侈生活便宜很多。要享受悠闲的生活只要有一种艺术家的性情，在一种全然悠闲的情绪中，去消遣一个闲暇无事的下午。正如梭罗在《瓦尔登湖》里所说的，要享受悠闲的生活，所费是不多的。

笼统来说，中国的浪漫主义者都是具有锐敏的感觉和爱好漂泊的天性，虽然在物质生活上露着穷苦的样子，但情感却很丰富。

他们深切爱好人生，所以宁愿辞官弃禄，不愿心为形役，在中国，消闲生活并不是富有者、有权势者和成功者独有的权利，（美国的成功者更显匆忙了！）而是那种高尚自负的心情的产物，这种高尚自负的心情极像那种西方的流浪者的尊严的观念，这种流浪者骄傲自负到又不肯去请教人家，自立到不愿意工作，聪明到不把周遭的世界看得太认真。

这种心情是一种超脱俗世的意识而产生，并和这种意识自然地联系着的；也可说是由那种看透人生的野心、愚蠢和名利的诱惑而产生出来的。

那个把他的人格看得比事业的成就来得重大，把他的灵魂看得比名利更紧要的高尚自负的学者，大家都把他认为是中国文学上最崇高的理想。他显然是一个极简朴地去过生活，而且鄙视世欲功名的人。

这一类的大文学家——陶渊明、苏东坡、白居易、袁中郎、袁子才，都曾度过一个短期的官场生活，政绩都很优良，但厌倦了那种磕头的勾当，要求辞职，以便可以回家去过自由自在的生活。

另外的一位诗人白玉蟾，他把他的书斋题名为"慵庵"，对悠闲的生活竭尽称赞的能事：

丹经慵读，道不在书；
藏教慵览，道之皮肤。

至道之要，贵乎清虚；
何谓清虚？终日如愚。
有诗慵吟，句外肠枯；
有琴慵弹，弦外韵孤；
有酒慵饮，醉外江湖；
有棋慵奕，意外干戈；
慵观溪山，内有画图；
慵对风月，内有蓬壶；
慵陪世事，内有田庐；
慵问寒暑，内有神都。
松枯石烂，我常如如。
谓之慵庵，不亦可乎？

从上面的题赞看来，这种悠闲的生活，也必须要有一种恬静的心地和乐天旷达的观念，以及一个能尽情玩赏大自然的胸怀方能享受。诗人及学者常常自题了一些稀奇古怪的别号，如江湖客（杜甫）、东坡居士（苏东坡）、烟湖散人、襟霞阁老人等。

没有金钱也能享受悠闲的生活。有钱的人不一定能真真领略悠闲生活的乐趣，那些轻视钱财的人才真真懂得此中的乐趣。他须有丰富的心灵，有简朴生活的爱好，对于生财之道不大在心，这样的人，才有资格享受悠闲的生活。

如果一个人真的要享受人生，人生是尽够他享受的。一般人不能领略这个尘世生活的乐趣，那是因为他们不深爱人生，把生活弄得平凡、刻板、而且无聊。有人说老子是嫉恶人生的，这话绝对不对，我认为老子之所以要鄙弃俗世生活，正因为他太爱人生，不愿使生活变成"为生活而生活"。

有爱必有妒。一个热爱人生的人，对于他应享受的那些快乐的时光，一定爱惜非常，然而同时却又须保持流浪汉特有的那种尊严和傲慢。甚至他的垂钓时间也和他的办公时间一样神圣不可侵犯，而成为一种教规，好像英国人把游戏当作教规一样郑重其事。他对于他在高尔夫球总会中同他人谈论股票的市况，一定会像一位科学家在实验室中受到人家骚扰那样觉得厌恶。

他一定时常计算着再有几个春天就要消逝了，为了不曾做几次邀游，而心中感到悲哀和懊丧，像一个市侩懊恼今天少卖出一些货物一样。

我们的生命总有一日会灭绝的，这种省悟，使那些深爱人生的人，在感觉上增添了悲哀的诗意情调。然而这种悲伤感却反使中国的学者更热切深刻地要去领略人生的乐趣。这看来是很奇怪的。

我们的尘世人生因为只有一个，所以我们必须趁人生还未消逝的时候，尽情地享受。如果我们有了一种永生的渺茫希望，那么我们对于这尘世生活的乐趣便不能尽情地领略了。

基士爵士曾说过一句和中国人的感想不谋而合的话："如果人们的信念跟我的一样，认为尘世是唯一的天堂，那么他们必将更竭尽全力把这个世界造成天堂。"

苏东坡的诗中有"事如春梦了无痕"之句，因为如此，所以他那么深刻坚决地爱好人生。在中国的文学作品中，常常可以看到这种"人生不再"的感觉。

中国的诗人和学者在欢娱宴乐的时候，常被这种"人生不再""生命易逝"的悲哀感觉所烦扰，在花前月下，常有"花不常好、月不常圆"的伤悼。

李白在《春夜宴桃李园序》一篇赋里，有着两句名言："浮生若梦，为欢几何？"王羲之在和他的一些朋友欢宴的时候，曾写下《兰亭集序》这篇不朽的文章，它把"人生不再"的感觉表现得最为亲切。

找到属于自己的崇高感

□梁宏达

日本有很多文艺作品，都在做同一件事情，就是把一种普通的职业神圣化。

比如，《排球女将》把运动员神圣化；或者拍一部关于医生的电视剧，把医生神圣化；或者拍一部关于消防队的影片，把消防队员神圣化。

他们想让从事不同职业的观众看完以后，都觉得自己从事的职业真神圣，这对社会的发展很重要。

本来自己是小人物，因为无形中有了使命感，就会更好地对待自己的职业、生活，这就是正能量。

再举一个极端的例子，有一部电影叫《入殓师》，这部电影讲述了一位梦想破灭的大提琴演奏家，迫于生计干起了入殓师。他本来嫌弃这种职业，非常不甘心，每天想着找机会回去拉大提琴。干着干着他竟然发现，入殓师很伟大，能为一个个死者服务，让他们体面地离开人世；还可以造福很多家庭，让他们得到心灵的慰藉。因此，他获得了崇高的使命感，决定认真干下去。

这就是日本人最厉害的地方，他们能让所有的职业，哪怕被人嫌弃的职业，都找到属于自己的崇高感。

被美化的疾病

□侯虹斌

演员乔任梁的离世，让"抑郁症"再一次成为被科普的对象。现在，终于越来越多的人明白了，抑郁症是一种疾病，不是"心情不好"，不是劝患者看开一点儿、多出去走走就可以痊愈的。它需要去正规的医院看病，并严格遵医嘱服药。

近些年来，我们在媒体或网络当中，甚至在自己的身边，已听闻过一些抑郁症患者选择了自杀离开人世。那些年轻而美好的生命，就这样在盛年的时候凋谢了，令人遗憾。想起就在去年，中国媒体上在报道一位比利时女孩安乐死时，还纷纷用《健康女孩申请安乐死获批因抑郁症抱有自杀倾向》这样的题目，非常无知；文中还写"她身体健康，没有任何器质性疾病"，这种误读，是对这位因病离世的女孩极大的不尊重。它没有意识到，这就是一种疾病。

稍为值得欣慰的是，关于"抑郁症是一种精神疾病"的常识，开始为人们所接受了。它的症状主要表现为情绪低落，兴趣减低，悲观，思维迟缓，认知功能损害，缺乏主动性，自责自罪，饮食、睡眠差，担心自己患有各种疾病，感到全身多处不适，严重者可出现自杀念头和行为。如何痊愈，是需要遵医嘱的。用科学的态度去治疗，就是好的开始。

关于抑郁症的科普，大家可以进一步地搜寻资料了解；然而，我现在发现这种病症，正在被从另一个角度进行误解。

它被介入了审美的评价，介入了道德的评论。

常见的论断就是：抑郁症，文艺界人士、学者、白领容易得；心灵强大、爱思考的人容易得；城市人容易得；智商高、受教育水平高、道德水准高的人容易得……

某种意义上，它居然被演绎成一种"高贵病"。就算是为了安慰患者，好听的假话也对治疗没有多大帮助吧？莫非没有得抑郁症的人，该多做自我检讨为什么没资格得病？

之所以认为文化人或城市白领容易得抑郁症，仅仅因为，这样的人群才有一定的话语权，也相对注重健康。要知道，即便在这个人群中，认识到"抑郁症是种病"的人的比例也是很低的，而且是最近的事；那么，那些贫困人群、边远农村，意识到这是种疾病，并且有经济能力去治疗的，恐怕是万中无一吧？并没有证据表明，这是一种"高贵病"。

这让我想起苏珊·桑塔格写于1978年的名著《作为隐喻的疾病》。人们常常把一些疾病当作道德的产物、性格的产物，只是没想到，四十年过去了，医学技术水平早已发生了翻天覆地的变化，折磨人类躯体的病魔也换过一拨了，但在日常生活的层面上，大众仍然遵循着同样的理解路径。

有些疾病，也常常会被过度审美化。比如白血病，就是唯美、浪漫的韩剧当中经常出现的桥段；其病重时表现出来苍白的脸色、纤瘦的身躯，会给恋爱中的少女们添上动人的悲剧色彩，有助于成全爱情之美。但文艺作品从来不会写女主角死于麻风、红斑狼疮或癌症。

而结核病，也是在这一两百年当中被美化得最厉害的一种致命疾病。早在19世纪中叶的时候，结核病就与罗曼蒂克联系在一起了。从隐喻的角度说，肺病是一种灵魂病。苏珊·桑塔格在文中说："一旦病病相被认为是优越的、教养的标志，那它势必就被认为有吸引力。"

甚至，按照古希腊名医希波克拉底的"四体液说"，结核病是艺术家的病。诗人雪莱和济慈都有结核病，但雪莱安慰济慈说："痨病是一种偏爱你这样妙笔生花的人的病。"这种病，在西方的文学作品中就像一个常见的重要角色，露脸很多。

而且，结核病在中国的文艺作品当中也是美丽的。像鲁迅的《病后杂谈》，其中就有一位，"愿秋天薄暮，吐半口血，两个侍儿扶着，恹恹的到阶前去看秋海棠"。这种志向，一看好像离奇，其实却照顾得很周到。"'吐半口血'，就有很大的道理。才子本来多病，但要'多'，就不能重，假使一吐就是一碗或几升，一个人的血，能有几回好吐呢？过不几天，就雅不下去了。"甚至，《西厢记》中，崔莺莺的"倾国倾城貌"，对应着张生的"多病多愁身"，这种病歪歪，是被当作一种优点来表彰的。

美化疾病，只能是在医学不发达时的一种自欺欺人的表达。表面上，是表达同情之心（甚至有的夸张为"艳美"了），却不免有轻蔑之意。本质，就是"心态导致疾病，而意志力量可以治疗疾病——此类理论，无

乱世巧克力

□ 鲁艺

1944年冬天,她和母亲被监禁在德国西北部的伯根-贝尔森集中营。一无所有的妈妈当时只剩下两块小巧克力。"孩子,在你饿得没法挺过去的时候,它可以帮到你。"她眼含热泪,接过巧克力,那时的她才八岁。

在这里,无数的儿童被当作有毒物的试验品,大量妇女被屠杀,空气中到处弥漫着焚烧尸体的气味……这一幕幕活生生的现实,成为她一生挥之不去的梦魇。

当晚,疲惫不堪的她蜷缩在地上一声不吭。没过多久,一阵阵痛苦的呻吟声如潮水般袭来。妈妈对她说:"孩子,感觉怎么样,能挺得下去吗?"

"可以!"

"把你的两块巧克力送给那位阿姨,这儿没有医生,她要生宝宝,怕是有生命危险……"

她极不情愿诧异地望着妈妈,手本能地紧紧护住巧克力。这一天,她只吃了一块生冷的面包,而妈妈到现在还没吃上一口,如果巧克力给了别人,以后的日子怎么过?

妈妈见她迟疑不决,俯下身,摸了摸她露出鞋底的脏脚丫。

"孩子,你要记住,没有任何一件东西比爱更宝贵,如果我们不帮助阿姨,她和小宝宝都会死的,给了她,以后我们还会有更多的巧克力……"

她跑到孕妇身边,把巧克力一点点喂给孕妇,吃了巧克力后,孕妇像得了神助,顺利产下了宝宝,母女俩幸运地活了下来。

奇怪的是,新生的宝宝异常瘦弱,不哭不闹,无一丝表情。

1945年4月15日,英军解放了集中营,所有的监禁者被释放。这一日,小宝宝发出了嘹亮的叫声,仿佛向世人宣告这一天才是她真正的诞生日。

"目睹各处集中营的种种暴行,足以让我时刻保持高度警惕,直到生命的尽头。"多年以后,当她向长大的女儿讲述那段不堪回首的往事时,女儿终于明白母亲的切肤之痛。

女儿提议让妈妈做一场专题演讲,旨在帮助依然沉浸在战争痛苦中的人们。主题定为"如果集中营里的幸存者都有过心理咨询"。

活动的当日,参会者数不胜数。她望着涌动的人群,仿佛回到了多舛的童年,眼睛顿时模糊起来。

演讲还未开始,一位将近八旬的老妇,举着印有"Juif"的六角星,向她奔来。老妇颤抖地掏出两块小小的巧克力,放到她的手心,泣不成声地说,她就是当年的那个新生宝宝。

两人站在时光的深处,紧紧相拥,仿佛战争不再,世界静止,只有真爱永存……

她就是法国著名作家兼诗人——弗朗西林·克瑞斯朵夫。

一次善举,足以让世人动容。爱即使在最卑微的角落,也会散发出永恒的人性之光。世上没有任何一样东西比给予别人温暖的爱更为神圣、伟大,也没有任何一样东西比爱更能让人获得永恒的幸福。

一例外地透露出人们对于疾病的生理方面的理解何其贫乏"。生病,变成了一种道德的呈现。一旦有人生病,就是旁人对这个人的行为、性格、气质、道德进行点评的时候。

在十六七世纪瘟疫肆虐的英格兰,人们还普遍相信"快乐的人不会被感染瘟疫"呢。这是不是和今天的"快乐的人不容易得抑郁症"很像?

这种观念不是巫术,却和巫术的心理机制是同构的。这对病人不会有任何好处,只会引导他们进一步自责,延误治疗的时机。

我想,快乐积极地生活,是必需的,它提高的是当下的生活质量;但它不是万能的免疫药,疾病不会因为你喜欢笑就不来找你。好好生活,好好相信现代医学,才是正事儿。

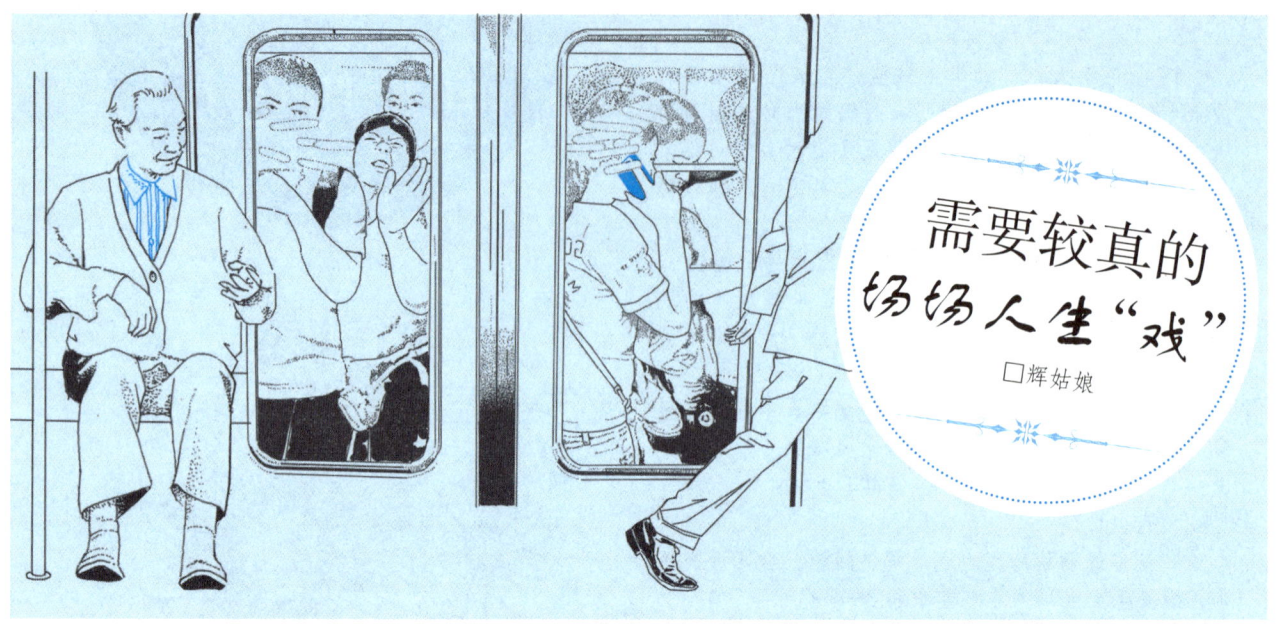

需要较真的场场人生"戏"

□ 辉姑娘

我在日本坐电车，时间久了，发现一个与国内不太相同的风俗——不能让座。

大约是低调习惯了，日本的老年人和孕妇都不大希望自己成为受人瞩目的弱势群体，被照顾和谦让总会令他们感到尴尬。

有一次与朋友一同乘车，过了两站，上来了一位老人。

这位老人的年纪实在是太大了，拄着拐杖，须发皆白，身体几乎驼成了90度。

周围的人都无动于衷。我浑身难受，如坐针毡，只好使劲拉了拉朋友的衣袖，问他怎么办。

他想了想，说："我们干脆装作要下车，给他让座吧。"

我觉得这个主意好，于是老人走过来的时候，我们站起身，向他点头致意后走开。

眼看老人坐在了位置上，我舒了一口气。刚在车门旁站定，朋友便使劲拉我一把，我懵懂地被他拽着下了车。

"你干吗？怎么真的下车了？"我不解。

他小声说："站在车上，老人和其他人总会看到我们的，不如干脆下来。"

我笑他："你还真夸张！不过是心知肚明的事情，演戏而已。"

他认真地摇头："既然选择不让老人尴尬，就不要留下任何尴尬的可能性。演戏也要好一点儿的演技，才算是真正的成全啊。"

深冬，我去黑龙江朋友的家中过春节。给老人拜年时，朋友"扑通"一声跪倒，把我吓了一跳。然后，眼见他虔诚地全身伏倒，向笑得合不拢嘴的老人磕了几个头，一点儿都不放水，额头明显红了一块。

拜完年后，我偷偷问他："干吗那么卖力？"

他说："我们这里都要这么磕头拜年，磕得轻了老人会不高兴，别人也会说你没家教。"

我说："孝顺不一定非要体现在磕头上啊。常回家看看，和他们多谈谈心，帮着做点儿家务……都能体现心意，不是吗？何必这么形式主义？"

他笑笑，说："人老了，有时候在乎的就是那一点儿仪式感。你表现得重视，他就高兴。"

他又说："就算哄，也要哄得像那么回事。老人虽然老了，但是，是不是敷衍，他还是看得出来的。"

去听一位大师的课，他说，讨人喜欢大都体现在说话的细节上。比如，不要说"谢谢"，要说"谢谢你"；不要说"抱歉"，要说"真的对不起"。

想想还真是这样，加了几个字，听起来就更具诚意。

第一次看电影《美丽人生》时，我哭得一塌糊涂。那是个幸福又不幸的故事：集中营里，为了保护儿子，父亲让儿子做了一个浪漫而残酷的游戏美梦。

他告诉儿子，只要遵守规则，攒够1000分就能赢得坦克并回家。最后儿子躲在柜子里，父亲带着笑容从他面前大步走过。儿子始终记得父亲告诉他的话，不能出去，出去就得不到坦克。

父亲的表情和语气那么认真，他相信了。电影里的儿子即使长大以后，也会拥有更加健全、乐观和积极的心态。

为了你在乎的人，彩衣娱亲也是雅事一桩。

为了在乎你的人，又何妨当一次高规格的影帝？

不会有谁关心戏的真假，只关心演得投不投入。

想要你仔仔细细画一个饼给我，哪怕虚幻如泡沫，也能感到四周洋溢的香甜与满满的饱腹感。因为你认真了，因为我投入了。因为那是你给我的，而我爱着你。

人生如戏，请给我好一点儿的演技。

卖猪肠粉的女人

□ 蔡澜

家父早餐喜欢吃猪肠粉，没有馅的那种，加甜酱、油、老抽和芝麻。

我回家陪伴他老人家时，一早必到菜市场，光顾做得最好的那一档。哪一档最好？当然是客人最多的。

卖猪肠粉的太太，四五十岁吧，面孔很熟。

已经有六七个家庭主妇在等，她慢条斯理地打开蒸笼盖子，一条条地拿出来之后用把大剪刀剪断，淋上酱汁。我乘空当，向她说："要三条，打包，回头来拿。"

"哦。"她应了一声。

动作那么慢，轮到我那一份，至少要十五分钟吧。看着表，我走到其他档口看海鲜蔬菜。

菜摊上看到香兰叶，这种植物，放在刚炊好的饭上，香喷喷的，米再粗糙，也觉可口。的士司机更喜欢将一扎香兰叶放在后座的架上，愈枯香味愈浓，比用化学品做的香精健康得多。

时间差不多了吧，打回头到猪肠粉摊。

"好了没有？"问那小贩。

她又"哦"了一声，根本不是什么回答，知道刚才下的订单，没被理会。

费事再问，只有耐心地重新轮候，现在又多了四五个客人，我排在最后。

好歹等到。

"要多少？"她面无表情地问。

显然，她把我说过的话当耳边风。

"三条，打包。"我重复。

付钱时说声"谢谢"，这句话对我来讲已成为习惯，失去原意。

她向我点了点头。

回到家里，父亲一试，说好吃，我已心满意足。刚才所受的闷气，完全消除。

翌日买猪肠粉，已经不敢通街乱走，乖乖地排在那四五个家庭主妇的后面，才不会浪费时间。

还有一名就轮到我了。

"一块钱猪肠粉。等一下来拿。"身后有个十七八岁的姑娘喊着。

"哦。"卖猪肠粉的女人应了一声。

我知道那个女的说了等于没说，一定会像我上次那样重新等起，不禁微笑。

"要多少？"

我抬头看那卖猪肠粉的，这次她也带了笑容，好像明白我心中想些什么。

"三条，打包。"

做好了我又说声"谢谢"，拿回家去。同样的过程发生了几次。又轮到我。这回卖猪肠粉的女人先开口了。

"我不是没有听到那个人的话。"她解释，"你知道啦，我们这种人记性不好，也试过搞错，人家要四条，我包了三条，让他们骂得好凶。"

我点点头，表示同情。收了我的钱，这次由她说了声"谢谢"。

再去过数次，开始交谈。

"买回去给太太吃的？"她问。

"给父亲吃。"

卖猪肠粉的女人听了添多一条，我推让说多了老人家也吃不下，别浪费。"不要紧，不要紧。"她还是塞了过来。

"我们这种人都是没用的，他们说。但是我不相信自己没用。"有一次，她向我投诉。

"别一直讲我们这种人好不好？"我抗议。

"难道你要我用'弱智'吗？这种人就是这种人嘛。"她一点儿自卑也没有，"我出来卖东西，靠自己，一条条做的，一条条卖。卖得愈多，我觉得我的样子愈不像我们这种人，你说是不是？"

我看看她，眼中除了自信，还带着调皮。

"是。"我肯定。

"喂，我已经来过几次，怎么还没有做好？"身后的一个三十几岁的女人大声泼辣道，"那个人比我后来，你怎么先卖给她？"

"卖给你！卖给你！卖给你！卖给你！"

卖猪肠粉的女人抓着一条肠粉，大力地剪，剪个几十刀。不停地剪不停地说卖给你，扮成十足的白痴，把那个女人吓得脸都发青，落荒而逃。

我再也忍不住地大笑，她也开朗地笑。从眼泪漫湿的视线中，她长得很美。

生命中最黑暗的一小时

□ 绿茶

1

曾看过一则逸闻，说的是惊悚大师希区柯克。他童年时是一个调皮的小孩儿，总缠着父亲，而父亲要去工作，不方便带他。有一天，父亲被缠到快崩溃了，就给了他一封信，让他拿着这封信去交给当地的警察局局长。

警察局局长看了信之后，二话不说，把小希区柯克关进了一间黑屋子，一个小时之后才把他放出来。

那一个小时成为希区柯克无法磨灭的记忆，甚至影响了他的性格和人生。后来他成为悬念片大师，与此不无关系。

八十岁生日时，他说，他最想收到的礼物是一个包装精美的惊悚。

也许，当年他父亲的那封信正合此意。那封信上写着：警察先生，请将这个小男孩关一个小时禁闭。

父亲此举也许只是当作对难缠小孩儿的恶作剧，带一点儿惩罚性质的恶作剧，就是要吓一吓他，让他乖一点儿。

然而，后果会怎样，谁也无法控制。孩子毫发无损地回来，但回来的不再是之前那个孩子，因为他经历了生命中最黑暗的一个小时。

如果说希区柯克后来成为大师，是一个喜剧性结果，那么，多数人最后却是沉甸甸的悲剧。

2

一直记得若干年前的一天，我给我所在的杂志社开通的一部热线电话值班。一位女性读者打来电话，讲到对死亡的强烈恐惧。我有些不解，她才二十多岁，身体健康，风华正茂，为什么总担心某天意外离世？

于是她给我讲了她遇到的几次意外，每次都差点儿死于非命：游泳溺水，出门车祸，重病。

后面发生的几件事都带着偶发性，而她记忆中最早的一次与死亡直面，才是恐惧的真正原因。

那时，她五六岁，不小心摔坏了家里的收音机。父亲非常生气，收音机当时在普通家庭里是很值钱的财产，据她父亲说，是用一块祖传银圆换回来的。为了惩罚她，父亲就将她倒提着，作势要把她往屋外的茅坑里扔。

"看你以后拿东西时小不小心！"父亲一边吼一边作势把她往茅坑里扔。当时是冬天，她穿着有背带的棉裤，父亲拎着她后背上的背带。本来只是吓吓她，但是她在惊恐中挣扎着，突然有一根背带的扣子脱落了，她的半边身子溜出去，眼看着就要掉进茅坑了，父亲赶紧用另一手揽住她，把她提了起来。这时，她离茅坑只有几厘米距离。

她说，一辈子都记得当时的情景，想忘都忘不了。如果当时真的掉下去了，会怎样？总是会这样想。就像现在总在想，如果真的淹死了，真的被车撞死了，真的病死了，会怎样？

成人后这种对死亡的强迫性思维，和那个幼年事件有密不可分的关系。她始终被一股悲伤绝望的气氛笼罩着，喘不过气来。

那几分钟，是她生命中最黑暗的几分钟。

3

有一个人给我讲了他的童年经历：他一直努力做乖小孩儿，就是为了不让父母生气，这样一家人才会安安静静。

可是大人的世界有小孩儿不懂的纷争，那天妈妈威胁爸爸，说如果他敢走出家门，她就马上勒死孩子。她把绳子都拿出来了，爸爸还是抬脚走了。

于是他的噩梦开始了。妈妈把他拖到面前，拿着绳子对着他比画了一个多小时。他又惊又惧，大哭不止，最后还尿了裤子。

妈妈并没有真正下手，但手一直在孩子的脖子那里比画，像个疯子。

他长大后明白，妈妈是想让爸爸回来，看到这一幕，然后过来阻止。可是爸爸没有回来。

那一个多小时，是他生命中最黑暗的一段时间。那时他才上小学三年级。

还有比这个更暴虐的。一对年轻父母吵架，互相指责对方不忠，然后又拿着刀子赌咒发誓，最后竟然真的砍下了自己的手指。

一地的鲜血、指头，定格在那个孩子的记忆里。

试想，孩子从小看到的是父母的争吵、怀疑以及暴力，后来的他会怎么样？

4

听了他们的故事，我想起小时候的一段记忆，也与父母有关，与恐惧有关。

当时，家里养了春蚕，极小的二龄蚕，团在一张圆圆的竹篾箕里，放在我的房间里。那天我们出门，上学的上学，做工的做工。按说应该把房门关好，偏偏就是没关好。也不知道责任在谁身上，因为房间除了我住，父母也放了农具在里面，谁是最后一个出来的，谁也不知道。

然后，我们家的鸡就溜了进去，把一箕的蚕吃了一半。

晚上，爸爸妈妈回家，看到惨景。这关乎一季春蚕的收成，他们互相指责，吵闹，还动了手。我们几个孩子站在一边，个个噤若寒蝉。

妈妈哭着说，要不是这几个孩子看着，我今天就死了算了。我吓得大哭起来，跪在母亲面前，求她不要死。

我记得当时内心满满的恐惧，哭得很伤心，又觉得很丢脸。那个黄昏，在我记忆里就如世界末日一般，以前父母给我建立的安全感顿时消失殆尽。

成年后的我，对别人吵架特别敏感，尤其同情父母吵架时那个站在一边发呆的孩子。因为从他们身上，我看到了当年的自己。

5

类似经历在我的好友身上也有过。

她告诉我，她还在上小学时，父母开始闹离婚，经常吵架。她烦不胜烦，只好躲到学校，早早开始了住校生涯。

现在的她十分能干、独立，但她苦笑着告诉我，她之所以能干，是因为母亲什么都不会做，自己七八岁就开始做饭，十岁开始学织毛衣，自然而然就变得能干了。

同样，她的性格非常温和圆润，很少和人起冲突，总在朋友中充当知心大姐的角色。她说，那是因为目睹过父母争吵之后，就总在想，人和人为什么不能好好相处，互相敬重，温柔相待。

从她身上，我看到了任何事情的两面性。

也许，我们都经历过长长短短的黑暗时刻，如果自己没有能力让那个时间停摆，那个时刻的钟摆就会成为我们头脑里的噪声。每个人的记忆里，都会有一块浓重的墨块，如果没有办法让那块墨块变淡，而任其漫延，最后，它会成为一团笼罩在心灵天空的巨大阴影。

只有像我朋友这样，能从钟摆声中听到另外的提醒，能从黑暗的缝隙中寻找阳光，成长为一个足够优秀足够有能力的人。她用自己的力量，救出了当年那个无力自救的小孩儿。

跟着积极走
□ 章睿齐

态度决定人们的生活，有什么样的态度，就会有什么样的未来。

古代有位秀才进京赶考，考试前两天他做了两个梦，第一个梦是梦到自己在墙上种白菜，第二个梦是下雨天，他戴了斗笠还打伞。

秀才第二天就赶紧去找算命的解梦。算命的一听，连拍大腿说："高墙上种菜不是白费劲吗？戴斗笠打雨伞不是多此一举吗？"秀才一听，心灰意冷，回店收拾包袱准备回家。店老板非常奇怪，问了原因后乐了："哟，我也会解梦的。你想想，墙上种菜不是'高中'吗？戴斗笠打伞，不是说明你这次有备无患吗？"秀才一听，觉得店老板说得有道理，于是精神振奋地参加考试，中了个探花。

这说明积极的人更容易获得成功，虽然他们可能遭受更多的打击与挫折，但是至少他们肯为自己追求的目标奋斗。

与积极者在一起，我们就会敢于尝试，善于把握机会；与消极者在一起，除了谨慎有余外，还学会了犹豫。生活中，有这样的人，他们意志坚强，心境平和，与遇到的每一个人谈健康、快乐和成功；会看到每一位朋友的独特之处；注意每一件事情的闪光一面；想最好的，做最好的，期待最好的。对他人的成功像对待自己的成功那样充满热情。如果在生活中你与这样的人接触，他们将助你成功。

把最坏的日子过成最好的时光

□ 李静

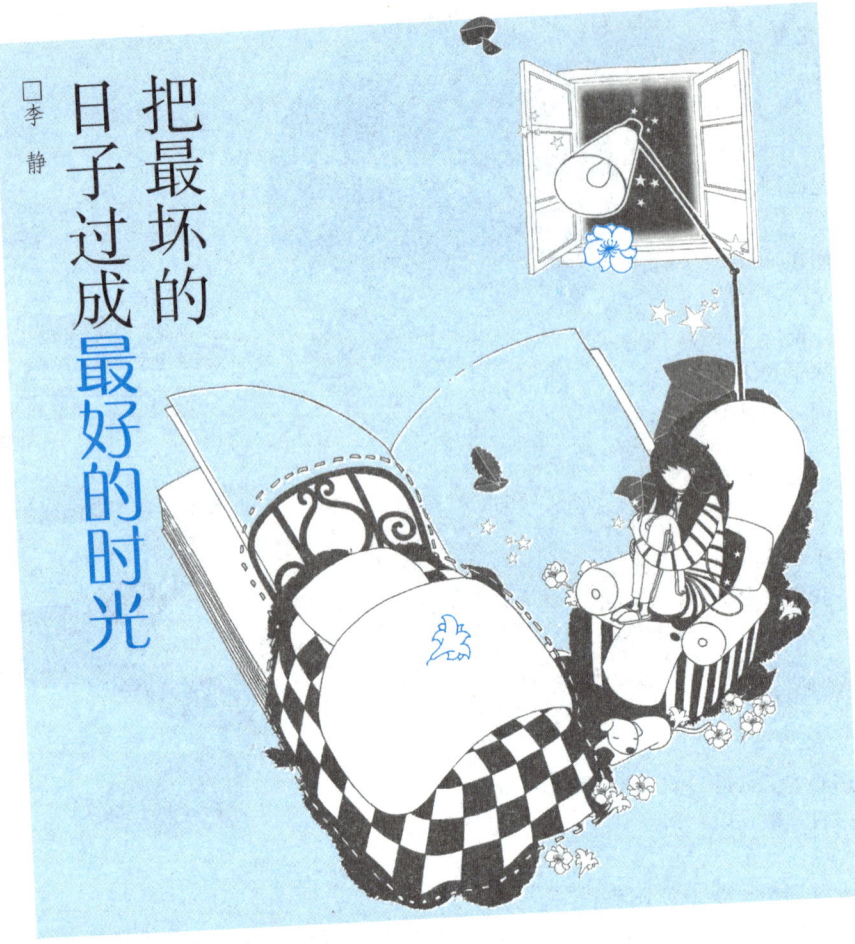

丢失的从来不是风景，而是一颗为它停留的心

到医院看表妹，如果她不是穿着病号服，我根本看不出她刚刚死里逃生。

表妹的人生一直顺风顺水，大学毕业后成了一名时装设计师。努力工作了几年，终于得到出国培训的机会。就在她意气风发时，出了车祸。

我看到她时，她刚刚做完手术，右腿打着钢架。我很心疼她，遭受重创，还失去了培训的机会，她却绘声绘色地讲述着那惊心动魄的一幕。我知道她是不想让我们担心，可她越是这样，我越不放心。再次去看她时，在走廊遇到她的同事，他们都替她惋惜。推门前，我的脑海里还闪现出表妹强颜欢笑的场景。可当我坐到她面前时，她秀美的双眸里没有一丝哀怨。本应在国外的时光却换成困在病床上，她竟然还能这样没心没肺。表妹说看过林志玲的演讲，她曾在拍广告时从马背上摔下来，还被马狠狠地踢了一脚，有六根肋骨骨折。她动不了，还要承受巨大的疼痛，但她只问了医生一句"会好吗"，当得到肯定的答复时，她再没喊过疼，再没流过一滴泪，她要把全部的精力都用来修复自己的身体。

原来表妹不是伪装坚强，而是等待着重回美好。她把哭泣的时间都用在设计上，终于可以静下心来为自己设计一件礼服。当她身体康复时，向我展示了那件漂亮的礼服，没过多久，这件礼服还为她捧回一个国内的设计大奖。

表妹在生命中最疼痛的日子里没有哭泣、沉沦，这让我想起了朋友姚冰。她读中专时学的是法语专业，梦想着有一天可以走在塞纳河畔。读大专时，她却不得不走父母规划的人生路，毕业后做着自己不喜欢的工作。就在梦想渐行渐远时，她突然辞职，重回学校学起了法语。本科毕业后，她以为梦想在向她招手，没想到投出的简历都石沉大海。万念俱灰时，她并没有停下追梦的脚步，而是一边打工，一边参加法语水平考试。

父母多次劝她，只要她一个转身，就可以把自己从泥潭里拔出来。为了躲避父母的游说，她从家里搬了出来。我真切地看到了她的努力，我问她有没有后悔时，她笑得很开心，说自己现在比王宝强还幸福，最起码不会住二十元钱一天的房子，也不会连个包子都吃不上。那段对她而言近乎黑暗的日子，我却从未听到过她对生活的抱怨。当她终于将法语练到对答如流时，有几家外资公司向她抛出了橄榄枝。成功的那一刻，她依然淡定。

原来的同事海洋和朋友合伙成立了公司，我也跟随他到了新公司。公司逐渐走向稳定，而在他准备大展宏图时，合伙人撤资，带着大部分客户另起炉灶。公司岌岌可危，我以为他会给大家一个交代，没想到他却躲着不肯出来。

那段时间，我一直在想，是不是他很为难，在等着我们主动辞职。就在我进退维谷时，无意中从公司的电脑系统里看到了当月的收支状况，好像没有想象中的那般惨不忍睹。慢慢地，公司回到了预定的轨道，虽然搁浅了一段时间，可并没有停下发展的脚步。逐渐壮大后，庆功宴上，我问他当年是不是也曾迷茫过，他却提起了电影《中国合伙人》，他说："怀揣美国梦的成东青签证被拒时，你以为梦想也跟着破灭了吗？因在外私自授课，被燕大除名，你以为他就是一个失败者吗？从偷偷在肯德基办英语补习班，到开办新梦想学校，正是一无所有成就了成东青。"他也一样，没时间迷茫，唯一能做的就是用真诚稳住现有的客户，再大力开发新客户，力挽狂澜。原来那段最迷茫的日子，他没有躲起来，也没有绝望，而是激发了全部的斗志，也成就了他今日的辉煌。

在这个喧嚣而浮躁的尘世中，每个人都会经历生命中最疼痛、最黑暗、最迷茫的日子。在这最坏的日子里，如果只是哭泣、抱怨和绝望，那么美好只能是越走越远。不妨坚持梦想再走上一程，也许就会柳暗花明，迎来最好的时光。

"拥抱"在最好的年代

□黄昉苨

在那件事发生之前,华裔美籍女生简·陈是斯坦福大学工商管理硕士课程在读的学生,正在为完成作业而忙碌。在那件事发生之后,她所有的忙碌都调转了方向,驶向同一个目标,一个可以改变世界的发明。

转折点出现在印度。简·陈和同学在一个村子的诊所里遇到带着早产女儿去看病的年轻母亲瑟维莎,医生们无能为力。

能够拯救这个早产儿的唯一方法是把她放进保温箱。

每一年,全球有2000万名早产儿诞生,他们无法以足够的脂肪来维持自己的体温。400万名婴儿会因此夭折,活下来的孩子中,也有很多会因为早期体温不稳定,器官不能正常发育而罹患一些伴随终生的慢性病,如心脏病、糖尿病等。

但在简·陈抵达印度那个小村子的时候,保温箱还是售价两万多美元、必须接通电源的高级医疗设备。只有市里的医院才有保温箱,去那里需要步行4小时,瑟维莎根本没办法完成这趟"长途"旅行。孩子去世了。

远道而来的美国大学生这才意识到,如果希望自己的产品真正帮助到发展中国家的人,他们得好好转变下思路。

这原本只是一项学生作业。简·陈与她来自斯坦福大学计算机系、化学系的同学,想要设计一个售价只有传统保温箱1%的设备,去帮助更广大的人民群众。

一切看起来很完美,他们的设计得了高分,团队甚至雄心勃勃地带着原始模型去了一趟印度。但现实让他们之前纸上谈兵的作品瞬间变得毫无价值。

在印度的经历告诉简·陈,能救命的必须是一个极其简单、极其容易使用的设备。使用它不需要任何医学常识,不需要任何电源,不用去医院,产婆和母亲在家里就能拿来用。当然,它还得非常便宜。

贫穷、丧女的瑟维莎的形象一直留在陈的心里。她时刻记着:自己是在为像她这样的人设计产品。

经过无数次试验后,这些年轻人选定了一种特殊的保暖材料,形态很像蜡,但融点只有37摄氏度,恰恰是人的体温,热水就可以很方便地将其融化。

融化以后,它能够保温4至6小时。简·陈的团队把"保温箱"设计成了一个很像襁褓的小睡袋,外面是全防水的。只要把保暖材料放进睡袋背后的夹层里,就形成了一个能持续保温的小恒温箱。

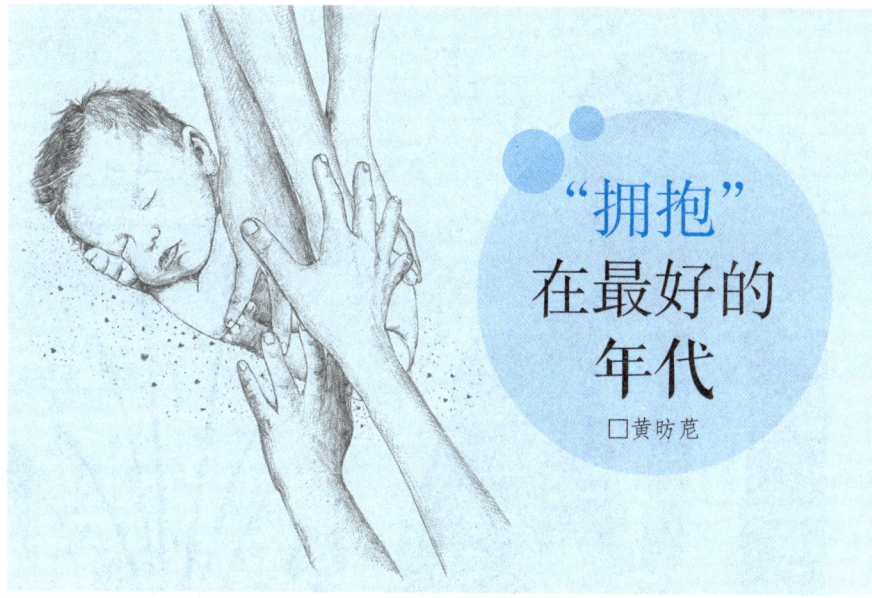

他们用"拥抱"为之命名:"通过简单的温暖拥抱,我们可以拯救许多生命。"

刚上市的时候,这款小睡袋的定价是25美元,不到传统保暖箱的0.1%。

2014年,简·陈被美国前总统奥巴马邀请去白宫交流。就在这短短几年时间里,这款小睡袋已经在印度、中国、墨西哥、乌干达等国投入使用,拯救了超过15万名早产儿的生命。

网上流传着很多在产品刚刚研发成功后她为筹款四处奔走留下的小演讲。

最终,依然常常在发展中国家走街串巷的简·陈,见到了许多不同于以往的故事。

一次是在印度,一个失去长女的家庭,母亲第二次分娩,生下了一个早产儿。用上保暖袋两周后,二女儿活了下来。当简·陈去这户人家拜访时,男主人激动不已,出门把所有的邻居都给叫来了。

小龙是中国的一个体重只有2磅(约0.9公斤)、还不如一块生日蛋糕大的早产儿,被发现时,他被父母遗弃,奄奄一息。但他同样在"拥抱"中坚持下来。孩子8个月大的时候,陈去看过他一次,他长得很健壮。

后来,陈收到一封来自中国的电子邮件。写信的人告诉她,小龙刚刚庆祝了1岁生日,现在,他被北京一户人家收养,不再是无父无母的孩子了。

"我们非常感激,你们救下了他的命。"邮件里说。

"每次我读它都会特别容易动感情。"分享会上,突然哽咽的简·陈缓缓说道,"但正是这些事,让我每天的工作都变得很有价值。"

这是一个只会发生在当代的医学故事:第一次,拯救生命也未必需要精通医疗知识,只要社会能让一个怀有梦想的年轻人一步步到达彼岸,用听起来疯狂的创意去改变世界。

从这个角度来说,我们真是活在一个最好的年代。

胡歌：始于颜值，陷于才华，忠于人品

□ 西风漂流

"遍识天下英雄路，俯首江左有梅郎"，继白玉兰奖视帝提名后，胡歌凭借《琅琊榜》收获金鹰奖"观众喜爱的男演员"。

除了"观众喜爱的男演员"奖，胡歌还收获了本届金鹰节"最具人气演员奖"。相对于金鹰奖是由观众、专家评委和中国视协会员三方投票评选产生，这个奖项是由观众投票产生，胡歌获奖可谓实至名归。

而在领奖时，胡歌发表了一番意味深长又饱含深情的感言："说心里话，拿到这个奖，不是因为自己演技有多么好，而是我很幸运，比更多人更早知道演员应该是怎么样的。我第一部戏是跟郑佩佩老师拍的。她没有助理。记得当时是横店的深秋，已经很冷了，她躺在地上，布景布光用了半小时，她就在地上躺了半小时。那个记忆让我非常深刻。"

胡歌还特别提到了李雪健老师："昨天有幸和李雪健老师同一班飞机，他只带了一个随行人员，我很惭愧，我带了三个，而且体形都非常壮硕。拿这个奖，不代表我到了多高的高度，而是刚刚上路。这是创新之路，传承之路。艺术是需要创新的，追求艺术的态度是需要传承的。"

值得一提的是，李雪健老师凭借《嘿，老头》《少帅》获得最佳表演艺术奖实至名归，看到这个不善言辞、只擅长"通过角色和观众交朋友"的老戏骨还在兢兢业业搞创作，不禁让人感慨何为真正的演员，真正的表演艺术工作者，真正的艺术家。

胡歌的故事为很多人所熟知。从年少轻狂，到隐忍智慧，一场与死神擦肩而过的车祸，让他改变太多。他说："车祸撞碎的不是我的脸，是我的面具。"

而在《琅琊榜》里，梅长苏说："既然我活了下来，就不能白白地活着。"胡歌特别喜欢这句台词，他说，要对得起你的苦难。十年的时间，他经历了各种各样的困难，最大的难题恐怕就是如何接受自己的变化，怎样去战胜自己心里的焦虑和痛苦。

他在车祸后出版的《幸福的拾荒者》这本书的序言里写道："人很多时候都在惯性中生活，没有办法也没有愿望去真正认识自己。车祸把我撞离了原本的轨道，让我能够以最真实的状态去寻找新的动力和方向。"

曾有媒体问胡歌："现在都说男演员要卖萌、要腐，这样才是王道。不知这几块领域，你自己最适合哪一块？"

对此胡歌说："我觉得这几个都称不上王道，我觉得真正的王道是真诚。"

这两年，明星上真人秀的价格不断刷出新高，不少项目找到胡歌，都被他回绝。"没有好坏、没有对错。我就是不喜欢。"胡歌很坚决。

一个演员是否能够真正成为自己所创造的人物形象的作者，那就要看演员的文化修养能否给自己所创造的角色以充分的依据，特别是在思想上能否对所创造的人物角色有独特的解释及构思。

演员在剧本与导演思想的制约下，不应成为导演的傀儡和剧作者的传声筒，而应该是这个集体创作过程当中的一个参与者。

一个演员的文化修养，从他们所扮演的角色身上就可清楚地看到。一个人如果败絮其中，即使金玉其外也无法掩盖他的浅薄。

演员某种程度也是一个工匠，越是繁华喧嚣，越需要一颗沉静的匠心。知世故而不妥协，历狂澜而不坠信念。李雪健老师做到了，郑佩佩老师做到了，胡歌也做到了。

现在有一句流行语叫"始于颜值，陷于才华，忠于人品"。希望更多的年轻演员能真正对得起观众对你的喜爱，努力提升自己的内在修为，做一个永葆初心的演员，不要做一个终于颜值的"明星"！

不是芝麻小事

□ 林清玄

住在美国的朋友和我聊天，偶然间谈到有一次他在纽约请客，一个犹太人对他佩服得五体投地，只差没拜他为师。朋友不免为自己的厨艺感到得意，他问犹太人："你觉得我的哪一道菜做得最好？"

犹太人说："你实在了不起。我们犹太人吃蒜头吃了几千年，都是用手剥或者用刀切，而你只是用菜刀一拍，蒜头就跑出来了。"朋友说，从那以后那个犹太人对中国文化就更感兴趣了。

我还听过关于芝麻饼的故事：朋友和几个外国人在国内餐厅吃饭，点了一份芝麻饼。外国人看到芝麻饼时大为惊叹："这芝麻撒得密密麻麻、错落有致，一定花了不少时间吧！"

而事实是，厨师是拿着擀好的面饼随意粘上芝麻的。确实，如果我们对事物有主体和客体之分，那我们就很难再拿大饼来就小芝麻的创意了。

还有一次，我路过仁爱路的九如餐厅时，发现门口围了一大群人，其中有一些是外国人，他们屏气凝神、目不转睛地盯着餐厅里的厨师。原来，厨师们在"摇元宵"——把一团团豆泥放在装有糯米粉的大笾上摇来摇去。不到半盏茶的工夫，数十粒元宵就摇成了，每一粒元宵的大小都一样，每一粒元宵都是那么圆。大家都看得目瞪口呆。

文化的奥秘经常会存在于细微之处，一个人做的任何芝麻小事也都能体现他的品质，这就是佛家说的"三千威仪"与"八万细行"应并重的原因。

细想起来，其实，蒜头、芝麻和元宵真的都不小呢！

当你到达山顶，其实一无所有

□ 张晓风

很久以前，在一个很远的地方，一位老酋长病危。

老酋长找来了村里最优秀的三个年轻人，对他们说："这是我要离开你们的时候了，我要你们为我做最后一件事。你们三个都是身强体壮而又智慧过人的好孩子，现在，请你们尽力去攀登那座我们一向奉为神的大山。你们要尽可能爬到最高的地方，然后折回来告诉我你们的见闻。"

三天后，第一个年轻人回来了，他笑生双靥，衣履光鲜："酋长，我到达山顶了，那里繁花夹道，流泉淙淙，鸟鸣嘤嘤，真不赖啊！"

老酋长笑笑说："孩子，那条路我当年也走过，你说的鸟语花香的地方不是山顶，而是山麓！"

一周以后，第二个年轻人也回来了，他神情疲倦，满脸风霜："酋长，我到达山顶了。我看到高大肃穆的松树林，我看到秃鹰盘旋，那是一个好地方。"

"可惜啊！孩子，那不是山顶，那是山腰。不过也难为你了！"

一个月过去了，大家都开始为第三个年轻人的安危担心，他却一步一蹭、衣不蔽体地回来了。他发枯唇燥，只剩下清亮的眼神："酋长，我终于到达了山顶。但是，我该怎么说呢？那里只有高风悲旋，蓝天四垂。"

"你难道在那里一无所见吗？难道连蝴蝶也没有一只吗？"

"是的，酋长，高处一无所有，你能看到的，只有你自己，只有一个人被放在天地间的渺小感。"

"孩子，你到达的是真的山顶。按照我们的传统，天意要立你做新酋长，祝福你。"

真英雄何所遇？

他遇到的是全身的伤痕，是孤单的长途，以及愈来愈真切的渺小感。

那些年，我赶过的暑假作业

□金陵小岱

开学这一天，一度是我最忙的日子，因为我需要在这一天写完一个暑假的作业。我从小就是一个缺乏自制力的人，而我的爸妈又特别忙，从来没有过问过我的暑假作业做得怎么样了，用我妈的话说就是：反正开学有老师找你算账。

记得小学三年级以前，我的暑假作业都完成得特别认真，尤其是练字作业，一页纸上有超过三处涂改就被我撕掉重写，如此严格要求自己，不被表扬简直是毫无天理。

谁知表扬没等到，却等来了噩耗：班主任压根儿没检查暑假作业，办公室里的几个老师一起行动，把我们所有的暑假作业用绳子捆绑了起来，扎成了几个硕大的"炸药包"，然后卖给了学校门口收废品的大妈，卖的十几块钱说是作为这一学期的班费。

那一刻的绝望和难过，不亚于10岁的我少吃了10顿麦当劳。从此，我便不再好好写暑假作业。

起初，我只是等到开学前几日才开始写，数学的加减乘除好歹还掰着手指头算一下，语文的填成语也大概翻一下词典。后来实在来不及了，我就闭着眼睛瞎写，反正老师也只让各个小组长翻一下看有没有都填上，填满了就算过关了。

那时的我们，似乎都有相同的敌人，它们的名字还很讽刺，不是叫"愉快的暑假"，就叫"过好暑假"。

这本习题册大概是很多人暑假的噩梦，从开始的二三十页，渐渐地变成了五六十页，上了高中以后，竟然有100多页，就算是瞎写，也得有耐心写完。

这种感觉就像是蒙上你的眼睛，告诉你要走完这段路，无论走成什么样，都算你过关，但走在黑暗里的恐惧与焦虑才是最煎熬的。

首先，赶作业时得提防突然出现的父母，他们也许在整个暑假都不会对看着电视吃着西瓜的你训斥一句，但一定会在发现你在开学前赶作业时，暴打或者痛骂你一顿："早干什么去了？！"

我从小就锻炼出了反侦察能力，在我准备赶作业之前，会义正词严地向我妈表明："新学期，新面貌，从现在起，我要预习功课！争取在新的学期取得更大的进步！"

现在想来，我妈可能是放了我一马，知道我葫芦里卖的什么药，她会轻飘飘地回一句："那我拭目以待哟！"

随之，我就开始拼命赶作业。虽说已经提前报备，但做人贵在小心，我会把《愉快的暑假》的封面用挂历纸包起来，写上新的学年。

《愉快的暑假》容易瞎写，但单词和成语抄写三遍却很难，好在"发明改变生活"，我把圆珠笔芯全部从笔里抽出来，然后用头绳绑在一起，写一遍等于写三遍，花不了多少功夫，也能糊弄完。

至于暑假要写的十几篇日记，对我而言，想怎么写就怎么写，往往比抄作文来得更快。我一般会提前把标题拟好，然后根据标题临时发挥，胡编乱造，瞎扯几句。两三百字，对擅长写作文的我来说，小事儿一桩。

有一次实在来不及了，胡编乱造也来不及了，我只好在抽屉里把我历年在家里写的检查都拿出来凑数。好在老师从不细看，不然我的整个暑假日记就是一部"作死"宝典。

人在江湖飘，哪能不挨刀。高一那年，我们的语文老师竟然抽样检查暑假作业，向来调皮的我被选中抽查，这跟太阳会照常升起一样毫无悬念。

我的语文老师批改到第二页的时候，忍无可忍，把我叫到办公室。他哭笑不得地指着《愉快的暑假》问我："解释一下，'虎离项背'是什

幸福这件事，要成为一种信仰

三个祖母和一个婴儿

□张达明

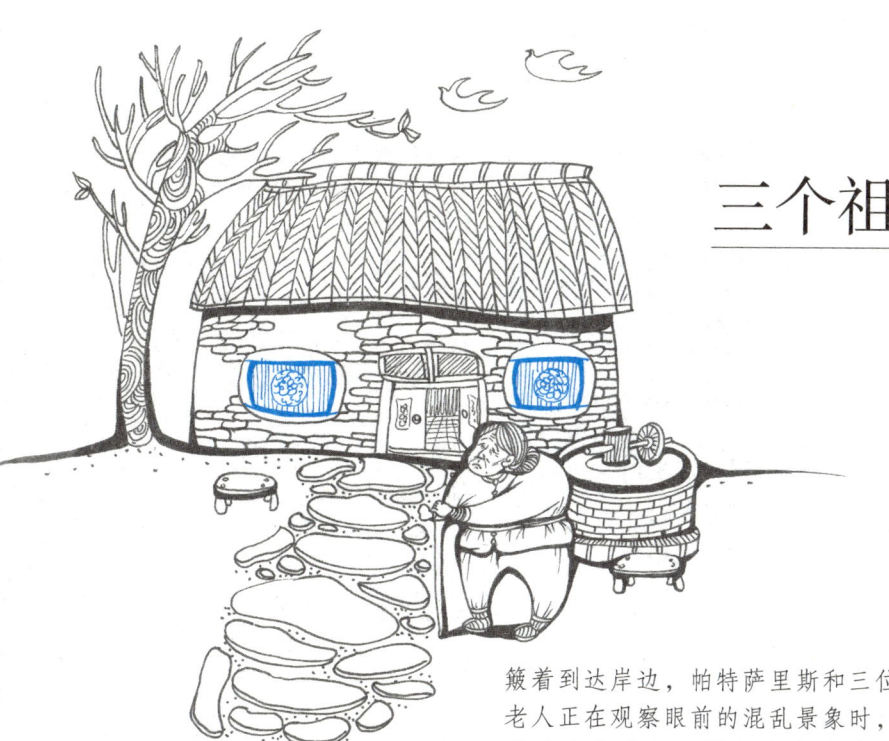

自难民潮爆发以来，帕特萨里斯一直追踪拍摄难民危机，他深知：作为难民危机风暴中心的莱斯沃斯岛，已被无数国内外摄影师踏访过。因此去那儿之前，他并不期待自己能够拍出多么出色的照片。

帕特萨里斯于2015年10月16日下午抵达莱斯沃斯岛北部的一个小渔村，在村里遇见了坐在面朝大海的一条长椅上的三位老妇人，她们分别是83岁的卡米维斯、89岁的艾福斯特拉提娅·马弗拉皮迪和她85岁的堂妹马瑞扎·马弗拉皮迪。每天这个时候，她们三人都会聚集到这里，这是她们最喜欢的度过绵长午后时光的方式。卡米维斯对帕特萨里斯说："只是近一年来，大海变得很不平静，每天志愿者、海岸警卫队都在忙碌着，救助源源不断的难民……"

说话间，只见十几条难民船颠簸着到达岸边，帕特萨里斯和三位老人正在观察眼前的混乱景象时，耳边突然响起了婴儿响亮的啼哭声。大家循声望去，一个衣衫湿透的年轻难民母亲，正试图用奶瓶中的奶水喂怀中的婴儿，但她显然很不成功，婴儿越哭越厉害。

见状，卡米维斯站起身来，朝这位年轻的母亲伸出了双手："姑娘，把孩子给我吧，让我来喂。"这位来自叙利亚的年轻母亲，起初没有听懂卡米维斯方言腔很重的希腊语，但她很快读懂了卡米维斯的肢体语言，毫不犹豫地将婴儿递给了陌生国度里这位和蔼的祖母。

卡米维斯接过刚满月的小家伙后，重新坐回长椅上，轻轻弯下腰，小心翼翼地把奶瓶递到他的嘴上，并哼起了《摇篮曲》。坐在长椅上的马弗拉皮迪堂姐妹，也用柔和慈爱的目光注视着婴儿，一起跟着卡米维斯哼起《摇篮曲》来。感到舒适和安全的婴儿立即停止了啼哭，安静地喝起奶来。那个"陷入麻烦的姑娘"如释重负，站在三位祖母身旁，看着孩子安静地吮吸奶水，脸上流露出了由衷的喜悦。

这一温暖的场景，让一直屏息等待的帕特萨里斯激动不已，他迫不及待地用颤抖的手按下了快门。

帕特萨里斯将这张照片命名为《三个祖母和一个婴儿》，放到自己的推特上，受到国际社会的极大关注。希腊总理齐普拉斯赞扬道："希腊虽然国小民寡，却拥有'水手'的美誉，对于在海上落难的人，水手的职责是救援，这是我们必须坚守的传统。"

在得知自己成为"公众人物"后，三位祖母只是淡淡地说："一个女人一旦成为母亲，直到入土之前都是母亲。"卡米维斯在接受记者采访时说："我的眼睛虽然看不清楚了，耳朵也不灵了，但我为那一刻做'母亲'的'手艺'没有生疏而自豪。"

在帕特萨里斯的推特头像上，一束柔和的"伦勃朗光"照亮年轻摄影师轮廓鲜明、具有古典男性美的侧脸，他抿嘴朝光源微笑着。照片上方，印有一句毛利人的谚语："将脸转向太阳，阴影就会留在你的身后……"

青年励志馆 最怕你一事无成，还安慰自己尚且年轻。

长生不老和返老还童都是忧伤的事

□ 郭绍明

娜塔莉·巴比特写了一本童话，叫《不老泉》，讲的是一个11岁的小姑娘厌倦了家里的庸常生活，于是离家出走，遇到了奇怪的塔克一家的故事。当这个叫温妮·福斯特的小姑娘不小心发现了塔克家的大秘密——他们可以长生不老，就被这家人绑架了。

没有恶意，塔克一家只是担心秘密被别人发现。他们太孤独了，这个可以自然生长的小女孩就是他家最尊贵的客人。小姑娘不懂，长生不老不是挺好的吗？只有塔克一家，塔克、梅、杰西、迈尔斯四个人，深知如果时间从此停滞不前，也就是说他们长生不老之后，生活变得有多可怕。他们每十年都要换一个地方生活，不能与周围人来往，生怕别人觉得他们是怪物。

忧郁而悲伤的塔克告诉她，人如果只活不死，就和路边的石头没什么两样，不能算真正地活着。

于是，尽管小姑娘知道喝了林子里的泉水就能长生不老，但她还是在犹豫着，是在11岁这个年龄喝呢，还是等到17岁，长到跟杰西一样大的时候再喝，到时候她就可以和自己喜欢的杰西永远在一起了。孤独的塔克一家等着小姑娘的决定。

我想起根据菲茨杰拉德的小说《返老还童》改编的同名电影。

那个叫本杰明·巴顿的人的一生都是错位的，就像墙上的时钟在倒着走。他生下来时的模样就是一个70多岁的老头儿，还是婴儿的时候就被放在养老院，跟一群老人待在一起。20多岁的时候他爱上一位姑娘，却只能眼睁睁地看着姑娘绽放。等到两个人的时间轴短暂重合，他们终于在一起了。

很快，两个人的时间轴就按照各自的轨迹继续向前，本杰明清楚地知道接下来会发生什么。当黛西问他："等我脸上爬满了皱纹，老得不成样子，你还会爱我吗？"本杰明反问："等我不记得自己是谁了，连下楼梯都害怕，你还会爱我吗？"

只有本杰明知道，一步步按着返回键生活，是一件多么悲伤的事。电影的结尾，老年黛西在摇椅上抱着婴儿本杰明，本杰明终于回到了生命的原点，黛西则即将走向生命的尽头。

这两个故事都把时间这个话题讲到了极致，让你觉得长生不老和返老还童其实都是一件忧伤的事。

我们怀念某一个年龄段，是因为它已经发生了，而且不可能再回去。于是过去的那些事变得让人怀念，就算它当时一点儿也不美好。

几十年后，塔克一家再次来到了这个村庄。他看到了一座高高的墓碑，过去一定相当壮观，但现在已经有点儿倾斜了。它旁边还围着一些小墓碑，这是一片家族墓地。接着，他哽咽了。他找到了。他一直想看到它，但真的看到后，不禁悲从中来。

"永远怀念温妮·福斯特·杰克逊。"

什么都没有改变，小姑娘就那样静静地长大，静静地变老，然后，静静地跟这一家人擦身而过。

开心是最好的补药

□ 林清玄

打开电视或打开报纸，几乎每天都会看到许多补药的广告，教我们怎样变强、怎样变勇，怎样过了四十岁还像一条活龙。

令人疑惑的是，在这些广告旁边，有差不多一样多的广告，在教我们减肥，教我们如何消除过剩的营养，如何减去过多的脂肪，如何到了四十岁还像是一个高中学生。

许多人因担心自己的不足，而去吃补药。许多人因烦恼自己的过剩，而去减肥。

我常常想：那吃补药和减肥的人，是不是同一批人呢？我们正是这样自寻烦恼，才会陷入商人为我们制造的陷阱。

我知道有一个最好的补药还兼能减肥的方法，就是使自己放松，开心，去除担心与烦恼的意念，放下那些不足与过剩的心。

真的，开心是最好的补药，会让我们时时像一条活龙，心境永远像高中的学生一样。

做一个有情怀的落伍者

□邓 雷

二十年前,我推开纪录片创作这扇门,导师名叫陈虻,那是央视最理想主义的时期。

看了我做的几部片子后,导师决定留下我。他的理由是,我虽然手艺生涩,表达笨拙,但是,能看出是个有情怀的姑娘。

其时,我并不确定了解陈虻所说的情怀到底是个什么东西。只不过,我喜欢在工作的状态中,不断和人打交道,什么人都行。我愿意在他们身上,看到那些与我不一样的生活方式。

我获奖的第一部片子,是记录一位画家,在一片喧嚣繁杂的用艺术换钱的背景下,坚持只画自己喜欢的东西。画家还喜欢音乐,他说音乐与绘画,是这个世界上最温暖人心的两种东西。所以,大家都忙着赚钱的时候,他会领我去他简陋的画室,放上一段音乐,然后问我:你能听见自己梦想的声音吗?

拍摄这部片子,没有留下印象特别深刻的故事,不过,听着音乐时,画家那张脸上刀刻一般的皱纹,却一直没有忘记。多年之后的午夜梦回,我蓦然惊觉,其实,他在唤醒我内心那个叫作情怀的事物。

我的爱人,是一个热爱所有体育赛事的家伙。我家的电视,常年锁定CCTV5(中央电视台体育频道),从未更改。早些年前,国内网球赛事的直播并不多见,如果要看高水平的网球赛事,只能通过ESPN(娱乐与体育节目电视网)。于是爱人让我在家里安装了一口"锅",很贵,一年好几千块钱,只为了到时间能看到他心仪的网球赛事。有一天,我下班回家,他正在看比赛,是萨芬对战费德勒。他把电视机的声音关掉,自己在那里对着屏幕解说正酣。看见我进来,意犹未尽地说了一句:真过瘾,就想做这个,不给钱都行。

当时,我有点儿想哭。

现在,他成了央视的一名网球评论员,薪金不高,不过,他一直做得兢兢业业。家里有数个厚厚的本子,分别是这些年来他备战大满贯、大师杯和各种赛事的资料汇总。因为他不习惯把这些东西都存在电脑里,他说,写下来,有助于深刻记忆。

时隔十几年后,电视上播出的赛事他仍然会认真观看,包括自己解说的回放。日复一日,乐在其中。如同一个钟表匠,终其一生,也不过将自己已经精湛绝伦的手艺再提升根本看不见的一点点,却以匠心供奉,至死无悔。

如果想找句什么话评价我爱人的种种心境、行为,我想,说他是个有情怀的人,可能再合适不过了。

近一年来,我爱上了画油画。常常将幼稚的作品在朋友圈里晒一下,以期得到一些评价。不过,也总有人问我:你画这一幅画,能卖多少钱呢?每到这时,我就不知道该怎么回答对方,我所能做的,是用调侃的戏谑的语气,插科打诨,蒙混过关,而不去给出对方这个风马牛不相及的问题的答案。不过,这世上,这样的事情又实在是太多了:你等待落雪,准备排队去故宫看雪景,有人会觉得你无聊;你细游欧洲,静静品味其中的奢华与没落,有人却只想购物;你愿意走那些碎碎的石子路,踏过经年岁月的痕迹,有人却只希望这样的路能走汽车;你踟蹰海边,想体味春暖花开的轮回,有人却只顾着自拍……

前段时间去巴厘岛,在岛上最著名的库塔海滩,不是旅游旺季,人很少,走了两圈,竟没有找到一个同胞。陪我们的当地姑娘叫美丽,美丽告诉我,那是因为库塔海滩是玩冲浪和滑翔伞的地方,而中国人来巴厘岛是不玩这些东西的。我问:那他们来干什么?美丽说:吃海鲜,买东西,去旅游景点拍照。

当然,各人有各人的生活方式,有各自内心的动荡与安静。时移世易,生活本身的负累早已超出我们心灵的承重力,很多时候,勉力活着,就很奢侈,更不要说,让自己做个有情怀的落伍者了。

是呢,情怀,在这个时代,变成了一个褪色的词。但是,我却以为,它是人生命中的天使。

对了,那天有人问我,你理解的情怀是什么?我还真的认真想了很久。很多感受,似乎很难用某一种解释就能说清楚。我理解的情怀,可能是一种热爱,一种超乎于物质和功利之上的投入;一种悲悯,一种不计较付出与回报的心情;一种品质,在意那些看似没什么用的事物,只因为,它们会温暖你的灵魂。

倏忽间,很多我年轻时流行的东西都悄悄地消亡了。而于北京的冬雪里,我却意外撞见一直坚持着跟从内心往前行走的那份落伍的情怀。

我沉默地将其收好,不期待听见赞美或喝彩。这是我自己的事,与他人无关。

流浪汉的"体面"

□雷碧玉

说起流浪汉，很多人自然会想到"犀利哥"，蓬乱的头发、肮脏的面孔、破烂的衣衫、萎靡的神态，给人一种极不体面的感觉。然而，在美国新泽西州丹维尔小镇，却有一个流浪汉，以独特的方式，活出了流浪汉的"体面"。

他就是退伍老兵安德森。

安德森出生在一个贫寒的家庭，父亲早逝，是母亲打零工拉扯他长大的。虽然家境不好，但是安德森每天都穿得干干净净。母亲告诉他："即便家里再穷，也要体体面面的，人活的就是一种精神。"

高中毕业后，安德森入伍服役。叠被子、站军姿这些枯燥的简单教程让他很不以为然，一度消极抵触。一次教官检查内务，发现他的被子胡乱地堆着，就责罚了他。他心里暗骂：不就是叠个被子，犯得着这样认真吗？教官似乎看透了他的心理，对他说了一句话："做人需要有精神，做军人必须有风范，一个连自己的生活起居都打理不好的人，又怎么能应对严酷的生存环境呢？做这些细小的事情，是在培养你的人生态度。"教官的话让他的心灵备受震撼。后来，安德森参加了"沙漠风暴行动"，视力和听力受损，但他仍然对未来的生活充满信心。

可是，退伍后，安德森却因此在找工作时处处碰壁，虽说有政府的救济金，但仍然无力支付高额的房租。无奈之下，他只好卷起铺盖，在地铁附近的地下通道里栖身，成了一名流浪汉。但每天早上"起床"后，安德森依旧习惯性地将被子摊开、抖平、折叠，一个整齐的"豆腐块"形成了。他将"豆腐块"规整地摆在整洁的草席上，然后穿起干净的衣服准备出去流浪。

瞅瞅叠得整齐的"豆腐块"，也居住在此的一个叫怀特的流浪汉一脸惊奇，打趣道："你这'豆腐块'叠得真不错。"安德森听了微微一笑，算作回答。可日复一日，见安德森每天都这样捯饬，怀特不解了，他嘲讽地说："老兄，就这破地方你还每天整理得这么干净，你以为住的是洋房？"安德森正色回答："即便是住在最让人瞧不起的地方，我也要体面地生活着。"什么？体面？都成流浪汉了，还有狗屁体面！"怀特尖酸地讥讽。

一天，一对年轻人路过安德森的"小窝"，看着整洁的凉席上，叠好的干净衣衫，还有那有棱有角的"豆腐块"，诧异地惊呼："真是奇了，流浪汉还弄得这样体面干净？"安德森听了，挺了挺身子，依然故我，继续打理自己。

望着远去的年轻人，怀特生气地抓起安德森的被子，扔到一边，骂道："你再怎么干净，在别人眼里你也是个肮脏的、让人看不起的流浪汉！"安德森狠狠拽过被子，一字一顿地说道："你记住！流浪汉也是人！即便流浪也要认真地活着，这不是体面，是尊严！"他们的争吵引来了路人的围观，安德森的话语，让所有听到的人为之一振，继而陷入了深深的思考，有人即时拍下安德森"体面"的画面，传到了网上。

这些照片被传到网络后，立刻在社会上引起了轰动，安德森顿时成了网络红人，也引起了新闻媒体的关注。面对记者的采访，安德森说道："我是流浪汉，但我从未失去对生活的热爱，即使生活把我放逐到了尘埃里，我依然要体面地活着，因为这是一种积极的人生态度。"

我在机场等来一艘船

□祝小签

在机场仰望了许多年，我没有等来可以带我飞高飞远的那架飞机，但幸运的是，我等来了一艘船，来日，我只需勇敢地扬帆远航。

河里漂来的幸福

□ [日] 岛田洋七

我小时候被寄养在外婆家。那时外婆的工作是清扫佐贺大学和佐大附属中学、小学的教职员室和厕所，快的话上午11点左右就可以回家。回家路上的外婆，样子有点儿奇怪，她每走一步，就发出"嘎啦嘎啦"的声音。我仔细一看，她腰间好像绑着一根绳子，拖着地上的什么东西。

"阿嬷，那是什么？""磁铁。"外婆看着绳子说。绳子一端绑着一块磁铁，上面粘着钉子和废铁片。"光是走路什么事也不做，多可惜，绑着磁铁走，你看，可以赚到一点儿外快的。"

"外快？""这些废铁拿去卖，可以卖不少钱哩！"外婆说着，取下磁铁上的钉子和铁片，丢进桶里。桶里已经收集了不少"战利品"。外婆出门时，好像一定会在腰间绑着绳子，我简直看呆了，但这还不是最让我惊讶的事。

外婆把钉子、铁屑都丢进桶里后，又大步走到河边。我跟在后面，奇怪外婆为什么看着河水微笑。"昭广，帮我一下。"她回头叫我，转身从河里捞起木片和树枝。河面架着一根木棒，拦住一些上游漂下来的木片和树枝。之前我到河边张望时，还在好奇那根木棒为何横在河里，哪想得到是外婆用来拦截漂流物的"法宝"！外婆把木棒拦下的树枝和木片晒干后当柴烧。"这样，河水可以保持干净，我们又有免费柴火，真是一举两得。"外婆笑着说。

木棒拦住的不只是树枝和小木块。上游有个市场，尾部开叉的萝卜等卖不出去的蔬菜，都被丢进河里，也都被木棒拦住了。外婆看着奇形怪状的蔬菜说："开叉的萝卜切成小块儿煮出来味道一样。"还有一些果皮受损的水果，也因为卖相不好而被丢弃，但对外婆来说，那些"只是外表差一点儿而已，切开来吃，味道一样"。真是这样的。

就这样，外婆家大部分的食物，都仰仗河里漂来的蔬果。甚至有时会有完好无损的蔬菜漂下来。每天，总有各式各样的东西顺流而下，因此外婆称那条河是我们家的"超级市场"。她探头望着门前的河水，笑着说："而且是送货上门，还不收运费。"外婆说这个超市只有一个缺点："即便今天想吃小黄瓜，也不一定吃得到，因为完全要听凭市场的供应。"别人家是看着食谱想着要做什么菜，外婆是看着河里想"今天有什么东西呢"再决定菜单。

外婆对那条河的情况了如指掌。有一次漂来一个苹果箱子，里面塞满米糠，米糠上放着腐烂的苹果。我打算把米糠倒掉，只留箱子当柴火烧。外婆说："你先摸摸米糠里面。""啊？"我心想"为什么"，但还是乖乖伸手去摸——里面竟还留着一个完好无损的苹果！我觉得外婆简直像个预言家。

还有一次，漂来一只很新的木屐。"只有一只，没办法，当柴烧吧。"我拿起斧头时，外婆又说："再等两三天吧，另一只也会漂下来的。"我想再怎么幸运，也不会有那么如意的事吧。可是两三天后，另一只木屐真的漂下来了，吓我一跳。"那个人掉了一只木屐在河里之后，一时还舍不得，但过了两三天就会死心，把另外一只也扔了，这样，你刚好凑成一双。"外婆的智慧，让我惊叹不已。

1991年，91岁高龄的外婆去世以后，我更深刻地领会到她带给我的人生启示：幸福不是能被金钱左右的，幸福取决于你的心态。

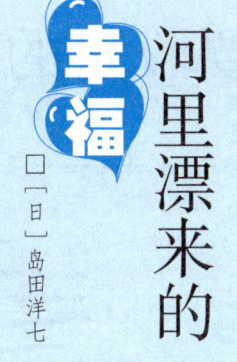

所有的不开心都是要收费的

□ 周宏翔

哦哈哟

我曾有过一段非常不开心的时光。那时候我住在古北,隔壁的日本男人总是西装革履地提着公文包出门,看见我会情不自禁地说一声:"哦哈哟(日语谐音,早上好的意思)。"但是我总是苦大仇深地看着他,甚至连一点儿回应也没有,到第二天,他突然改说起了蹩脚的中文:"早伤(上)好。""你好。"虽然我还是要死不活的,但是确实被他的热情感染到了,不得不回应一句。

就这样,我们成了早上问候对方的朋友,有时候下班回家也会遇见。他说他叫藤井,有一天他来敲门,说:"我太太和我,吃饭,和你,灯,而我这样的人,估计连站在那里被选的资格都没有。

我怎么会开心呢?

去上野看樱花吧

有一天下楼遇到藤井太太买菜回来,看见我,也是热情地打了招呼,我随意地点了点头,就听见藤井太太说:"千万不要不开心,否则会花钱的。"当时我先是一愣,然后望着她,她嬉笑道,"我没有开玩笑,所以赶快开心起来吧。"

我没把藤井太太的话当回事儿,结果当天就丢了钱包,我狼狈地拨打各个银行的电话去冻结账户,然后到派出所补办身份证……那一天特别累,回家的时候,女友打电话来,问想。"虽然这语序实在有点儿怪异,但是我想我听懂了,看着他恳求的眼神,我硬是把拒绝的话咽了下去。

踏进他们家的瞬间,我突然不知道该把脚往哪里放,整个屋子整洁得如同样板房,她太太竟也用中文说:"你好,请进。"我有些手足无措,显得格外不自然,或许原本就没有和日本人交往过,加上心情确实不够好,所以也只是木讷地坐在那里,甚至想干脆找个理由回家好了。

我埋头吃饭时,藤井太太突然说:"我觉得你好像总是不太开心。"我抬头望了她一眼,说:"有吗?没有吧?"

那是我非常难熬的一段时期,工作上遭遇瓶颈,不管怎么做,似乎都得不到上级认可。有时候面对一堆事务,做到晚上十点,办公室剩下自己一个人,回家的路上才注意到女朋友的未接电话和短信,回过去只能惹来更多的争吵,最后不欢而散。回家躺在沙发上,一动不动,郁郁寡欢,电视里还放着狗血的相亲节目,那些成功的男人站在台上等着女人们亮灯灭我周末都干吗了,我说没干吗,她就追问为什么没给她打电话,我不想说,心情已经够糟了的,索性挂断了电话。她发信息来,说:"你再这样,我真的没法跟你好了。"我淡淡地回复道:"那就分手吧。"

那天夜里,我辗转难眠。第二天,我敲了藤井家的门,说:"能和你聊聊吗?"咖啡厅人很少,藤井太太坐在我对面,穿着一件雪白的纱织外套。

"藤井太太说不开心的人都是要花钱的是什么意思?""啊,周先生你是一直在想这个问题吗?我那天那句话,其实是我先生告诉我的。"

我好奇地看着她,她微微一笑,端着咖啡抿了一口,不急不忙地讲道:"那时候我和我先生刚刚从大学毕业,可是毕业之后很难找到合适的工作。那时候我和我先生可不好过,成天吃速食面,很辛苦,因此充满抱怨。最主要的是我,当时已经快撑不下去了,我先生却说,不开心的话是要给上天交钱的。我开始以为他开玩笑,结果第二天出门的时候,因为心急火燎去面试,结果不理想,回家就很烦躁,看着家里泡面没有了,我就坐公交去附近的超市。但是我出门竟然忘记锁门了,回家的时候,东西被盗了。

"我提着一袋泡面站在门口,心里发麻,钱全没了,我先生回来的时候,我已经哭了快一个小时。他没有骂我,只是和我说,看吧,不开心的话,就要给上天交钱的。

"就是那天,他抱着我,说,不如,就干脆不找工作,去上野看樱花吧。"她微微一笑,"要说不想是不可能的,但是当我和他真正站在上野公园的时候,我突然觉得好像事情也没有那么糟了。说起来很奇怪,可是真的就是这样,原本投十份简历,就改投二十份;原本被讨厌的地方,就尽量在下一次不要表现出来,没多久,我和先生都收到了公司的邀请信。"

转运的御守

我打电话约了女友在人民广场见面,我们已经很久没有见面了,我差一点儿认不出她来。她黑着脸看着我说:"叫我出来干吗?"我说:"没什么,就坐坐吧。"我递给她一杯买

华灯初上，中村邦夫结束了一天的工作，又在家中的书房里开始另一项工作——修复瓷器。他仔细端详面前一只破碎的瓷碗，把每一块碎片放在瓷碗破碎的位置目测、构思……

2011年，东日本大地震使许多珍贵的瓷器成了一地碎片，它们或是家中世代相传的宝物，或是已逝者留给亲人的珍贵礼物。中村邦夫无偿承担起了拯救地震中破损瓷器的任务，他以志愿者的身份走村串户，用自己掌握的"金缮"技术免费为灾民修补破碎的珍贵瓷器。

"金缮"是日本一种古老的修补瓷器的技术，匠人利用生漆、糯米等原料制成黏合剂，将破碎的瓷器黏合复原，经细心打磨，最后用金粉涂抹在黏合的部位，"金缮"不仅使那些残破的碎片"复活"，更为原作增添了一种难以言喻的"残缺美"。中村邦夫从小学习"金缮"技巧，几十年的历练让他的修复技巧炉火纯青，尽管后来他未以此谋生，但他一直未荒废这门手艺，大地震发生后，他觉得正好可以用它为灾区的人们做点儿事情。

一天，一个女子陪同她的母亲来找中村邦夫，老妇人手中紧紧抓着一个绢袋，她不停地问每一个遇见的人："你看到我的花瓶了吗？"女子告诉中村邦夫，地震夺去了父亲的生命，年迈的母亲一时难以从失去丈夫的悲痛中走出，整日神思恍惚。绢袋里装的是一个破碎的小花瓶，是父亲当年送给母亲的定情物，那是母亲一辈子至爱的东西之一，也是父亲留给母亲最后的念想，女子希望中村邦夫能将这个小花瓶复原，或许它可以帮助母亲恢复神志。

送走那对母女后，中村邦夫仔细辨认每一块碎片的位置，用黏合剂涂抹在碎片的边缘，将它们黏合在一起，花瓶的原形基本恢复了，是一个精巧的小花瓶，瓶身上有蓝色的花卉图案，瓶身晶莹剔透，遗憾的是瓶口处有一块瓷掉落了，留下一个缺口，瓶口失去了流畅圆润的线条。如何弥补这一缺陷，中村邦夫苦苦思索，他联系女子，问她母亲是否有什么喜欢的动植物，女子说母亲很喜欢银杏树，当初她与

父亲就是在一棵银杏树下相识的。中村邦夫在花瓶的裂痕处涂上金粉，经过修补的裂痕如一条条金色的小路，在蓝色的瓶身蜿蜒而行，瓶口处，一片银杏树叶如一只蝴蝶翩然憩在那里，树叶上的叶脉清晰可见，叶柄则向下伸展着。银杏树叶使小花瓶承载了更多的往事与回忆，也比原来增添了更多的美。

当老妇人看到已修补完毕的花瓶，眼前一亮，她猛地拥它在怀，用脸紧贴着花瓶，泪水潸然而下，喃喃道："我终于找到你了。"最后，她向中村邦夫深深地鞠了几个躬，母女俩千恩万谢辞别了中村邦夫。

这样的修复工作一直到现在依然在进行着，中村邦夫让那些破碎的瓷片焕发出新的生机。有的瓷器破损得太厉害，中村邦夫就将它们制成筷架，让每一块瓷器都永久保留下来。尽管金粉的价格昂贵，但中村邦夫坚持免费为那些灾民修补瓷器，他要告诉那些劫后余生的人：无论一件瓷器破碎得有多么厉害，依然可以让它复原，甚至更加完美；生活也一样，无论遭受多大的灾难，坦然接受它，精心修缮它，又会看到美与希望。

"我希望自己修补的不只是瓷器，更是一颗颗心。"中村邦夫握着心中的瓷器，神情肃然。

好的奶茶，她似乎没有那么生气了。然后我们聊了很久，她又考了什么资格证，又去了什么地方，遇见了什么人。那天天气很好，可能就像藤井太太说的那样，我突然觉得心情也没有那么差了。

藤井夜里突然来敲我家的门，递给我一个像锦囊一样的东西，他说，这是御守，希望可以保佑我顺利起来。说来也奇怪，从那天开始，我好像开始转运了，有人打电话说捡到了我的钱包，因为里面有我的名片，他干脆送到了公司楼下；而之前的领导去了菲律宾，新来的领导看了我被毙掉的方案，居然重新捡起来想要进行；女友和我重归于好，我们也决定年底结婚。

早上醒来的时候，突然听到隔壁轰隆的声响，我开门去看，发现藤井夫妇在搬东西："你们这是……"

"我们要回日本了。"

"啊，这么快？"

"是的，来到中国也有一年多了，我先生工作调动，所以不能继续留下来了。""唉，才刚刚熟悉。"

这时藤井先生冲上来，说："你，是个好人，开心了。"我冲着藤井先生笑，藤井先生说，"你笑，很好看，不要，苦脸了。"

藤井太太紧跟着说："所有的开心都是免费的，不是吗？"

好长一段日子，我都以为早上打开门可以看见藤井先生诚恳的微笑和那句走音的"早上好"，但是楼梯间除了我，就只剩下从顶棚圆窗投下来的阳光了。

都是人心

□ 曾 颖

我的外公是个铁匠，一生勤劳、善良、贫穷。外公一生做过多少好事，他自己也说不清楚。据外婆讲，外公最早做的第一件好事，就是在他小小的铁匠铺里安上一个巨型茶桶，每天早晨第一件事就是烧上一大桶开水，泡上什邡红白山上独有的山茶，然后放上几个洗得干干净净的土碗，任那些赶集的菜农和挑夫自取自饮。无论春夏秋冬，一口气坚持了好几十年。

一件善事能坚持几十年，就可称得上是一个壮举，特别是这是一个贫穷的重体力劳动者每天额外给自己加的，就显得更不可思议。而说起这件事的缘起，则更是让人震撼。

那是外公二十几岁时一次外出的经历，那一年他下乡去卖铁器，挑着一堆沉重的铁家伙走乡串户，天气又热，担子又重，汗流浃背，失水甚多，一时间口渴难忍，见前方路边有一小院，于是上前求主人给他一碗开水，主人摇头说没有。他又求说开水没有，冷水也行。主人变脸，阴阳怪气地说："冷水要人挑，热水要人烧，都没有！"

这句话像钉子一样凿进了外公的心里，让他记了一辈子。赠人一杯茶水，不过是举手之劳。但这家主人，却连这举手的善意，都不愿施与别人，还口出讥讽之语，可谓刻薄至极。

在经受了刻薄与磨难之后，人们有多种反应，最典型的有两类，其一是在被刻薄和磨难之后，变得更阴暗也更变本加厉地将这份磨难还诸世界，如同多年被婆婆虐待的媳妇熬成婆之后，以自己受过苦为由，将这种不平经历变为恶意待人的理由；而另一类，则是知道磨难的可恨与可怕，不愿别人再体验和感受到那份苦。我的外公，因为要水而遭人冷眼和讥讽之后，没变得吝啬孤寒，相反，却因为知道渴者的心情，而发愿在小小铁匠铺门口，摆上一个与打铁业务完全不相干的免费茶摊。为此，做重体力劳动的他，每天要额外早起挑水烧茶，家中原本拮据的收入中，又多添一份煤和茶的支出，但外公却乐此不疲，坚持了半生。

外公晚年曾说过一句话：人们常说人心不古，其实每个人都是人心，当年那个吝茶者是，我这个施茶者也是。当你遇到他时，你就会感到人心不古世风日下，心生无限悲凉；而当你遇到我时，你就会感到世风尚好，人心有救。

不犯错的方法

□ 包明丽

人人都不想犯错，然而避免错误的最好方法不是了解错误，而是知道什么是正确的。

比如，你不想孩子犯什么错误，就别向孩子强调这种错误，而要强调怎么做才是正确的。

英国银行协会在对职员进行培训时，一张假钞也没让学员摸过，训练时用的都是真钞，上课时讲的也都是真钞的特点。这样，职员虽然没有见过假钞，但是当职员们都已经习惯了真钞的感觉，自然轻而易举地就能鉴定出哪些是假钞了。

同理，文物鉴定大家马未都从来不研究赝品，因为每件赝品的破绽都是不同的。他说，他每个月要抽空到博物馆里泡上一整天，不干别的，就是盯着看真品，一直到看熟、看透为止，收藏界管这种行为叫作养眼。知道了真品什么样，遇到赝品，一眼就能看穿。这就是不犯错的方法。

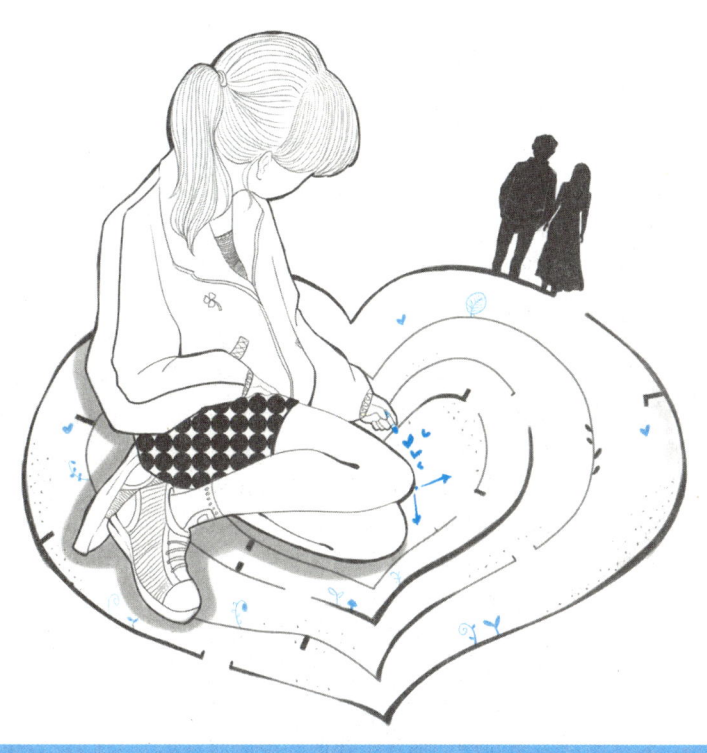

恰到好处的爱，恰到好处的温暖

有些东西，并不是越浓越好，要恰到好处。深深的话我们浅浅地说，长长的路我们慢慢地走。恰到好处，是一种哲学和艺术的结晶体。它代表的豁达和淡然，是幸福门前的长廊。轻轻走过它，你就可以拍打幸福的门环。

我在旅行时学到的那些人生哲理

□天边的左岸

5年前是我人生最折腾的一年，那年也是灾难电影《2012》预言的世界末日的一年。2012年，对那个时候的我、对很多我一样的年轻人来说，或许真的就是干点儿什么疯狂事情最好的理由。

1. 如果你已经在路上，最难的部分你已经走过去了

2012年8月5日，背着自己准备了半年的装备和心情踏上搭车去西藏的旅程。从居住城市W市的高速路服务站开始搭载第一辆顺风车。

当时我的朋友送我走的时候我俩还在商量如果当天没有搭到顺风车就回去好好吃一顿。不过当天的运气蛮不错，问了没有几个人，就顺利地搭上了第一班去济南的车……

后来，因为爱旅行的缘故，常常在很多贴吧论坛上看到一些集结或者发起组团旅行的人都没有成行。很多人也问过我怎么会有那样的勇气，直到我看到一张明信片上印的那句话：如果你已经在路上了，最难的部分你已经走过去了。

这句话其实也适用于大部分事情，但凡一个念头想要做，立刻跳起来去准备，不要纠结于万一、如果，和别人的各种评价。

这个世界上什么都有，就是没有如果。

2. 过生活别着急，太着急就会过不好

在反走318国道到芒康的时候，当时和一位卖坟的姑娘（你没看错，卖坟的），在等同行的另一个驴友交电话费，我们在营业厅外面等他的时候，一位姑娘主动上前问我：需不需要搭车？我一瞧他们的车，瞬间高兴起来：真的？那太谢谢了！

本来打算晚上在那里住宿的我们借着偶遇的贵人又前行了一段。

在路上的时候大家一起聊天，我的脾气当时是比较着急的，经常会打断别人的话，直接给出我的建议，有时候甚至都听不完对方表达的意见。

当时跟那位姐姐聊天，路上她突然对我们说了这样一句话：过生活别着急，太着急就会过不好。当时我没有说话，不过因为我一直也困惑自己的这个问题怎么改变，所以对这句话便记得尤为清楚。

多年后的今天我们聊起来，我依然特别想因为这句话而向她表达感谢。当下的社会很浮躁，那么多人急功近利，每个人都那么急躁，走在人群里面越发觉得慢下来不容易。

3. 用你的长处去对别人的短处

10月份在泸沽湖待了一个星期，因为把东西落在了拉萨，刚好又有朋友从拉萨回丽江，我便在距离丽江不远的泸沽湖边玩边等，有一天在客栈的大厅里面闲坐着，一对夫妻也坐在附近，我便和他们搭讪聊天。

阿姨在北京有自己的公司，做的是大型医疗器械，北京的医院里面用的大部分大型医疗器具都是她从国外进口然后卖给那些医院的，动辄就是上百万元的交易额，接触的都是各大医院的负责人级别的人。

聊天过程中阿姨跟我说了一句话：交流过程中你要学会用你的长板对别人的短板。意思大约就是要学会利用自己的长处去和别人的短处相对比，这样在任何时候都不会失去自己的位置和自信。

我琢磨了很久，一直也没有弄明白怎样才能真正达到像阿姨一般能说出这句话的心境。不过我知道的是，没有洞察世事人情的那颗敏锐的心，这句话永远都不能真正做到。

4. 你是谁，就会遇到谁

这话听起来有点儿悬，但有本书可能大家都听过，《秘密》的作者是朗达·拜恩，这本书讲的是这个世界这个宇宙的一条终极秘密，吸引力法则，文中阐述每个人其实都像一块磁铁一样，你的精神吸引着这个世界和你的精神频率一样的人和事情，所以你的一切都是你自己吸引来的。

里面的内容，说实话我不是全部认同，有些事情用这个法则解释也不是很适用。不过旅行的时候我确是这条规则的坚决拥护者和实践者。比如我搭车搭不到，那我就会在心里默默地想象已经搭到车的情景并且祈祷、祝福和感谢。

说真的，大部分时候都管用，我也不知道这是什么原理。这句话流传于2012年徒步搭车和骑行进藏的大部分正直驴友当中。

那一年进藏的人很多，这句话流传得也甚广，而在那次旅行当中几乎所有我认识并且留下联系方式的人都一直保有联系。

这使我相信，这个世界上是有很多和你类似的人的，就算大家经历不同、成长环境不同、学历不同，有各种各样的不同，但是这并不妨碍你们因为彼此间的那一点点的相同而成为很棒的朋友。

旅行是什么？

我记得一句话：读万卷书，不如行万里路；行万里路，不如阅人无数；阅人无数，不如名师开路。

我说这句话的意思是什么呢？风景万千，过眼云烟，所有经历的面对过的呀，其实都是这个世界为了让你更明白和懂得自己。

这些大道理，也正如《平凡之路》里面的台词：我们从小就懂得很多大道理，但依旧过不好自己的人生。

所以，其实不论你是谁，做好你自己，世界就会发现你。

我与幸福之间，只差一只猫儿

□ [日] 村上春树

上大学时，在夜里打工回家的路上，我看见一只小猫咪。

一喊它，它便一边叫一边跟着走，一路紧追不舍，跟到了家门口。

无奈只好给它一点儿吃的。猫咪就在家里住了下来。

并没有专门起名字，有一天听广播，说有个人养的猫不久前失踪了，名字叫彼得。于是我想："得了，就叫彼得吧。"

彼得就这样生活在我家，长成了一只有点儿凶的小公猫。

后来，我开了一家店，叫"彼得猫"。一天的工作结束后，夜里，就把猫放在膝盖上，一边啜几口啤酒，一边写起了我的第一篇小说，这至今都是美好的回忆。

经常有人问，为何您的作品总能让人感到温暖呢？也许，这应该归功于陪我写作的猫咪吧。

我二十岁出头，刚结婚没多久的时候，囊内空空，连一个暖炉都买不起。住在东京近郊一所四下漏风、寒冷彻骨的房子里。一到早晨，厨房里竟会结满冰。我们养了两只猫儿，睡觉时人和猫紧紧搂在一起取暖。当时，我家成了猫儿们的活动中心，时不时会有猫儿结队来访，有时候就把它们搂在怀里，两个人和四五只猫儿搂抱着睡在一起。那是一段艰苦的日子，但由人和猫儿拼命酿造出的温情，令人感动。从那以后，我就想写能酿造出温暖的小说。

现在，我仍会想起静静地消失在树林里的彼得。而一想彼得，我就想起自己还年轻、还贫穷，不知恐惧为何物，却也不知日后出路的年代。同时，也想起当时遇见的许多人。

我与安西水丸先生，常常因为书籍的装帧和插画合作，这种交往始于很久以前。

水丸先生是个非常热心的人。大约七年前我盖房子的时候，请他画和室的隔扇外加挂轴，他一口应承："行，我来干。"于是不辞辛苦远道赶到我家，亲自动手磨墨，用毛笔画上了漂亮的富士山和鱼。然而，他一个人关在那间屋子里画隔扇时，一只大得像美洲狮的猫儿把他画的鱼当成了真的，冷不防"哇"的一声猛扑上去。水丸先生虽然身负重伤鲜血淋漓，却还是紧握画笔不放，坚持把隔扇画完。

这当然是无根无据的谎言。我家那只暹罗猫只是踱了过来，兜了一圈，舔了舔爪子而已。水丸先生害怕猫狗，一定把那只暹罗猫看得像美洲狮一般大了。

世上绝大部分的猫我都喜欢，不过生活在这世间的猫儿当中，我最喜欢上了年纪的大母猫。我和那只猫咪一起生活，是在六七岁，刚刚升小学的时候。它的名字叫"缎通"，它有毛茸茸的毛、肥嘟嘟的后脖颈、凉凉的耳朵，喉咙发出咕噜咕噜的声音，像夏末的海浪声。

"缎通"是只异常聪明的猫儿，认得回家的路。它的故事，写在《毛茸茸》里。我写下猫儿的故事，安西水丸先生画下一只只猫儿的身影。怕猫儿的安西水丸，为何能画出这样毛茸茸的可爱猫儿呢？也许最终还是无法抵挡猫儿软萌的魅力。

我们从猫咪身上学到：幸福是温暖而柔软的东西，幸福也许就在身边，不在别处。这个世界是多么冷酷，然而，待在猫儿身边，世界也可以变得美好而温柔。

假如没有猫，这世界将变成什么样呢？大概就没有"彼得猫"，没有《挪威的森林》，也没有《毛茸茸》了。

"如果有一天早上醒来，发现猫不见了，我的整颗心都会是空荡荡的。养猫与读书对我而言，就像我的两只手，相辅相成，编织出多彩的生活。"

长大后的白血病患儿

□嘉倩

那些白血病患儿长大以后，过着怎样的生活？带着这个疑问，我见到了她。

初抵西安，人生地不熟，这个土生土长的西安女孩，带着我熟练地穿梭于回民街的汹涌人潮。

"告诉你一个秘密，回民街真正的美食都在巷子深处。"她说。

吃过贾三汤包，在偏僻窄巷，我们进入一家小酥肉馆，米饭上倒少许油，佐以酥肉，回味无穷。她指了指斜角的一家店，说："下次有时间，带你去吃他们家的大盘鸡，可地道了。"

她个子高，接近一米八，身穿粗布棉麻衫，一对耳环随风飘摇，民族风情十足。

前不久，她在印度独自旅行，她告诉我，那里有许多小市集，东西价格便宜，她身上的复古斜挎包便是在印度淘来的。

不过，有一件事，每每想起，她都心有余悸。

那天，她在印度一家青旅洗澡，偶然间抬头，透过缝隙，与一双眼睛四目交会。慌乱中，她赶紧裹上浴巾，冲出浴室，只见一个模样猥琐的中年印度男人，没命似的奔逃。

下一段旅途，她计划独自去肯尼亚和伊朗。

如果不是她再次提醒，我完全忘记，她只有十七岁。

她带我去一家咖啡馆，透过玻璃窗，钟楼近在眼前。

"我和同学考试前一直来这里复习功课，我们喜欢去三楼。"她说，"我想和你说说我的故事，但是不愿意透露姓名，除了最亲近的家人，几乎没人知道这些。"

八岁那年，她被查出白血病。

"起初住院的时候，我开心极了，不用去学校，不用写作业，不用练琴。可是，很快我又想念学校，为了治疗，骨穿、腰穿、化疗、光头、暂时性失明、不间断的病危通知，我宁可去读书。"

"我根本不知道是什么病，爸爸妈妈瞒了我三年。那时候年龄小，他们说只是小病，血小板减少。我毕竟不是傻子，怀疑过很多回，最后都还是相信了爸妈。"

有一天，她无意中看到病历，于是，将吃的药、做的化疗、打的针，在百度搜索，最后得出结论：白血病。

"其实我一直有心理准备，一点点震惊，如此而已。"

十岁那年，病房新来一个女孩，和她一样大，也是白血病。也许是同病相怜，她们成为朋友，无话不谈，关系亲密。很突然地，一个多月后，女孩和家人收拾东西回家了。

"爸爸妈妈告诉我，她家是农村的，条件不好，中医花钱少，所以回老家看中医了。当时我真的相信了，只是很难过，再也没有人陪我玩了。后来长大了，听到爸爸妈妈的对话，大概是，农村家庭重男轻女，这样回家，人最后肯定没了。"

"八岁到十二岁的年纪，刚好是什么都懂，又好像什么都不懂的时候，那四年在医院的经历，真的是苦日子啊！我一度拒绝治疗，想要死，那时候觉得老天爷太不公平，凭什么发生在我身上，凭什么这些苦都是我受着？"

我问她，现在呢？

她说："没有那么愤恨命运了，还挺感激白血病救了我。这四年，让我知道了知足，更珍惜生命，要好好活着，为自己活。也让我知道了爸爸妈妈是那么爱我，医生拿着病危通知书，当着我的面，直接劝他们放弃，但是他们从来没有放弃过我。"

如今，她就读于西安一所国际高中。

没有高考压力，她正在为出国留学做准备。"得病后，爸妈最重视我的健康，所以安排我读国际学校，接下来送我出国。"

她之所以和周围同学不同，她认为，最主要的原因是白血病。

"我也懒得去想那么多，反正命都是捡来的，想做就做呗。"

从十五岁开始，她独自旅行，第一站，江浙沪厦门，随后，她去了东北、青海、宁夏、西藏、新疆、尼泊尔，住过救助站，睡过藏族人的沙发。第一次搭车，她告诉卡车司机她只有十五岁，老实巴交的大叔立刻掉头，陪她去警察局，给父母打电话，临走又塞给她一千块钱，嘱咐她赶紧回家。"当时我很感动，也觉得好笑，心里很有成就感，我那么小，已经走遍了中国。

"虽然爸爸妈妈总是教育我，女孩子不能那么野，但我知道，他们心里很为我骄傲。慢慢长大，有责任心了，我开始意识到，这样做有点儿自私，万一我出了事，爸妈会非常难过，所以我很矛盾，我没法不去做自己想做的事，却也没法不去考虑他们的感受。不能和父母站在同一战线很痛苦，有时候想着，为了他们开心，不然顺着他们算了，但又觉得对不起自己。我只能努力寻找一个平衡点，至少每次出门都安全回来。

"至于旅行的意义，我只是喜欢瞎逛，放松心情，长见识，交朋友，其他的，所谓的找自己，发现生命真谛，都是假的。"

她的梦想是成为电影导演，她正在申请美国一所大学的电影专业。

"我不急，还年轻，要做的事情有很多。我是一块橡皮泥，没有定型，未来可以是任何模样，我觉得我拥有整个世界。大风大浪都过来了，五十岁的时候，我会和孩子说我奇幻漂流的一生。有一天，当我没有故事没有爱恨情仇，也就一无所有了。"

值得思考的选择题

□ 程 玮

那是我在德国留学度过的第三个春天。当来自南方的风吹来时，我就开始启动抵抗花粉过敏的程序了。

懒得去找医生开药方，我直接去药店买抗过敏药。想到每年都吃同样的药，开口就让人家给我一个大号盒子，免得明年再麻烦。

卖药的女孩儿告诉我，我想买的抗过敏药有两种大盒子，一种是50粒一盒，一种是100粒一盒。我告诉她，要100粒一盒的。她又补充说，50粒一盒的正在减价，10欧元一盒。而100粒一盒的是正常价30欧元一盒。算起来，买50粒一盒的，价格便宜1/3。她让我选择，到底买50粒一盒的还是买100粒一盒的。

我看了一眼这个看上去很聪明伶俐的女孩子，心里忍不住暗笑：这个世界上，恐怕只有德国人才会问这样简单的选择题。

我毫不犹豫地回答，买两盒50粒装的。这样一来，达到了我的目的，还省下了10欧元。

女孩显然没有想到，除了她提出的那两种选择外，还有我这第三种选择。她愣了一下，有点儿不好意思地笑起来，然后轻声细语地向我解释说，她不是不想卖给我，只是眼下正是花粉季节，想买这种药的人很多。为了减少患者的花费，药店进行了优惠。50粒盒装的正好够用一个花季，与其把药闲置一年，还不如到明年需要的时候再来买。

我听出了她想表达的真实意思。其实她就是想说，这样的优惠，应该让更多的人享受到，我很惭愧地感谢她的提醒，重新回到她的选择题，做了选择，买了一盒50粒装的。

走出药店时，我深深鄙视自己刚才貌似机灵的小聪明。由此想起很多人在国外代人买奶粉，因为太过"贪婪"而受到很多商场的抵制。

我猜想，有些地方并不一定是奶粉供应不足。人们反感的是那种毫无顾忌搬空货架上所有奶粉，丝毫不为他人着想的行事方式。有位年轻的母亲告诉我，去超市买奶粉的时候，如果货架上只剩两罐奶粉的话，她一定只拿一罐，留下一罐给别人。

这是值得每个人思考的一道选择题。

一碗属于深夜的泡面

□ 九味

今年是我在台北的第三年，学业仍在继续，连家也无法常常回去，越来越像一个漂泊的异乡人。我伴着孤独时常一个人坐在研究室，待到深夜，消化着不知多久前吃的一餐。

有一天夜里，我靠在竹藤椅上，枯对论文，再也憋不出半个字，此时，老鼠也开始出来放肆了。各种情绪在这深夜的封闭空间里，都容易被放大到无法抑制的地步，连饥饿也是。我听到肚子不停地叫，就快要凹陷下去了。"突然好想吃一包老坛酸菜面啊，连汤也一起喝下去，咕嘟咕

嘟的，一点儿不剩。"我这样想着。

可是台湾没有老坛酸菜面，就连康师傅红烧牛肉面都没有。

我最爱吃方便面的时候大概是初中了，那时还没有老坛酸菜面。每天中午或下午有二十分钟的课间休息时间，一伙人就风风火火地冲到小卖铺来几碗方便面，用叉子插在碗沿固定住纸盖，这大概是当时最专业的吃法了。一些人煞有介事地盯着面碗透出的热气，咂着嘴等着，好像一件惊天动地的大事要发生一样。然后几个人在旁边互相追着踢对方几脚，面也就泡好了。那时还流行打赌，几个男孩比谁能吃得下最多的方便面，热火朝天地一碗接一碗，最后打出的"嗝"从老远就能喷到对面人的脸上。虽然赢了也就是被请去网吧打个游戏罢了。

当时，我最喜欢吃日清旗下的十拌面，尤爱红色的鱼香肉丝味和黄色的铁板牛肉味。用热水先把面泡开，再把水倒在学校路边的下水道里，挤上赤浓的酱料搅拌，一定要均匀到每根面都沾上酱料，变得黑红才最完美。那时天天都想着这份集天下美味于一体的拌面。我还能清晰地记得每次我妈说今天不做饭了吧，我立马就表现出"哇！今天又能吃方便面了"的激动和雀跃，只是现如今，再回首已然不再明白为何当时的幸福如此简单了。

后来，上了大学，方便面就更是陪伴左右了。只是当时懒于洗碗，加上生活费有限，毕竟买洗洁精和盒装方便面也是不必要的开销。就常买了袋装的老坛酸菜面，直接在铝箔袋里灌上开水，用夹子封住袋口，这样就坐等着吃了。现在想来，这种方式实在是不健康到令人发指啊。不过谁让当时年轻气盛，又被赞赏这吃法独特创新且高效便利，实在是新时代人类智慧的产物。以至于整个宿舍都沉浸在这种别具一格的吃法上，也不知肚子里现在还沉淀了多少当时的塑胶袋。

那时对老坛酸菜面的确真爱，调料包里的每根酸菜丁都不会放过，尤其在深夜来一碗，那酸爽真是过瘾。有一次和姐姐吃饭，她系着围裙在厨房里忙活了好久，各种瓶瓶罐罐的调味料摆了一排，青菜鸡蛋火腿豆腐各种料都准备好，特别用心地做了一锅期待值爆棚的老坛酸菜面。这大概是我见过的最优雅的一顿方便面了。可惜在我刚想插手帮她舀面的时候连着锅打翻了。为此，至今她还念念不忘那顿用心良苦的方便面。其实当时我也很伤心，这感觉不亚于失恋，毕竟都是眼睁睁失去了最爱，再努力也做不了一丁点儿的改变。

但是，一次的失去，会换来以后的次次珍惜。对于老坛酸菜面，这次我把握住了。

听说一个同学从大陆不远万里带了好几大包老坛酸菜面，我立马去讨了几包。那天，我从老藤椅上坐起来，只是没再像以前那样把热水灌进袋子就吃了。想对自己好点儿，于是特地准备了一个大碗，把面整个放进去。我不喜掰碎它，掰碎后吃时就没有吸溜吸溜的通畅感了。然后撕开调料包倒进去，连白花花的油脂都不舍得放掉一丝丝。我端着碗去热水器接热水，热水浸过方便面，莫名的期待与激动又开始充满我的内心。我用好几百页的文本，小心翼翼地盖在泡面的碗上，就已经闻到调料包的香味了。

泡到三分钟，我移开文本的时候，发现文本最后一页已经被蒸汽熏得半透明。我挑起一根面尝尝，有点儿硬，但怕等着等着就泡囊了，索性开始吃起来，这样吃到一半时，就会是最完美的味道了。这碗面我花了五分钟吃完，还没等到面泡囊，我就连底汤都喝完了，是牛饮着喝下去的。

善良是我们自己的事

□ 马亚伟

上师范的时候,我们宿舍8个姐妹,大家的关系非常好。师范二年级的时候,妍的母亲生了一场大病。那段时间,她明显憔悴了,我们看了很心疼。

妍对我们说,家里条件不好,母亲的病还在拖着。我们几个姐妹安慰她说:"一切都会好起来的。"私下里,我们7个人商量好,要捐些钱给妍,让她给母亲看病。大家都来自农村,家境都一般,但是我们向父母说了这件事,他们还是非常支持。那时候我的父亲刚刚卖了家里养的肥猪,又凑了点儿钱,给了我300块钱让我带给妍。那个年代人们的月工资也就是100多元,300块钱不是个小数目,但是善良的父母一点儿没心疼。

除了我之外,其余的姐妹也都从家里带了300块钱,大家一共凑了2100块钱,交给了妍。她感激得不知如何是好,流着泪说:"这钱算我借你们的,我一定会还的!"我们告诉她,都跟父母商量好了,钱不用还,赶紧给伯母去治病。

不久,妍的母亲病好了。其实,她母亲的病远没有她说的那么严重,只是做了个小手术,我们凑的那些钱一定没花完。后来,妍再也不提那些钱的事,就这样心安理得地接受了我们的捐款。师范二年级下学期,妍谈恋爱了,对方是高年级的一个男生。妍为了讨好他,给他买了昂贵的手表当生日礼物。

这件事被我们知道后,大家义愤填膺,都说妍太不懂珍惜了。她简直是玷污了我们的善良,把我们好心捐给她的钱,用来给男朋友买礼物,太没道理了。大家七嘴八舌地说着,要向妍讨说法,还有人提出把钱要回来,毕竟那些钱也是父母给的,我们还没能力挣钱。有个姐妹说:"妍就是在欺负我们善良,但是善良也是有底线的。对于不懂珍惜的人,我们决不能给她善良。如果那样的话,就是在纵容她!"大家附和着:"就是,善良是有底线的。我们付出了善良,不求她回报,只要她能感受到,懂得珍惜就行了。如果不然,就是超越了善良的底线,我们要收回自己的善良!"

这时,一直沉默的宿舍长说话了:"善良是没有底线的。善良是我们自己的事,我们心甘情愿付出了善良,并没有想着要她的什么回报,只是我们认为那样做值得。看到别人有难处,我们都想帮一把。虽然我知道家里的钱是父母辛辛苦苦挣来的,但是我能做的是将来挣了钱好好孝敬父母,而不是把自己付出的善良收回来。"大家都低下头,不再说话了。是啊,善良无底线,因为善良之举出自我们的真心,从未想过要谁回报。

后来的日子里,我也遭遇过善良之心被漠视的事。在公交车上给一位老人让座后,车子摇晃得厉害,我晕车了,皱着眉头强忍着不吐出来,老人就在我的对面,一定看到了我的表情,他却把头扭向车窗外,我因为太难受只好提前下车。

不过更多的时候,你伸出善良之手,也会收获更多的温暖。赠人玫瑰,手有余香,一直到现在,我仍然毫不吝惜自己的善良。善良无底线,我付出了善良,是为了让自己心安和快乐。

然后将空面碗往旁边一推,跷着二郎腿,觉得特别幸福和满足,因为能开心地吃饱。

其实我很久没吃方便面了,起初是怕死,毕竟一碗泡面需要32天来消化这件事已经是旧闻了,后来开始健身,对自己饮食的要求就更加苛刻,想着自己哭着忍受对美食的割舍之痛来坚持的健身生涯,不能就被这一碗泡面给毁了。

是的,我早已不是那个爱吃方便面的少年了,也不是那个为了能吃到一碗方便面就欢呼的少年了,我长大了。

是的,我长大了,在我开始独自面对生活并且慢慢自以为了解生活的时候,竟还只是因为一碗方便面,一个人笑了。

有没有一种生活，可以安静而有趣

□ 林特特

1

学生时代，我的暑假都是从自制节目单开始。

早在期末考试前，我就将A4打印纸装订成册，封面手写"暑假课程表"，第一页写"电视节目一览"。

那时，电脑是拨号上网，DVD（数字激光视盘）还没普及，iPad（苹果平板电脑）要过好些年才能问世。

而我对电视的兴趣是如此浓厚，浓厚到暑假前几个星期，就会从报刊亭买回《中国电视报》《安徽广播电视报》，把它们摊在桌上，细心研究，通过现有的节目推测未来的节目；还会趁晚饭时间，偷瞄几眼屏幕，《新闻联播》前，一些电视台会广而告之各自的"暑期大放送"——有一年，我一天连看了十二集电视剧。

及至暑假真的来临，我会在当期的电视报上圈圈点点，个别地方直接画五角星。按兴趣精选，按类别搭配，最终，落实到小本子上，是一份独一无二的、集我家可收到的所有电视台精品节目的汇总——

《新白娘子传奇》《红楼梦》《西游记》是老三样；

《天龙八部》《倚天屠龙记》年年换新版；

《刑事侦缉档案》《一号法庭》总能燃起我做白领丽人的梦想……

除了电视剧，旅游类、综艺类、谈话类的节目，缺一不可。多年后，当我浏览一家汇总各类团购信息的网站时，忽然想起了我的小白本，想起把"国际大专辩论赛"和《将爱情进行到底》标注为同样重量级节目的小白本。

2

除了电视节目，我还列了延伸书单。

我最喜欢的老师说，要想成为一个学识渊博的人，就在一段时间内找到一个感兴趣的话题，精研它的边边角角、来龙去脉……于是，我在小白本第二页列下"图书馆欲借书目"，它们都和我爱看的电视节目相关。

每周，我都要去一趟厂里的图书馆借书。

管理员阿姨高颧骨，一丝不苟，从来不笑。我第一次打开小白本时，她声音冰冷："一次只能借两本。"我举着我爸我妈的两个工作证，她无可奈何："那就四本。"

她穿过高大的书架，再回来时，带着"三言二拍"、金庸、亦舒、梁凤仪……它们分别代表着古代演义、武侠、江湖、都市传奇在我面前展开，我总喜滋滋地把它们装在篮子里。每周，我还有一堂体育课——从大院步行至父母的厂里，除了借书，还要去冷饮点，凭票领冰棍或汽水。

炎热的天，柏油马路。稍一停步，我的塑料凉鞋就有粘在地上拔不起来的危险。冷饮和书装在篮子里，总拎得我手麻，直至高二，我才有了帮手：父母们觉得孩子的暑假太孤单，决定让我和表弟、表妹一起过暑假——他们分享我的课程，从文化到体育。

"长姐为母。"我这么说时，自觉母仪天下。

我教表弟、表妹将作业均分至每天，并苦口婆心地说我的教训——某一年，玩了一个暑假，结果在8月30日、31日两天不眠不休，狂赶作业，从此，发誓再不能这么狼狈。表弟点着头，表妹唱着歌："我怎么活得如此狼狈……"她是摇滚发烧友，烈日炎炎似火烧时，仍介绍我听《中国火》。

好了，从此，多了音乐课。

3

其实，还有说书课。

我爱给他们讲故事。我曾花一下午的时间，为表妹动情演说琼瑶的《彩霞满天》，看她的泪光一点点从眼底泛起，溢出眼眶。表弟是武侠迷，一日，大雨滂沱，电闪雷鸣，《倚天屠龙记》恰播放到六大门派围剿光明顶时，电视黑屏了，他捶了几下桌子，我拿石头镇纸当惊堂木，开说（剧透）起来。

一日，在徐徐晚风中，全家在阳台吃晚饭。

我们吸溜着绿豆粥，就着咸鸭蛋，表弟谈起钓小龙虾的乐趣——他家在六安一个镇上，镇子里多的是水沟。"要准备诱饵，自制钓竿、网兜、塑料桶……我一个人就能管七八根钓竿！"他自豪地说。

表妹常居西北，听说这样的游戏，大感兴趣。那天，我们聊到月上柳梢头，最后还是蚊子把我们赶进了屋。第二天，勘探地形，分头准备，又过了几日，正式起钓。我们用塑料桶装小龙虾，满载而归——类似的郊游课持续到我上大四、他俩分别上大学。就在前几天，我们的微信群里还在热议此事。

"我这会儿正在吃小龙虾，你们呢？"表弟已在上海。

无所事事不是慢生活，是慢待生活

□王欣

~~1~~

阿姨有个女儿，今年26岁，大学毕业后就在北京工作，但3年里至少换了5家公司。

她每次辞职之前，都会约我出来倒一倒苦水，说她在公司如何不被重视、被老板压榨、被同事穿小鞋、公司离家太远而考勤太严……

最开始我还支持她换工作，直到她要换第5家公司时，我才突然意识到：谁在公司没有经历过被剥削、被排挤、被轻视的阶段？每天早出晚归，准时出勤完成工作，这难道不是每个人生活的常态吗？总之，这一切并没有什么好抱怨的。

终于，在听到她因为觉得同事俗气、心眼多、合不来第5次辞职时，我说："任何人去任何公司上班，都是为了挣钱生活、积累经验，而不是为了去交朋友。同事只是为了完成公司任务而被商业契约绑在一起的陌生人，只要他做好他的，你做好你的，大家能共同完成工作就好。所以，我觉得你因为这个辞职挺不理智的，要不要再考虑一下？"

结果，小姑娘对我说："不考虑了，上班太没劲。我其实想过的是慢生活——去腾冲开个小咖啡馆，简简单单，也挺美好的。"

那次见面之后，小姑娘真的离开北京去了腾冲。看她的朋友圈，果然在当地盘了个咖啡馆，有几次，我看了也的确很羡慕。

再联系是前不久，小姑娘打电话给我，支支吾吾要借钱，说生意进入了淡季，没什么客源，但日常开销还是要付的。她不愿意再打电话向家里要，因为她妈只会唠叨让她赶紧回老家找份正经工作，根本不理解她。

我沉吟了一下，给她转了一些钱。挂电话前，我对她说："别怪我帮你妈说话。如果你的咖啡馆一直是靠花家里的钱运转，那你过的就不是慢生活，是啃老的生活。"

~~2~~

我今年决定辞去工作，专心在家写书的时候，好多熟人对我说：真羡慕你，自由职业，想睡就睡，想写就写，真正的慢生活。我敢慢吗？真的不敢。

如果我能按时按质完成当天的计划，那么，我的确可以把剩下来的时间自由安排。但，若是因为犯懒、松懈等，拖延了工作，我就得有那么几天不能好好睡觉，没日没夜地赶工。

作家村上春树从20多岁出版了第一本小说后，至今30多年，每年不间断写作、出版，他把自己的一天规划得井井有条：清晨出门跑步，然后写作直至中午，下午学习，晚上社交。很多人羡慕他整洁、温馨的书房，有唱片、有吧台、有各种小玩具。

如果你能像他一样，每天坚持写作4小时以上并长达30年不间断，你也值得拥有一间这样的书房。

~~3~~

所有你看到的，那些惬意、闲适、无拘无束、不受金钱困扰的慢生活，其实都是人生给予自律的奖赏，是生活某一个甜美的瞬间，却并不是全部与日常。做完了便可以停下来，把剩余时间浪费在一切美好无用的事物上。

慢生活，是有底气的自给自足，而不是好吃懒做的得过且过。

无所事事、碌碌无为，并不是慢生活，是消极地活着。当你一厢情愿地慢下来，什么也不做，又渐渐感觉被边缘化、毫无存在感，长期以最低标准活着的时候，请不要迁怒于任何人，也不要伸手向别人要钱。

选择任何道路，都要为自己负责。

"是自己钓的吗？"表妹也离开了西北。

"哈哈，不是自己钓的，不过是自己做的。"表弟上传了一张红彤彤、火辣辣的照片。

"一吃小龙虾，就想起大姐那些年给我们说的书、自己编的电视节目单、列的假期作业计划。"表妹忆当年。

我也回复了："好记性！其实直到现在，天一热，我就觉得还在放假。一放假，就还想列个计划表，将想看的、想听的安排好；和一些人一起吃饭，一起郊游……"

他们同时给我发了微信红包，表妹的红包上写着："愿你依然过着那样的生活，安静而有趣。"

生活家

□凉月满天

生活家，是我自造的一个词。

一个同学，喜欢收集老物件，家里纺车、马灯、树墩子，摆得林林总总。她又会画画，把家里的旧柜子涂成红身蓝面，画上金色花。如今，她又迷上了烤面包，肉松的、果酱的，看得我馋死了。

谁也想不到她有过死里逃生的经历。去看新房时，从高高的电梯井掉下去，浑身骨头都碎了。她熬过不知道多少倍数的疼痛，成了病房里最快乐的人。所以她现在高兴地画着花，高兴地养着猫猫狗狗，高兴地忍着腰疼——腰里还打着钢钉——烤面包。

被狂风抽了多少耳光，又被雨水浇了多少遍透心凉，她还能活得这么有滋有味，我觉得该封她一个"生活家"称号。

还有一个同学，四十五岁了，喜欢看童话。一次，同学聚会时，夜里睡在她家。三个人挤在一张床上，我听她讲："有一只蝴蝶，想过一种稳定的生活，她找到了这朵花，觉得不合心意，于是离开去找另一朵花，还是不合心意。就这样飞啊，飞啊。忽然一只捕虫网当头罩下，她被捉住，被一根长长的钢钉刺穿，钉在纸上做成了标本。她想：这个结局也不错，起码它是稳定的。"这个童话我至今记得，更记得那个寂静的夜晚。

小时候，爱绣花。一块细白布用圆圆的竹绷绷起来，各样丝线绣出绿叶红荷五彩鸳。又占时间又磨手，绣它何用？可就是觉得好。好是什么？就是有趣呗。有趣是什么？就是这种生活方式我喜欢。

我是生活家吗？我不算。我养不活花花草草，我的生活干枝寡叶。可是，当我一行行地写出字来，或者一行行地读进书去，我就觉得不干渴——我爱这干枝寡叶的生活。那么，我这个人虽不有趣，但这种生活是我觉得有趣味的。

所谓的生活家，大约就是采取各种各样的表达方式，只为着对生活说这三个字。

——哪三个字？你猜啊。

抱膝看闲街

□马德

家里曾养过一条狗，自己吃独食的那些时光，日子过得慢条斯理。给它喂食的时候，它也一副与世无争的样子，甚至都懒得为你摇尾巴献媚。后来，又来了一条小狗，它便再不是原来的样子了，吃着自己碗里的，还要盯着那条狗盆里的，有时候还要把人家狠狠咬开，胡乱抢上几口，才逡巡着回到自己这边来。

按道理讲，给它的食物足够它吃，但放在另一个盆里的东西，还是让它躁乱得不行。

不是每个生命在欲望面前都能安之若素。这不仅要看定力，还得看其所拥有的智慧。

有位农妇，领着孩子去赶集。按当地惯例，买完之后，商贩们总是习惯再搭上一些，以示乡邻之谊。小孩儿记得，如果果贩搭上两三个果子，妈妈总是只留下一个，把剩余的都给人家放回去。"给咱们的，为什么不要？"回来的路上，孩子嘟囔着，很不高兴。妈妈说："孩子，多了的不能要，否则，下次连这个也得不到了。"

若干年之后，孩子长大成人，开了公司，在一次职工大会上，谈及这件事，他说："我现在才算明白了母亲的话，人不贪，有够，别人才敢放心地靠近你，或者说才敢放心地给你点儿什么。"

朋友是个画家，多年潜心作画。他的画作很值钱了，但他卖得随意。十万八万的画，人家拦腰打折，他也卖。有人为此说他，你跟钱有仇啊？他说，跟钱没仇，但钱能生出仇人来，这个东西多了没什么好。

有人建议他在城里买所大房子，大房子里再装修一个足够气派的画室，可以喝茶会客，然后再修建一个景观阳台，问他的意见，他问："能配女秘书吗？"对方赶紧点头说："可以啊，没问题！"他接着来一句："你还想让我画画不？"对方方知是奚落，讨了个没趣，走了。他一直在小城的画室里画啊画的，没事就背着画包，骑着单车到山里转悠去。

用朋友的话说就是，扯那么多没用的，一点儿意思也没有，我得脚接着地儿，否则，我就不是我了。

恰到好处的爱，恰到好处的温暖

第50位顾客

□凤 凰

卡尔在华菲大街开了一家餐馆，生意非常好。虽然最近街对面新开了一家餐馆，但对卡尔的餐馆丝毫没有影响。

这天中午，餐馆里走进一位衣衫褴褛的中年男人，一看就知道是乞丐。来者都是客，卡尔热情地请他入座。乞丐大大咧咧地坐了下来，一口气点了几个最有名的菜。卡尔听后不由得吃了一惊：他一个人吃不了这么多菜吧？

服务员也吃了一惊，愣着没动。卡尔赶紧叫服务员通知厨房，为乞丐准备饭菜。不一会儿，乞丐点的菜一个接一个地端了上来。乞丐吃饱后，他摸了一会儿口袋说："今天忘带钱了，明天我来给你！"

卡尔知道乞丐不容易，就说："先生，你是今天的第50位幸运顾客，不收钱！"

"不收钱？"乞丐一愣，然后转身就走了。

乞丐一走，服务员就说："老板，他肯定是来吃白食的。"卡尔说："不用跟他计较，他来我们餐馆吃饭，肯定下了很大的决心。我们有能力帮助他，应该感到高兴！"

没想到，第二天中午，那个乞丐又走进了餐馆，还是像昨天一样。旁边有几位客人抱怨说，乞丐影响了他们的食欲。卡尔上前对他们说"来者都是客"。随后，卡尔给他们各送了一份菜，说是对他们的补偿。乞丐吃饱后，来到收银台说："我是今天的第50位幸运顾客，不收钱，对吧？"

卡尔说："是的。"乞丐听了，得意扬扬地扬长而去。

第三天中午，那个乞丐不但来了，而且带来了好几个乞丐。这天，乞丐点了许多好菜，摆了一桌子，还要了几瓶好酒，和那几个乞丐有说有笑地吃喝起来。

他们大声喧哗，引起了周围客人的注意，于是有客人就对卡尔说："老板，他们这样大声喧哗，影响了我们吃饭！"卡尔解释说："他们也有来餐馆吃饭的权利。他们不懂规矩，我们可不能跟他们一般见识。有什么招待不周的地方，请你们多多谅解！"卡尔说得不无道理，客人们只好继续吃饭。

终于，那几个乞丐酒足饭饱了，他们走到收银台说："老板，今天我也是第50位顾客，对不对？"

卡尔当然不清楚乞丐是不是第50位顾客，但他还是点了点头。乞丐笑着说道："那几个人是我带来的，我请他们。他们的饭钱也不收，对不对？"卡尔看了看那几个乞丐，点了点头说："当然！"乞丐一愣，然后说道："卡尔先生，谢谢您！"说完，带着那几个乞丐出了餐馆。

服务员听了摇头叹息。

可从这天以后，那个乞丐没来，别的乞丐也没来。倒是来了许多新的顾客，他们都是听说第50位顾客是乞丐的事后来的，他们都觉得，一个能让乞丐来吃饭的餐馆，一定有他的独

特之处。

从此之后，卡尔真的把每天来吃饭的第50位顾客当作幸运顾客，不收他一分钱。后来，卡尔干脆把店名改成了：第50位顾客。这样一来，餐馆的名声更大了。而新开的那家餐馆，就更没有生意了，于是不得不关了门。

不久的一天，那个乞丐又来了，这一次，他径直走向卡尔，说道："尊敬的卡尔先生，今天我来，是向你说明一件事情的真相。"乞丐告诉卡尔，他叫杰克，前些日子，街对面那家餐馆的生意不好，老板就找上他，让他到他的餐馆来吃饭，故意不给钱，从而激怒卡尔，然后，他便好借题发挥，搞坏卡尔的名声，搞垮他的生意。

可没想到的是，卡尔不收他的钱。他觉得卡尔真是一个善良的人，于是就不再上门生事了。杰克说："卡尔先生，谢谢您给我上了一课！"周围的客人听了杰克的话，都替卡尔吃了一惊，真险啊！

卡尔微笑着对杰克说："我也要谢谢您，您也给我上了一课。现在，我明白了：一个人，只要肯付出他的善意，就能化解突如其来的危机，还可能改变他人和自己的命运。"

汪曾祺先生曾经写过一位老人，家正对着当时北京101路公共汽车站牌。老人的生活很简单，早上起来扫地，先扫他那间小屋，再扫门前的人行道。一天三顿饭，早点是干馒头就咸菜喝白开水，中午晚上吃面。一年365天，天天如此。

儿子过得不错，但他不跟儿子住。每天吃完面，喝一碗面汤，刷刷碗，然后就坐在门前的马扎上，抱着膝盖看街。老人的一辈子经历了很多大事，解放战争，各种运动，三年困难时期，但每一件事好像都跟他没有多大关系，每天吃罢炸酱面，便继续往马扎上一坐，抱膝看大街。

汪先生评价说：他活得平静，无欲无求，天然恬淡，简直就是活庄子。我想，只有那些活得简单而欲望少的人，才会抵达如此之境界吧。

世上并没有用来鼓励工作努力的赏赐，所有的赏赐都只是被用来奖励工作成果的。

一生只做一件事

□ 倪一宁

在台湾做交换生那半年,我常光顾宿舍旁的一家红豆饼摊。摊位是三个男人共同经营的:阿公、父亲、儿子。阿公负责翻烤外圈,让它维持脆而不焦的口感;父亲搅拌制作着奶油、芋头、红豆等馅料;儿子正当壮年,用沉重的木勺子,把一口口馅料涂抹均匀。

我偏爱这家店,一因它的豆饼甜美,外圈皮脆且香,内圈皮有嚼劲;二因老板为人实诚,做的馅饼皮薄馅多,使你一口咬下红豆马上跑出来,吃得人既满足又心惊。也因此,小店的生意异常火爆。

买的次数多了,我排队时开始细细观察他们:一句废话也不需要,他们就能流畅地完成一整套制作工序。这看似浑然天成的默契,其实来得艰难。从阿公摆摊卖红豆饼起,这家店已经经营了50年,父亲接过了阿公的手艺,再把它潜移默化地传给了儿子。和他们成为朋友后,我曾问过,会觉得闷吗?把一辈子都融进这甜食里,会不会感慨壮志未酬?

"不会啊。"那做事利落的年轻人答得也干脆,"你看,那么多人喜欢我做的红豆饼。"

"你没有尝试过别的生存方式吗?换句话讲,一开始你就愿意死心塌地接手这个摊位?"

年轻人把毛巾搭在肩上,看着我,笑着答道:"一开始会啊,觉得阿公和阿爸教我的东西很不时髦。凭什么别人都在玩滑板玩摇滚,我却在捏红豆饼?但后来发现,这么简单的一门手艺,居然也有很多诀窍和要点,也需要花费好多心力。那时,我才想明白,攀登每个行业的高峰都不容易,做最棒的红豆饼和做最牛的工程一样,都是要非常专注才能成功的。"

"你闻一闻,多香啊,我怎么舍得放弃?"他递给我一个刚出炉的红豆饼,软软糯糯,却自有一股韧劲儿,就像他的笑容。

从台湾回来后,我看到一门讲西方现代文艺思潮的课,一看课程,培养学生对西方艺术史的粗浅理解,让学生感知美、欣赏美、创造美,就觉得应该像现场听说书一样,便选了它。

老师是一位年过半百的老者,教的都是冷僻课程,没讲过一两百人集合的公共热门课。看来他资质平平,也许上课就是搜罗下资料,把网上的介绍摘录下来念一遍罢了——事实却不是如此。

他穿着长衫,一上台先鞠躬,感谢我们的出席,继而转身,一言不发地在黑板上画了一条坐标线,标注出现代文艺的几个重要时间节点以及代表人物。他一路梳理文艺脉络,从高更到毕加索,从德加到塞尚,栩栩如生,细节毕现,镇住了底下一片攥着手机打算刷微博的学生。

讲到莫奈时,他问我们是否看过去年在本市举办的莫奈画展,底下都频频点头。于是他按着时间顺序,把莫奈腕下绽放过的睡莲一一罗列,把细微处的变化、成长、跨越,都详细地指出。花的脉络、形状乃至气息,也都被他一点点剖析开来,从只能意会的美,变成了可以领悟的艺术。

在信息俯仰皆是的年代,课堂上能碰到一位老师:他恭恭敬敬地在黑板上写自己的名字,讲话缓慢、有力,目光平稳地掠过我们所有人;个人特质被主动隐藏起来,不讲段子,不吹生平,只是客观地把学问全盘托出。

真觉得是大幸运。他不像教书先生,更像匠人。可是匠人有什么不好呢?一生只做一件事,细节处满是匠心。

总是很感激,遇上这些专注于内心的人。

贵族与擀面杖

□ 黄磊

下班后,我回到家,脱下外套,换上宽松的家居服,闲适地倚在沙发上,再点上一支烟,打开电视。

娱乐新闻中,又有一个女星与某大亨的儿子传出恋情,还有个女星将嫁给一个富商。老婆坐在一旁看着,我起身去厨房倒水喝,惊异地发现一根擀面杖横卧在餐台上!

老婆不会做饭,她用擀面杖做什么?

我端着水走回客厅,想到刚才的娱乐新闻,对老婆说:"豪门与有钱人是不同的,虽然都是有钱人,但不一样。"

"怎么不一样?"妻问。

"有钱人可能是刚有钱,比如咱们,就是在向着有钱人的方向努

恰到好处的爱，恰到好处的温暖

得折腾处且折腾

□李月亮

我上小学时，有段时间语文老师病了，学校便让体育老师来代课。当时正好学李白那首《夜宿山寺》——"危楼高百尺，手可摘星辰。不敢高声语，恐惊天上人。"

面对我和小伙伴们好奇求知的目光，体育老师用一句话就搞定了整节课的内容，他说，楼太高，吓得都不敢说话了。

我们都笑，他也笑，还得意地说，我这么说你们就都懂了吧？古人就是啰唆，挺简单的事，整那么复杂，累不累啊？

然后整个小学时代，我们班同学都恪守着体育老师的文学思想，把所有学到的诗词都进行简单粗暴的总结。"床前明月光"那首，就归纳为"看到月亮，想家了"；"好雨知时节"那首，则被说成"昨晚下雨了，没听着"……

直到上了高中，读到李清照的"寻寻觅觅，冷冷清清，凄凄惨惨戚戚"，我才惊觉，有些复杂无法简单化，因为复杂里有一种叫"美感"的东西，一简化就丢了。回头再读从前学过的诗，不禁愧疚满怀，真是辜负了诸位大诗人的美意。不可否认，很多简单的东西的确也是美的、有营养的、令人愉悦的，但简单永远不能完全代替复杂，比如诗歌、戏曲、建筑、美食、习俗，太多太多的东西，都要在繁复的、悠长的、起承转合的过程里，才能表达出无尽的美意，彰显出其隆重、盛大、非同寻常。

一出戏，情节太简单就没意思；一首歌，音调太单就难有韵味；一座建筑，如果只是简单的横平竖直，就丧失了审美的意义。半年前，我一好友结婚，她在请柬上毫不客气地要求我们穿高跟鞋和礼服，还严格规定我们几点到场，从酒店的哪扇门进。

万般无奈，那天我跟另一好友穿得跟俩新娘似的去了。结果发现，幸好准备充分，否则都不好意思进门了——从酒店大门到礼堂，要经过一个小广场，人家在那儿铺了红毯，宾客都跟电影节的明星似的，要在围观亲友中款款走过，要留影，要在签名板上写祝福……拉风极了。

而整个典礼更是繁复隆重，各种仪式各种讲究，足足折腾了两个多小时。我和同去的好友开始还撇嘴嘀咕，骂她自找麻烦，但进行到最后，我们不得不承认，这才叫结婚，才叫一生一次的托付。然后各自回想起自己的婚礼，都觉得太潦草了，潦草得简直不想去回忆。

看来，大事就是要有个盛大的仪式，有个隆重细腻的表达。没有纷繁复杂耗尽心力，没有细枝末节的精致描摹，大概就不能切身体会其重要性，就没有直达心底的震撼和触动，就不能留下浓墨重彩的一笔。

现代人喜欢说"简单就好"，当然，平常日子可以简单过，但对于确实需要折腾一下的事情，也应该"得折腾处且折腾"。虽然人们都怕麻烦，但有些麻烦确实是有意义的。

力。但豪门不同，豪门必须是一直有钱，祖上就有钱。"我的表情略有几分狰狞。

"所以，豪门不同于有钱人，可有比豪门还要牛的，那就是贵族。"我接着分析道，"贵族不是钱能代表的，当然贵族多数也都有钱，可关键是血统。你就是代代都有钱，可没有人给你封号，你还只是豪门，直到有一天，某个皇帝说加封你一个爵位，比如肖恩·康纳利。"

闲聊完毕，准备睡觉。我洗过澡正要刷牙，突然想起擀面杖，就问她，她说她拿擀面杖擀牙膏皮，因为每次都挤不干净，浪费，这是她妈教给她的。

我一低头看见牙膏条，果然擀得极为平坦、精致，剩余不多的牙膏都被擀到了头，一挤就出来了。

两个人躺在床上，酒意和倦意一起涌上来，闭着眼睛就快要睡着了，我对妻说，咱们成不了豪门，更别说贵族了。她问为什么，我说用擀面杖擀牙膏就说明咱们不行。

她笑了，我们之后就拥在一起睡着了。

我不知道在这个世界上还有没有比开公交车更糟糕的职业了，更何况走的是一条路况极差的线路，开的又是一辆即将报废的破车。我每天都要在这条异常颠簸的环城线路上往返三趟，沿途除了灰尘四起的工地便是破败不堪的工厂。所以，你完全可以想象，我的生活是多么单调乏味。

那天我正在为发最后一班车做准备。我像往常一样用拖把把整个车身擦了个遍，尽管我知道那辆车再怎么

919路巴士上的康乃馨
□于小鱼

擦也不会显得漂亮，可我还是想让它尽可能好看一点儿。毕竟这么多年，是它陪伴我度过了那么多无聊而难熬的时光，而且只有它能忍受我没完没了的怨怼和牢骚。

"嗨！我的老伙计，再忍耐一阵子吧，我想等你退役了之后就辞掉这份没有出息的工作。"我晃着酸痛的胳膊，抖净拖把上的脏水。

我转身要送回拖把时，发现我的身后突然多了一个小女孩，她抱着满满一捧鲜花，认真地审视着我的胸牌说："你就是这辆车的老伙计迪恩先生吗？"

"哦，当然！"我尴尬地朝她点头。

"先生，您看这些花多漂亮，今天是母亲节……"小女孩边说边把花托到我的胸前。

"谢谢你，小家伙，我想我不需要这些。"我轻轻地推开了那捧花，径直走向工具间。

我向来不喜欢在工作时间被人推销东西，可那个女孩一直跟着我。我回到车上启动马达，她还是不肯放弃："先生，这些花真的很新鲜，是上午刚刚剪下来的……"

"小家伙，你该下车了，公交车上是不准推销东西的。"我的语气有些生硬。

小女孩一时无语，沉默几秒后，索性从兜里摸出一枚硬币，"叮咚"一声放进了投币箱。我无奈地朝她摇了摇头，不得不补充一句："欢迎乘坐919路公交车！"

小女孩坐在离车门最近的那个位置，我从后视镜里可以清楚地看到她的一举一动。每到坑洼不平的路段，她都会把那捧花贴在胸前，尽量不让那些娇嫩的花受到震荡。每当有乘客下车时，她会小心地抽出一枝花，问他们需不需要带回家。有的人会礼貌地摆摆手说声"谢谢"，而有的人则满脸兴奋地拿上一枝下车。

我想我有必要知道这个小女孩的名字，因为她送出了那么多花，却没有向乘客要一分钱。显然，我之前错怪她了。"小家伙，你头上那枚发卡真漂亮，你叫什么名字？"

"谢谢你，先生。我叫艾米丽。"小女孩摸了摸头上的发卡，朝我做了个鬼脸。粉色康乃馨造型的发卡卡在她金黄色的头发上真的很好看。

汽车到达终点时，艾米丽再一次问我要不要留下一些花，我跟她解释司机不能随意接受乘客的礼品，艾米丽只好和我说了声"再见"便坐上返程的公交车。

尽管我对艾米丽乘坐这趟车的目的百思不得其解，可我还是非常感激她，因为在我打扫车厢时，发现艾米丽在座位上"丢"下了几朵红色的康乃馨，车窗的玻璃上歪歪扭扭地印着几个手指涂抹的字迹："祝'大家伙'迪恩的母亲节日快乐！"

如果不是我的母亲已经离世，我想我会毫不犹豫地收下艾米丽的花。每当想到母亲，我的心里就很不舒服，因为在母亲临终时，我没能见上她最后一面。

去年的母亲节，我母亲正躺在医院里。我知道她每况愈下的身体已经支撑不了多久，所以那天我焦急地等待着发车时间，盼望着早一点儿下班去探望她。可就在发车前5分钟，外面突然下起了大雨，管理人员纷纷跑到一边避雨。我当时完全可以趁乱把车提前开出车站，可我犹豫了，因为我走的那条线路每逢雨天便会泥泞不堪，计程车根本闯不过那些泥潭，所以坐919路公交车去市中心是人们唯一的选择。于是，我决定再等5分钟。

汽车正点发车开出50米时，我发现后面有人在招手，于是我停下车等他们。

而那天，我最终错过了见母亲最后一面的机会。

第二次见到艾米丽是在下一年的母亲节。那天她又抱了大捧鲜花上

车，尽管她的个子长高了不少，可我还是一眼就认出了她，因为那枚康乃馨发卡还是那么好看。

她从我的车上下去后，再次"丢"下了几朵鲜花，车窗上写了同样的祝福，只是这一次我没有让她跑掉。

"谢谢你的花，艾米丽！不过我真的想知道你为什么这么做。"

"我不想让太多的人在这一天留下遗憾，就像迪恩先生您一样。"艾米丽平静地对我说。

我脑子里一团雾水，耸了耸肩示意她继续说下去。

"两年前的今天，我和爸爸去看病重的妈妈，我们已经错过了最后一趟公交车，但没想到它会远远地为我们停下。妈妈在见到我的那个夜晚离开了，她微笑着拿着我带给她的康乃馨……可是很不巧，后来我听说那辆车的司机就是为了等我们而错过了送别自己母亲的机会……我记下了那位司机的胸牌，919路巴士司机——迪恩……亲爱的迪恩叔叔，也许您和我一样，都会在母亲节这天感到难过，不过那些有幸拿着我们的花去送给母亲的人一定是快乐的……"

"是的是的，也许这是我们送给母亲的最好礼物！"我紧紧地把艾米丽抱在怀里。

与其说我曾经帮助了一个女孩，不如说是这个女孩从此改变了我。如果不是艾米丽的出现，我想我也不会下定决心要永远做一名优秀的巴士司机。

是的，我不再觉得这份工作有多乏味和不光彩，相反，我相信它每天都在创造着生活的奇迹。在我看来，每一次看似平凡而琐碎的停靠都是连接人们幸福生活的重要纽带。

后来由于城市规划，我的行车路线进行了调整。我再也没有见过那个叫艾米丽的女孩，可每到母亲节，我都会把一捧新鲜的康乃馨放在巴士的门口，就像她一直做的那样。

我想告诉艾米丽，公司为我配备了一辆漂亮的新巴士，我还想告诉她，那些人拿起康乃馨下车时，笑起来的样子的确很幸福。

有情趣的人

□ 马 德

读《茶经》，读到"煮"一章时，陆羽一下子坐到了我面前。

这位大唐时期的爱茶人，不吓人，很亲切。他说，煮茶的水有"三沸"：其沸如鱼目，微有声，为一沸；缘边如涌泉连珠，为二沸；腾波鼓浪，为三沸。他还说，三沸以上的水，已经老了，不适宜泡茶了。说实话，《茶经》中各个工序、器具罗列之详尽，并没有打动我，但这"三沸"说，却一下子攫住了我的心。

一个大男人，能在沸水边，端详冥思，内心若没有盎然的情趣，断不会观察得如此细致。可以想见，陆羽该是多么好玩的一个人啊。

不由得想起了另一个人，芸娘。我总在想，若没有芸娘，清朝人沈复绝不会留下脍炙人口的《浮生六记》。"闲情记趣"篇里，记载了他们夫妻俩许多有意思的故事。然而，最让我印象深刻的，是芸娘为茶酿香的那一个情节：

夏天的荷花，刚开的时候，一般是晚上含苞，早上再绽开。聪明而灵透的芸娘，利用荷花的这一自然本性，用纱囊裹一小撮茶叶在里边，然后，趁荷花将要含苞的时候，放置在花心里。第二天早上，当荷花重新绽开的时候，便取茶叶出来，这时候，用泉水泡之，香韵尤绝。

难怪林语堂的女儿说，他父亲理想的女人便是这位芸娘。她说，父亲林语堂喜欢芸娘能与沈复促膝畅谈书画，喜欢芸娘的憨性，喜欢芸娘的爱美。其实，像芸娘这样有情趣的女人，又有谁不发自内心地喜欢呢？

我有一个忘年交，和他成为朋友纯属偶然。那一年，一块儿出去玩，在一处如镜的水潭边，他玩打水漂的游戏，一块石头，又一块石头，我们一起数水漂的个数。那时候，我刚刚大学毕业，他已经40多岁，就是这个游戏，让我一下子愿意接近他。

我和他做过的比较疯狂的事，就是一上午跟着一只蚂蚁，看它要做什么，到什么地方去。他还在蚂蚁的屁股上，点了一点儿朱红，为的是即便它钻进洞穴，也能辨认出来。这个红屁股的家伙，一上午牵着两个傻傻的人，走到这里，走到那里。我想，那天，那只蚂蚁一定很郁闷，为什么自己被盯梢了呢，而且甩也甩不掉？

我喜欢他满脑子的奇思怪想。有时候，他突然给我来电话，喊我去干什么，我的心就会"突突"跳半天——我喜欢跟着一个有情趣的人去疯狂。

有情趣的人，生活也一定是有情趣的。有情趣的人，你看不到他快乐，他却时时快乐着。说到底，快乐是情趣所养的一群女儿。你想，在情趣的蜜意中成长，哪一种快乐不会出落得甜美活泼、超凡脱俗呢？

用心去触摸世界

□ 雷碧玉

"抓住两点钟方向的那块石头，抓紧了！"

"十点钟方向，可以落脚，踩稳了！"

阳光下，按照边上同伴发出的指令，一位年轻人用手紧紧抓住右上方的石头，稍作休息后，左脚慢慢伸出，稳稳踩住石头，一步一步向上攀登，最终成功登顶。站在山顶上，他调皮地摆出"V"的手势。随后拿出背包里的相机，对着眼前迷人的景色，不断地摁下快门。

这位年轻人叫贾斯汀，来自美国，今年22岁，阳光帅气，尤其那双眼睛特别迷人。看见他，你很难将"盲人"这个字眼和他联系在一起，然而命运就是如此捉弄人。

5岁时，因为视力不好，他戴上了厚重的眼镜；14岁那年，因为看不见东西，他被医生诊断为视神经坏死，一种无法治愈的疾病。从一个多彩的世界瞬间跌落黑暗的低谷，对于一个青春期的孩子来说，这种打击是致命的。他无法接受这个残酷的事实，吃饭、喝水、如厕，这些再简单不过的事情都要有人伺候，他不敢想象未来的某一天，自己戴着墨镜，拄着盲拐，接受旁人的指点。那段暗淡的日子，他唯一做的事就是用眼睛碰触电脑屏幕，极力去寻找屏幕上的微弱光线，还有那几乎变形的模糊字母。

他的颓废，让所有人心痛。一天，好朋友约翰看到他如此消沉，很生气地训斥道："没有人能够改变你，除了你自己。从前不服输的你在哪里？你想让母亲的泪水伴你一生吗？"好友的话让他醒悟，是的，他已经没有了从前的影子。想想每逢周末，自己都和约翰骑着山地车满世界疯玩，而如今车子安静地放在那儿，他却不敢去触摸。

"有勇气挑战黑暗中骑车吗？我可以做你的第二只眼。"约翰的话激起了他心中的牛劲。他昂起头，有什么不敢？就这样，约翰牵着车走在前，他扶着车，小心翼翼地跟在后面。

那天，美丽的街心公园多了一道别样的风景。贾斯汀就像一个初学者，按照约翰的指挥，骑着车慢慢地向前，一会儿向左拐，一会儿向右转，还得学会避让车和人。稍微不注意，人就"扑通"一声，摔个四脚朝天。一段时间后，贾斯汀越骑越好，居然还可以骑出360度这种高难度的转弯动作了。这一次尝试的成功，让他心里多了一分自信。

看到好友迈出了成功的第一步，约翰特别高兴。不久，他又邀请贾斯汀去攀岩俱乐部玩。他鼓励贾斯汀，攀岩不需要用眼睛看，而是需要你用心感受。就这样，充满挑战精神的他又走进了攀岩运动，并由此爱上了它。一个盲人练习攀岩，其中的难度可想而知。他记不清有多少次从十几米高的石头上摔倒在垫子上，也记不清在攀爬中手被刮过多少伤痕，只记得从不服输的自己一次又一次地重新站起。每一次的失败，他都通过身体去记住每一块石头，感受石头的形状和方向，找到适合自己的路，不断挑战，最终爬上顶峰。

如果说骑车和攀岩挑战的是勇气，那么摄影对于盲人来说则是需要敞开内心深处的双眼来拍照。

盲人拍照？简直是天方夜谭！你看不见，又如何能拍？面对旁人的嘲讽，贾斯汀心里的那股牛劲又开始迸发。他给自己鼓劲，没有什么不可能！他不但能拍，而且能拍出别样的美。然而虽然勇气十足，但拿起相机的一刹那，他手足无措，因为镜头前的那一片黑暗让他无所适从。他想起了之前的两次挑战，眼睛看不见，我一样可以用心去感知眼前的画面。就这样，他重新拿起镜头，想象自己能够看得见，将自己融入明眼人的世界中，通过听觉、触觉和记忆，拍出了别具一格的照片。也许他拍出的照片和你眼前看到的景象不同，但正是因为有了这种独特的韵味，才让他的摄影作品受到越来越多人的喜欢，因为在他的照片里，充满对世界的热忱和对生活的热爱。

不要用视线去指引你的前路，要用信念！贾斯汀，这个盲人摄影师和攀岩者，用自己的坚毅信念告诉世人，凡事没有什么不可能，只要你用心！

喝咖啡选对围裙颜色

□黄增强

台湾开有数家美国星巴克咖啡连锁店,一般想喝咖啡的顾客都会选择去那里。去星巴克咖啡连锁店喝咖啡次数多了,就能感觉到所喝的咖啡味道会不一样。这其中究竟有什么奥秘呢?

奥秘就在咖啡店店员身上所穿的围裙上。一般人可能不会特别注意星巴克店员身上穿的围裙颜色,店员们穿的围裙分有绿色、黑色和咖啡色三种颜色,而每种颜色都有不同的含义。

在星巴克咖啡店门市里店员们身上穿的围裙是"绿色"的,这是三种颜色中最普通的颜色。一般兼职员工和正职员工穿的都是这种"绿色"的围裙,代表的是他们受过公司的统一训练,不管是制作饮料还是接待顾客都有不错的水准,能够独当一面,独自为客人服务。

而穿着"黑色"围裙的店员则被称为"咖啡大师"。店员若想要穿上"黑色"围裙,就必须通过每年一度的"精品咖啡大师"的选拔。

店员怎么才能够参加"精品咖啡大师"的选拔呢?

原来星巴克咖啡连锁店总店每年都会在台湾举办一次"精品咖啡大师"的选拔,为所有门市的人员提供争取"黑色"围裙"咖啡大师"的荣誉的机会。但是,要想成为"咖啡大师"并不是件容易的事情。在报名认证考试之前,参加选拔的人除了完成星巴克的员工训练,还必须参加门市举行的咖啡品评活动至少45次。通过前辈的指导,学习品尝各种不同咖啡的风味,能够准确调配出客人所点的咖啡,具备丰富的咖啡知识,才能参加笔试与口试。如果被选拔为"咖啡大师",虽然不会加薪,但"黑色"围裙会给他们带来至高无上的荣誉。

咖啡色围裙却是三种颜色围裙中最稀有的一种。在台湾能穿上咖啡色围裙的人只有一两个。可见,要想穿上咖啡色围裙是多么困难。穿咖啡色围裙的人是星巴克在世界各地通过比赛选出来代表全球的"咖啡大使"。因此,"咖啡大使"的技艺无比精湛,如果你能有幸喝上"咖啡大使"配制的咖啡,将会让你回味无穷。

如果你想到台湾星巴克咖啡连锁店喝咖啡,一定要选对门市店员身上穿的围裙颜色,这样才能喝到你想喝到的咖啡。

要学会忍住心中的痒

□郝金红

英国诗人王尔德的朋友汉斯新开了一家鞋店,但生意很不景气。在汉斯看来,他的生意是被隔壁那家鞋店抢走了。汉斯嫉妒之余非常恼火,仇恨的种子便在心里生根发芽。

一天傍晚,汉斯关了店门,来找王尔德聊天。说着说着,汉斯就说到了自己的现状,他咬牙切齿地说:"总有一天,我会让隔壁鞋店关门的。"

王尔德没有马上劝慰自己的朋友,而是提议道:"走,我们去泡个澡,也许你会轻松点儿。"两个人来到澡堂,这时汉斯看见王尔德满身都是指甲大小的疤痕,就问:"老兄,你没有上过战场,哪来的这么多疤痕?"王尔德说:"是我自己抓的。"汉斯张大了嘴巴:"怎么可能?"王尔德说:"那一年,我全身长满了疮,奇痒难耐,虽然医生告诫我不要用手去抓,但我还是忍不住,于是,留下这身疤痕。"

"你当时完全可以忍住呀,那样就不至于留下疤痕了。"汉斯笑着对王尔德说。王尔德点点头:"你说得对。可我当时根本就没想到这些,原来我一直以为,只有病痛和伤害才会留下疤痕,想不到,痒也会,有时留下的是更大、更深的疤痕。"接着,王尔德又补充了一句:"痒,不只是在外表,有时,还在我们看不见的内心。一个人,如果看见别人比自己好,就心痒,产生嫉妒和仇恨心理,最后,会把自己的心抓得血肉模糊,受伤害的只能是自己。"

王尔德的话,让汉斯顿有所悟:"老兄,今天澡堂里的水和你的一番话,洗去了我的心头之痒,我知道该怎么做了。"

人际交往中,当别人比你优秀时,要忍住心中的"痒",不嫉妒,不仇恨,这样才不至于留下心灵的疤痕。

青年励志馆 最怕你一事无成，还安慰自己尚且年轻。

学会独处和平静地努力

□李尚龙

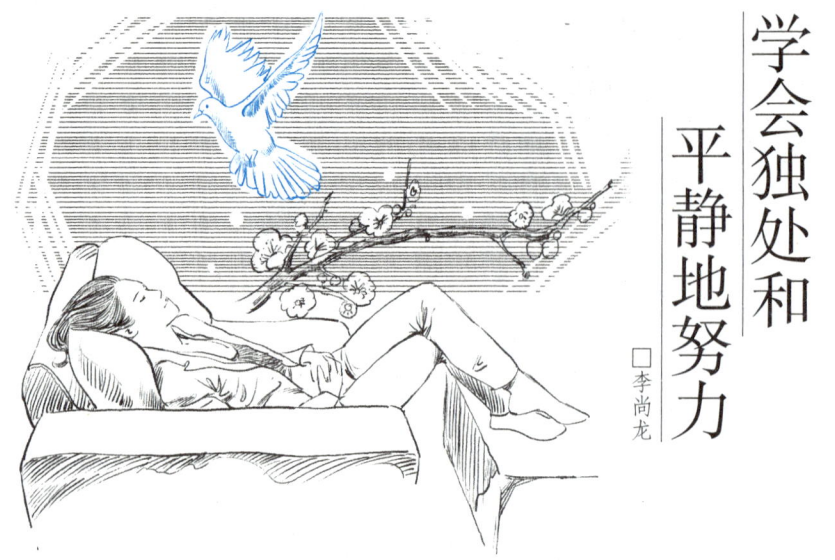

年轻时怕寂寞，年老时愿独处。

在朋友圈看到一个朋友写了一句话，朋友三十五岁，刚有了孩子，他说：逐渐了解了，为什么许多男人每次回到家，都要在车里坐一会儿，抽上一根烟。因为回到家，你就变成了爸爸，变成了丈夫，你是顶梁柱，是擎天柱，是穆铁柱，就是不是自己。

看到朋友写的这句话，心里很酸。我特别能理解一个人走在自己长大的路上，对独处的渴望。随着有了事业，有了团队，有了家庭，责任感强了，独处的时间也就少了。那时，总会在夜深人静时想起当时的年少狂和对未来无限的向往。

可惜，那些时间，再也回不去了。

寂寞是最好的增值期，不幸的是，那些独处的时间，终究会随着我们年龄增长而消失，你开始高朋满座，你开始酒局不断，你开始老婆孩子热炕头。

可惜的是，很多学生，并不知道独处的价值，那些独处的时光，才会让你发光。

我记得一个朋友前些时间在准备一个英文辩论比赛，因为需要查阅大量资料，背诵大量专有名词。于是，很爱玩儿的他，竟然三个多月电话打不通。后来，我才知道他去了个安静的地方租了所房子，每天除了查资料就是对着墙一遍遍地跟自己用英文对话。

他告诉我：几个月后，搞得我都快人格分裂了。

幸运的是，那年辩论赛，他拿了最佳辩手奖。

他说，只有偏执狂，才能创造卓越。

而我说，因为那些寂寞时光，才创造出卓越的他。

这世界上很多非常棒的事情，都是一个人在寂寞或物质匮乏时想出来的，团队合作很重要，但合作细节、分工明细和目标计划都是在独处中想出来的。

寂寞，是最好的增值期。

当老师那几年，遇到过很多人蓬头垢面地准备考试，这段时间，他们切断了外界的干扰，离开了无用的社交，每天早出晚归去图书馆占位，喝着咖啡红牛去听老师上课，干吃着咖啡粉去上自习，甚至打电话都成了奢侈，只是偶尔跟父母报个平安。

在几个月的寂寞时光后，他们拼了命，尽了兴，至少结果都不差。

所以，人不应该怕寂寞，而应该怕浪费了寂寞的时光。

想起一个朋友，自称自己是一只"程序猿"，因为不喜欢自己的工作，去年辞职，一年没有找工作，我们都特别担心他的状态，吃饭的时候会关心地问：你什么时候找工作啊？

他笑着说，不着急。

我问，为什么不着急啊？

他说，我还有点儿存款，够扛一年。

我继续问，那也不能这么作死吧，花完了呢，至少应该先找份工作干着呗？

他摇摇头说，真不着急，试问，人生有多少时间可以这样什么事情也不做呢？

我没有说话，我们也许久没了联系，一年后，我才知道他的厉害：这个gap year（间隔年），他考了驾照，健身减肥20斤，读了100多本书，自考了注册会计师，从此成功转行。

当他进了一家会计师事务所时，才告诉我们，这一年为什么我们很少能看到他，因为，他在这一年的寂寞时光里，厚积薄发着，平静地努力着，终于，他成功转型，亮瞎所有人的双眼，变成了自己喜欢的样子。

那些无人问津的岁月，造就了最好的自己。

相反，我遇到大多数的人，在人生寂寞的时光中因为纠结、焦虑，他们怕寂寞，怕独处，参加无用的社交，最后，浪费了最能让自己升值的那段时光。

想起另一个朋友在被解雇后，成天睡觉睡到天亮，不仅不努力，竟然还买了台电视，回到家第一件事情就是打开电视机扫台。一年过去后，除了胖了好几斤，就是存款花得差不多了，人没有任何变化。后来，他不得不离开北京，回到父母开的公司找了个闲职。

要知道他不是特例，很多人都是因为没有用好自己的寂寞时光，最终失去了改变自己的机会。

其实当人毕业后，过上了朝九晚五的日子，如果再找个靠谱的伴侣，才发现白天没时间学习，晚上没力气改变，渐渐地，也就习惯了平庸的生活状态。你可以说岁月静好，但换句话说，无非是失去了进步的可能。

许多人被问到大学四年最后悔的事情，他们的回答都是没有好好学习。其实，大家并不是后悔大学四年没好好学习，而是后悔没有利用好那些寂寞的时光。

这些时光，明明可以去图书馆，却被花到了无用的社交上；明明可以去磨炼出一技之长，却被用在了被窝里；明明可以拿来改变自己，却被废在了韩剧、游戏中，到头来，大学四年确实不再寂寞，却在毕业后怀念起了这段无忧无虑的匆匆岁月。

决不能放弃，世界上没有失败，只有放弃。

少女苏，别惹她

□ 苏 苏

这世界上所有的家庭幸福都是同一种，不幸却有千万种。我的家庭说不上是幸福或者不幸福，奇葩却是肯定的，又或者说，只有我比较奇葩。

每天，我家里的画风是这样的——我给小侄女讲卖火柴的小女孩的故事，小朋友问："姑姑，火柴是什么？"

我到处找了半天，没找到火柴，于是拿了一个打火机重新开讲："从前，有个小女孩在冰天雪地里卖打火机……"

好险！我妈一口茶差点儿没喷出来把电脑给毁了，她严重警告我："不要再胡乱讲故事！"

于是，我给小朋友讲童话故事串烧：从前，有一个灰姑娘穿上了水晶鞋，变成了白雪公主，被继母皇后陷害之后，遇到了阿拉丁……

小朋友多次表示："姑姑讲得真好！"

老妈："从此以后，你不用再负责给孩子讲故事了！你一个写书的，怎么连个故事都讲不好？你确定你写的书好看吗？"

我：这个我真不确定呀……（引体向上中）看我一张努力的脸，至少还是有一部分读者说《顾念心安》是好看的。

老妈一直认为我是家庭害虫，特别是某次家里人一起玩牌，输了的人要说一件大家都不知道的事情。于是，我在输了之后爆出当年我哥写好的情书是准备给我嫂子的双胞胎妹妹的，结果我嫂子接受了，他便将错就错干脆和我嫂子在一起了，我嫂子至今看到我还是一副吴小胖的脸。我表示，我真的不知道嫂子你要进家门，正好能听到呀……我也真不是家庭害虫呀……

出于对我的打击报复，嫂子总是拿从我妈那里听来的故事嘲笑我，比如，我小时候有多么奇葩，因为看中了一块钱的项链，而爸妈一个月工资三十八元，不肯给我买，所以愣是从市场哭着坐在地上坐到了家里，又挨了一顿打……

而小时候因为调皮，我是挨打专业户。我经常偷我妈的钱给我哥花，被发现之后自然是我背锅，而我哥就会买一根两毛钱的冰糕哄我继续偷我妈的钱，周而复始。我哥还带着我去外公家的果园偷苹果，半路自己跑掉，还大吼着"狗来了"，把我吓得一个人坐在树上哭，最后还是外公把我抱走的。我还没走到家，他又跑来跟我说我亲爸亲妈来了，住在我们家之前的院子里不走。我跑去一看，妈呀，还亮着灯呢，吓得不敢回家。过了好久我才知道，是有外地务工的来租了我们家房子……

所以，我一直觉得自己能长大不容易，我哥明明才更像是家庭害虫。不过现在想一想，满满的全部是回忆。

小时候玩乐的东西有很多，一群人去捡猪草都能高兴一下午；现在的小朋友却只能坐在高层楼房里玩平板、玩电脑，几乎不出门，玩耍的对象也只是家人，懂事许多，却也失去许多天真。

不管如何，我还是感谢我的家庭。我一直以为，只有在快乐愉悦的家庭气氛里才能够让一个人真正明白善心和责任心，才能够遇事团结，更好地长大。所以，请珍惜你们身边的所有人，还有所有快乐的事，因为这些会成为你日后遇到困难事情时候的最大支持。所以，好好爱护你的家庭吧，因为你会收到更多的回报和关心，那也将是你最好、最大的港湾和归宿。

说白了，这不是怀念，不过是悔恨为什么自己没有珍惜时间。

我上大学的时候，干了两件事情，直到今天也会很自豪：第一，把自己关在房间里苦练英文，每天四十分钟，雷打不动，坚持了八个月。第二，和几个好朋友组织了读书会，每周一本书，坚持不懈。

这些面对空无一人的教室的日子，在图书馆无人问津的时光，让我大学四年磨炼出一技之长，更让我懂得了外面的世界，最重要的是，我开始明白，寂寞是常态，强者通过寂寞修炼，弱者浪费寂寞消遣。

不过，出来混，都是会还的。

直到今天，我依旧会每天有几个小时独处，写写文章，看看书，因为那些时光，才能让我觉得自己是活着的。

走入社会后，我经常发现，所有成功的大牛们都有一个特点，他们珍惜时间，他们会利用寂寞的时光打造出一个更好的自己，而不会在寂寞的日子里打开微信疯狂地点赞、摇一摇。

所以，不用羡慕那些在台上熠熠生辉的人，也不用羡慕那些在其他领域叱咤风云的人，他们不过是在没人的时候，耐住了寂寞，自然也就能在今后享受得起繁华。

愿我们都能耐住寂寞，用好升值期，成为更好的自己。

我们青春无悔。

泰国学生欢乐多

□ 鱼 岸

那年5月,我到泰国东北部一个小镇教汉语。

开学第一天,同事带我熟悉校园。

宽敞的校道两边是繁茂的芒果树和高大的酸角树,学生们或是打扫校道,或是打扫教室。打扫教室的学生竟是脱了鞋,只穿袜子!看见我这个外国人,他们纷纷放下手中的清洁工具,"呼啦"一下跑过来。

心想:糟糕,要被围观了。谁知学生一个个在我面前急刹车,站定,排队,双手合十,低头道一声"老师好",有秩序有礼貌。

说完,又呼啦啦、笑嘻嘻地四散跑开。也有些文静的女生,羞怯地问好,慢慢地走开,但更多的是淘气的"小马驹",一阵风来,又一阵风走。

一路参观,一路有学生跑来问好,感觉自己像首长视察,泰国的学生真是热情可爱,讨人喜欢呀。

怀着忐忑的心情上第一节课,预设了无数种情况,还是想不到:淘气的小马驹竟"扑通"一声跪在我面前,真是双膝下跪!吓得我差点儿飘出座位。

学生跪在我面前,一脸内疚地递给我一个本子,让我重写一遍刚给他起的中文名,刚才没来得及记下。本想让他起来,还没说出口,又跪下了几名学生,这几名学生什么也不求我,就是跪着,看我写中文……

学生们问问题跪,找我聊天跪,让我改补交的作业更要跪。刚开始跪得我心惊胆战,过了两个多月才慢慢适应泰国的"跪"。"跪"在泰国是一种长幼尊卑的礼仪,也是一种生活姿势。传统的泰国人家,没有高脚桌椅,习惯跪着吃饭,跪着做家务活,跪着聊天。跪着的学生真是温柔可爱呢,一点儿也没有初次见面的淘气,恭顺得像只小绵羊。

本以为泰国学生不过偶尔淘气热情一下,大部分都是温柔恭顺的。可惜,我又错了。和学生混熟后,他们的真性情终于渐渐显露出来:不仅调皮,还胆大。

课堂上,若是不懂回答,他们一定会直率地大声说"老师,我不知道",绝少会低头扭捏不语,也不会木讷得像根柱子,更不会紧张得说不出话。胆大点儿的,还会一边笑着看你,一边用手做出"我爱你"的手势。

若回答对了,也毫不掩饰内心的快乐。一名高一女生,终于答对一次,高兴得手舞足蹈,竟跑上讲台,一把把我抱起来,转了个圈,等我回过神来,全班同学早已笑翻了天。

12月份,是泰国最凉爽的季节,光穿裙子有点儿冷,但不能穿裤子,因为泰国的女性教师和公职人员不能穿裤子,也不能穿厚黑丝,只能穿薄薄的肉色丝袜抵寒。这本是一个防寒措施,却不想引起了争吵。

因为中国人皮肤比泰国人白些,而我又是中国人里比较白的,所以泰国女生异常羡慕我的白皮肤。有次在走廊里,学生一如既往开心地大喊:"老师,你为什么这么白啊?"只是,这次多了些异样的争吵,一名学生说:老师穿了袜子;一名学生说:肯定没有,你看那么白……一直到我走进教室,还在继续争论,谁都不服谁。

看见学生如此在意我是否穿袜子,就想不如今天就教关于袜子、穿着方面的内容。

当我为新的教学内容构思时,其中一位小女生突然拍案而起,怒气冲冲地走上讲台,二话不说,蹲下身子就拉扯我小腿上的丝袜,又迅速站起,走回座位,得意地对身边的小伙伴说:看吧,老师穿了袜子吧。完全无视我这个老师,班里自然又是一阵大笑。

Zhat姐姐是我一个同事,长得漂亮也爱打扮,特别是爱弄发型,几乎天天有新花样。某日忍不住向她请教,她大笑,说她也不会,都是学生帮她编的,我也可以叫学生帮着编。

女生们听说我对编辫子感兴趣,很是开心:"老师,编完Zhat老师的,我们就去给你编。"

结果,刚刚只是在一旁聊天的女生先跑了过来,来到办公桌旁二话不说,先吃了个水果,才跟我说编辫子……平时,胆子更大些的学生,还会讨要老师手里的零食。

热情随性又直率的泰国学生,天天都很快乐,可学习马马虎虎。每次布置作业或者考试,都很让人头痛,即使只是几个字母,也有很多人零分,严重打击我的教学信心。有泰国老师向我吐苦水:泰国学生太懒了,你们中国学生真勤奋,怪不得中国发展得那么好,应该向你们学习。

听着他真诚的赞美,我的心里却五味杂陈。

回想自己的学生时代:早起晚

做得多不如做得对

□ 吴淡如

我一直有个可怕的毛病，有一堆事情等待我处理时特别明显。比如说，我通常在早上写稿，中午自己弄东西给自己吃，"贪多务得"的习惯在这时候便展现无遗。

我会先把煮水饺的水烧开，然后，看一看阳台上的花木，有几片橘黄的叶子该剪掉了，我立刻戴上了手套，寻找园艺用的剪刀。打理花木时我看见昨天晒的衣服还没收，待会儿可能要下雨了，于是我又放下剪刀，把衣服收进衣柜里。这时发现衣柜里的衣服放得有点儿不顺眼，又顺手理了理……

糟糕，水老早煮滚了，我放了水饺，心想，为什么不连餐后咖啡一起煮，省点儿时间呢？于是……然后我又等得不耐烦了，随手翻开书架上昨天买的书，趁着空当读了起来。

有一次，因为发现水饺快被我煮烂了，情急之下，赶快熄火，掀开锅盖时，不幸地被旁边正在加热的摩卡咖啡壶所吐出的蒸汽烫伤。

是的，我贪多务得，企图在最短的时间内做最多的事。我一边用冰敷着我的手臂，一边检讨，我为什么要一口气做这么多事？我真的省了时间吗？我把每一件事都做好了吗？

答案是，没有。而且除了烫伤我的手之外，还不知道损失了多少脑细胞。我为什么要把自己搞得这么紧张，明明只是在做家事？于是我想到了高中以前的数学课。

数学对我来说，一直是"不管我怎么努力，我都考得不太好"的一科。

其他的科目不太费力就可以在班上名列前茅，但是天知道，数学花了我多少力气，却没有我觉得"应得"的成绩。到了高三，我想，放弃算了。有一次，题目既多又难，让每个同学都在唉声叹气。我忽然看到了一线曙光。"慢慢来，能做多少就做多少吧。管他能得几分呢？"我开始选择可能会的那一题做起，十分确定自己做对了之后，再慢条斯理进攻下一题，然后，再做下一题。真的不会，就放手，用耐心跟时间磨，完全不管时间到了没有。结果，出乎意料地，我竟然考及格了。全校只有七十多个人及格。数学老师跌破眼镜，笑着说："有进步，有进步！"

做得多不如做得对，我这才发现自己原来的毛病出在哪里。对于数学，我不是不能理解，只是反应比较慢，而我一直想把每一题都做完，对时间的恐惧加上对自己能力的否定，使我在惊慌下反而把该会的都在不够谨慎的状况下做错了。从此我谨记这个教训，能做多少就做多少。

我常常得克服自己以"贪多务得"来处理手边一堆事情的毛病，也尽量不要让自己在同一时间内处理那么多事情，至少先把先后顺序和轻重缓急分出来，把重要的事情先做好。

不必担心做不完，该担心的是，如何把第一件事做完再做第二件；就像在读书的时候一样，如果你在准备历史时，想着明天还有地理考试，还要考《论语》《孟子》的默写，你永远无法把真正该放进脑袋里的东西好好装进去。而且，当脑袋混乱时，你的情绪一定好不了。

守好你的孤独

□ 小令君

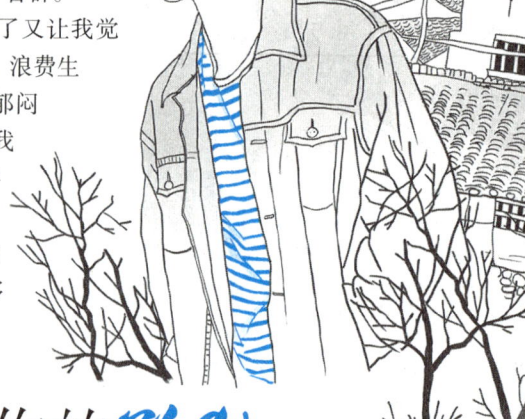

小时候，我特别不喜欢一个人，也特别不喜欢被忽略。所以我到哪儿都得做些事吸引一下所有人的眼球，到哪儿都能呼啦啦唤出一帮"狐朋狗友"。

我一度被麻痹，觉得自己一直都会如此，不会孤单。

但事实上，我错了。

从我进了大学以后，我变得独来独往，好不合群。

刚进大学的我倍感压力，身边都是各地精英，万一掉到倒数的位置，岂不是无颜面见江东父老？而且高考发挥不好被调剂，我下定决心大二必须转专业。转专业的条件是年级排名前三。

于是，我的大一第一学期成了有生以来最用功的一个学期，简直比高三还努力，经常早出晚归去图书馆自习。

这是我第一次与大家拉开距离。不怎么跟大家一起玩的学习狂，总是不怎么招别人待见。

一年后，终于成功转专业的我，刚下定决心要好好跟大家打成一片搞好关系，家里此时又发生了变故。于是我开始起早贪黑地打工赚钱，除了考试前会出现，大家平日里和我也只是见面打个招呼。

至于本该成为闺密的室友，也因为我不跟她们一起讨论衣服、化妆品而渐行渐远。

于是，我一个人，起床、上课、工作、吃饭、看书，到一个人旅行。一个人旅行以后，更多的非议袭来。

我变得更加沉默。

而当我被越来越多异样的眼神和闲言碎语包围时，我终于明白这种感觉叫作孤独。我开始为这样的孤独感到难过和恐慌。

我试图去融入我并不是很喜欢的小团体，加入我并不感兴趣的话题，试图去和别人一起做些事情，甚至插科打诨大声说笑显得我很合群。

但一旦安静下来，就无比空虚。

我常常会在一大群同学或朋友都在开心唱歌、喝酒、吃饭的时候，偷偷地溜出来，找个安静的地方，坐一会儿，或者提前回学校。

我告诉自己，这样不行，你得留下来，你得加入他们，不然你会越来越不合群。

可是往往留下来了又让我觉得自己是个躯壳一般，浪费生命。终于有一天实在郁闷得无处诉说的时候，我给学校里的心理辅导老师发了一封邮件，内容很简单，大意就是我觉得我不被很多人理解，每当我做出和大家不一样的事情时，大家都会排斥我，这让我觉得很孤独，可当试图去融入他们的时候，我又觉得浪费时间，很假很不开心。我该怎么办？

那位老师给我回复邮件，我至今还保存在邮箱置顶的位置。她说："如果你觉得你没错，你为何要合群？正是孤独让你变得出众，而不是合群。但凡那些才华横溢、有所作为的人，都是会享受和利用孤独的人，他们在孤独的时候积蓄能量，才能在不孤独的时候爆发和绽放。你想淹没还是绽放？"

一直到现在，我都很感激这位心理老师。其实她也一直是个有争议的人，相信佛法，也笃信科学，说话慢条斯理却常常语出惊人，在大家眼里她就是个心理有疾病的心理学老师。

即便如此，我依然找了她。或许潜意识里就觉得这样一个不被常人理解的人，或许能够理解我这个同样不被大家理解的人。

事实上，她没有提任何与理解相关的字眼，而是反问我，为什么要合群？

是啊，为什么要合群呢？

我努力让自己合群的过程，也是不断否定自己的过程。

你做出了不同于他人的选择，该做的不是试图用合群去"掩盖"你的"奇怪"，而是继续不合群，用你离开人群的时间和精力，专心做你不合群的事情；最终让大家看到，你不是奇怪，而是"奇特"。而你最终的爆发和绽放，让你曾经的不合群显得那么令人崇敬与惊叹。

我很感激她，她让我知道，孤独也可以很值得骄傲。让我相信，我是为了绽放而短暂地孤独。

直到今天，每当我的选择被所有人不理解的时候。每当别人用异样的眼光看我，用不好的言辞评论或者中伤我的时候；我会提醒自己，我只不过做了目前别人看来不同的事情，不同本就是被人不接受的一种不合群。

若有太多人和你同一个阵营，恐怕你也不那么特别了，你所做的事，也没有那么大的意义了。

还不如好好享受和利用属于你的孤独，好好积蓄能量，狠狠地爆发与绽放；那些害怕孤独，成天在饭局、酒局、歌厅里看似合群的人，或许都会淹没于芸芸众生中。

而你，那个最不合群的人，会是夜空中最亮的星星。

收好你的孤独。

在四周黑暗无人的孤独里，让自己拔节，疯狂生长。

无论如何，都不必自怜

□ 吴淡如

某一天，参加朋友公司的开幕酒会，会后刚好是下午一点，和坐在我身边的素昧平生的三个人，肚子都饿了，一起到隔壁餐厅吃饭。

我们这四个人在这一天之前的关系，都是这公司老板的朋友。

聊着聊着，忽然A男说起真心话来。他说他本来是念服装设计的，十年前，他得了淋巴癌。

他说自己的人生太辛苦了，小时候就因心脏病动了几次手术，后来家运也不好，父母很早就相继辞世，得知患癌症时，别人是呼天抢地，但忧愁的他却有一种冷静：好啦，这下是老天来宣告死期了，这么辛苦的人生，不用活好了。

于是完全拒绝积极治疗，辞了职，忍受病痛，开始用自己所剩的时光做自己想做的事，疯狂地画图，等着迎接死神，谁劝他也没用。

他并非自然痊愈的，而是因为一位曾经劝他治疗的朋友，送了一箱自己折的千纸鹤给他。他感动了，勇敢接受了治疗，几年后，康复出院，从此专心过自己的日子。命是捡回来的，当然要做自己想做的事！

另外一位美丽女子，也清了清嗓音说："这么巧，我也得过同样的癌症。那是十多年前的事情，那年我刚订婚，婚前健康检查却说我得了淋巴癌！"她的世界变得非常冰冷，只能坚持，"我这么年轻，好不容易找到白马王子，真的不想死！"未婚夫也依计划与她结婚，陪她抗癌，陪她康复，她说虽然治疗过程很痛苦，但是赢得了健康的她，也赢得了真爱。

"或许是因为治疗的缘故，到现在，我都生不出小孩儿，但他并不太介意就是了。"她笑盈盈地说。

我也分享我自己的濒死经验。呵，活久了，人生都不欠辛酸血泪史……

另外一位女子耸耸肩："我啊，你们看不出来吧，我家很有问题，我少女时是混太妹的，十七岁，中辍，就跟着一个人我很多岁的男人，逃家私奔到美国。"她说话的态度十分优雅："我在想，如果我没有不断让自己转变，搞不好变毒虫一只，现在应该不会坐在这儿。"

虽然那顿中餐不太美味，但这样相识还真有意思。我们后来成了好朋友。

经过真正磨难的，都变成很容易开心的人。或许是明白：难过的日子都过了，这捡回来的生命实在没有时间浪费在长吁短叹里。

我从他们身上学到的一件宝贵的事是："无论如何，都不要自怜。"你，绝对不是世上活得最辛苦、遭遇最坎坷的人。

你身边交错而过的每个人都有一个故事，当你觉得老天不公平时，千万别想：怎么就对我这样，我做错了什么？其实，每个人都领了自己的考验。

只是你不知别人的苦！无论如何，不用自怜。最没用的是自怜。

你最大的问题是没有问题

□ 张珠容

著名主持人杨澜写过一部传记作品——《一问一世界》，与当初自己赴美留学有极大关系。

1990年，杨澜刚读大四就接手主持中央电视台的《正大综艺》节目。当时节目有一句口号：不看不知道，世界真奇妙。那时的杨澜，对这句话并未有深刻的理解。4年后，她到美国去留学，那时她回忆起当初那句口号，内心十分感慨：一去才知道，自己很傻帽。

为什么杨澜会说自己很傻帽呢？因为她到了美国突然发现，那里的学习方法完全不是自己熟悉的。有一个学期，杨澜选修了一门社会学的课程。她很努力，上课认真听，作业也都及时、认真地完成。可学期结束的时候杨澜傻眼了：老师居然给了一个B！她怎么能接受这个分数呢？于是当天就去找老师理论。老师很淡然地说："是的，你的功课完成得不错，也从来没有迟到或者早退。但是你有一个致命的问题：你从来没有问过我问题。"

这次得B的经历给了杨澜很大的刺激。她意识到：不问，不是代表"没有问题"，相反，它代表的是"问题很大"。所以后来上课，不管有没有问题，不管想没想好，杨澜总是拿出一副"管它呢"的态度，首先举手，问了再说。再到后来，杨澜回国开创各种类型的访谈节目，成了一个以提问为生的人。而《一问一世界》，也就非常自然地被杨澜创作出来了。

青年励志馆 最怕你一事无成，还安慰自己尚且年轻

面对死亡的态度决定了你的人生

□张 越

那时我上小学三四年级，有一个冬天的夜晚，父母下班晚了，还没回来。

外面很冷，屋里灯光昏黄，一片寂静中，我清晰地听见闹钟"嘀嗒，嘀嗒"地一直走着，忽然想到：每"嘀嗒"一下，就是时间又走过去一截儿，这么一直"嘀嗒"下去，我就会死了吧？死是什么？是一个大黑洞吗？想到这里，我非常害怕。其后，"死"成了我的一道题，我解了它几十年。我庆幸自己很早就抽中了这道题，并且部分地解答了它。

几年前，我采访过一位肿瘤科医生。我问她："你送走过那么多癌症病人，他们在面对死亡时什么样？"

医生说："大多没有思想准备，忽然面对，基本都崩溃了。哭的、闹的、求的……什么样的都有。"

我问："什么人会死得平静点儿，有尊严点儿？老人比年轻人好一些吗？教育程度高的、见过世面的好点儿吗？"

医生说："不是，跟年龄、性别、地位毫无关系。好像被爱得多些、付出爱也多些的，总之体验美好情感多些的人会走得更平静些。"

医生的话也是我小时候那道题的部分答案。

我说了些零碎的小事。因为我生活在普通的环境中，我一度为自己的阅历不够丰富、曲折而自卑。后来我长大了，工作了，当记者了，开始有所谓的"大事"和"阅历"了，才知道小时候的心理历程对一生很重要，因为你怎么思考那些小事，就会怎么面对那些大事。

做了两万次的梦可以绕地球几圈

□王学超

2011年夏天，我从部队退伍了。人生忽然间没有了目标，也没有就业方向。

我几乎给每个招聘点都投过简历，但那些公司都因为我没有上过大学把我冷冷地拒之门外。直到半个月后，我忽然间接到了一所咖啡培训学校后勤采纳的工作offer（录取通知书）。虽然心里一点儿底气都没有，但我还是不愿放弃这仅有的工作机会。

在去咖啡培训学校之前，我根本不懂咖啡，所有有关咖啡的知识我都从头学起。此后半年，生活渐渐安稳无虞，我想我的余生大概就是一个咖啡采纳工人了，没想到，一次机缘巧合改变了我的人生轨迹。

2012年，我在搬运咖啡豆路过咖啡培训教室时，看到了培训老师教学生拉花的过程。老师轻巧优美的动作和灵动的图案让我对拉花产生了兴趣。此后，只要一有时间，我就会到咖啡教室听课。

有一天，当我正做着笔记的时候，老师忽然叫了我的名字，想让我做一次拉花试试看。直到现在我还记忆犹新，那一瞬间的自己，是多么震惊。

怎么抬步走上讲台的我已经忘了，只记得我先是把咖啡研磨成咖啡液，慢慢倒入杯中，再用颤抖的手慢慢倒进奶油，凭借着紧张之下的唯一意识，绕出了一片"树叶"。

老师看到这片树叶形状的拉花，拍着我肩膀一个劲地夸我"有天赋""可造之材"。或许是得到了老师的肯定，让我自信心爆棚，此后，我借工作之便，正式开始了自己的咖啡学习之路。

从事过咖啡行业的人都知道，咖啡出品，呈现给客人，才是最后一道工序。能不能站得住吧台，才是衡量一名咖啡师优劣的标准。

学习拉花一年后，我也意识到了这一点。于是，我开始到咖啡店去做吧员，每天除了自己的工作，我还会保持3~4个小时高强度的拉花练习。就这样，每天十多杯的出品，四年下来，就有了两万多杯的练习量。

在这期间，我也得了一些奖项，但我知道自己并不是老师所说的天才。我只是觉得自己应该认真地对待每一杯咖啡，渐渐地，就把这种认真重复了两万次。

后来，我创立了"3 coffee studio（3号咖啡屋）"，有了一间属于自己的独立工作室。坐在窗前，看着窗外的蓝天、白云，我有一种难言的自豪感。

曾经以为没有上过大学，会是我人生中一个毁灭性的缺憾，如今看来，能影响我人生的，终归还是自己的努力。

打击与挫败是成功的踏脚石，而不是绊脚石。

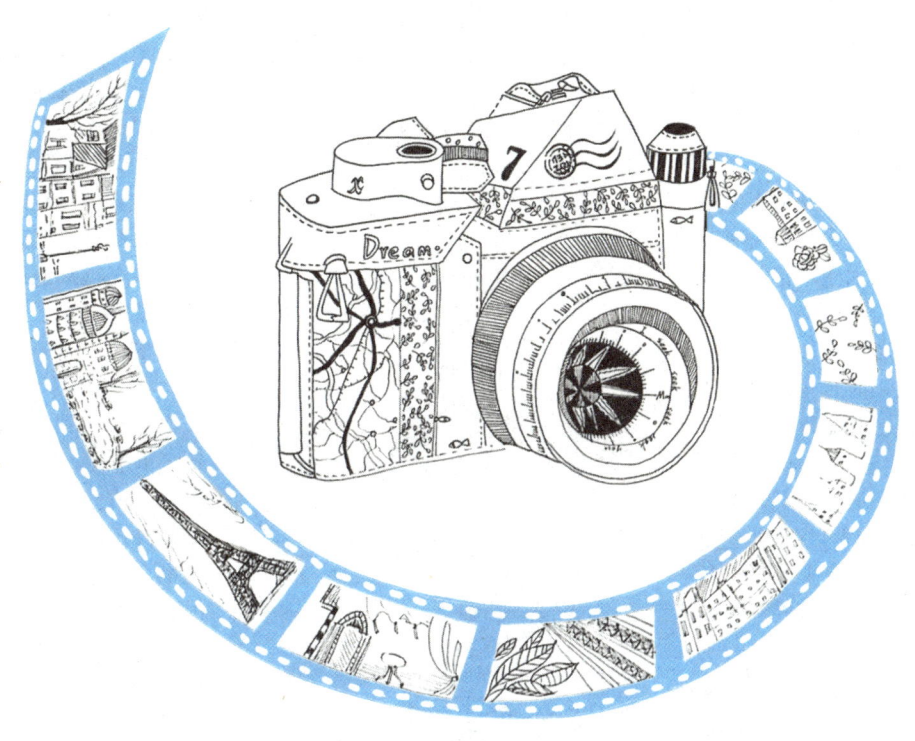

世界如此美妙，凭什么你要受苦

每一次未知的挑战都伴随直击心灵的震撼，每一次未知的冒险都代表着人生又丰富了一些。机会是留给有准备的人的，等到机会来临，就好好把握住。请努力生活，因为这些积淀终有一天会报答为此奋斗的你。诚然，你对生命更有爱，就会拥有一个不只是路过的人生。

生命遇到绝望，哪还有时间去煽情

□ 李尚龙

我是很推荐《火星救援》的，马特拍的电影，从《心灵捕手》到《拯救大兵瑞恩》，再到《星际穿越》，我都很喜欢。

有趣的是，相比之前的电影，《火星救援》少了很多无聊的煽情，多了许多解决问题的动力。

一个人，没有吃的喝的，甚至快没有了氧气，援救人员至少四年才会过来，这样的情况下，是自怨自艾，是混吃等死，还是积极地去解决问题？

马特用植物学知识，在火星上种植了土豆，看着那些发芽的小生命，他没时间去感叹：生命真伟大啊。相反，他抓紧时间把大土豆挖了出来，小土豆种了进去，准备下一次丰收。

当他知道，救援队一次次失败，计划一次次被拖延时，他没有崩溃、失落、自暴自弃，只是继续思考着如何给车充电。

人陷入苦难，有时候都是迫不得已。但弱者自怜，强者自立。

在我的生活里，遇到过很多从逆境中转危为安的人，有些看似是传奇，有些充斥着绝望，但故事的主人公只是微笑地面对，积极地解决，他们没时间矫情，没精力煽情，只有满满的激情。他们积极地思考着怎么解决这些问题。

我的兄弟小楠，一个喜爱浪迹天涯的游子，曾经在一次去云南支教的路上，翻越了一座山头采野菜，被缅甸军当成来帮忙打仗的中国军人抓走，在一座监狱里关了好几个月。他们一起被抓的，有三个人。

那段时间，他们被关在一个木质的笼子里，只提供饭和水，和外界断了联系，中国这边联系不到任何人。缅甸军方以为他们是贩毒或帮忙打仗的，可是语言又不通，让沟通成本增大了不少。

那段时间，每天传到监狱的坏消息都是肯定出不去了，据说要关三十年以上。明明只是一次远行，却面临着失去自由，换成很多人，早就万念俱灰。

跟他一起的朋友，终日以泪洗面，而他，却每天锻炼身体和读书，抓住任何机会和中国外交部取得联系。

他英语好，每次都通过和指挥官交流的点滴获取信息，然后一点点地解释自己的来意。

那几个月，没人知道他怎么度过的。回国后，我们在一次酒局中，他只是平静地告诉我，那时自己有想过这辈子可能就这么完蛋了，但后来他想，既然这样，就更不能绝望，有一点儿希望，就要全力去改变。

他在监狱期盼着有人来找他，可是每次都是愿望破灭。他在监狱里读了很多书，甚至还开始学习缅文，他说：就算真关了这么多年，至少出来还能多学一门外语。后来，通过多方努力，他被解救了出来。

当他回到北京的刹那，两行泪才流了下来。

我看过很多关于救赎的电影，无论是外国的《肖申克的救赎》还是中国的《解救吾先生》，当人陷入逆境时，总会在影片里面出现两个人：一个人不怎么说话，只是默默地朝着希望做着一些事情；而另一个人从不做任何事，但是不停地抱怨自怜。

最后，一个成为传奇，一个成为笑话。

煽情是文学和电影中常用的手段，可是，生活毕竟不是艺术。

要知道，生活中那些多愁善感的人，总是缺少了一些前进的理性，祥林嫂和孟姜女虽然都被人记住了，但生活中没人喜欢这样早早就放弃了自己前程的人，更不喜欢这些只是抱怨而从不做什么的人，那些行动派，才是好样的。

没人说多愁善感不好，问题总要解决，解决完后，再感叹，心里更踏实。

当逆境、困难扑面而来时，切忌自怨自艾，怜悯自己的不易。找出问题的本质，尽快解决，和时间赛跑，拼出一条希望之路，这才是王道。

世界如此美妙，凭什么你要受苦

多么不可救药的人生，也应该再抢救一下

□李月亮

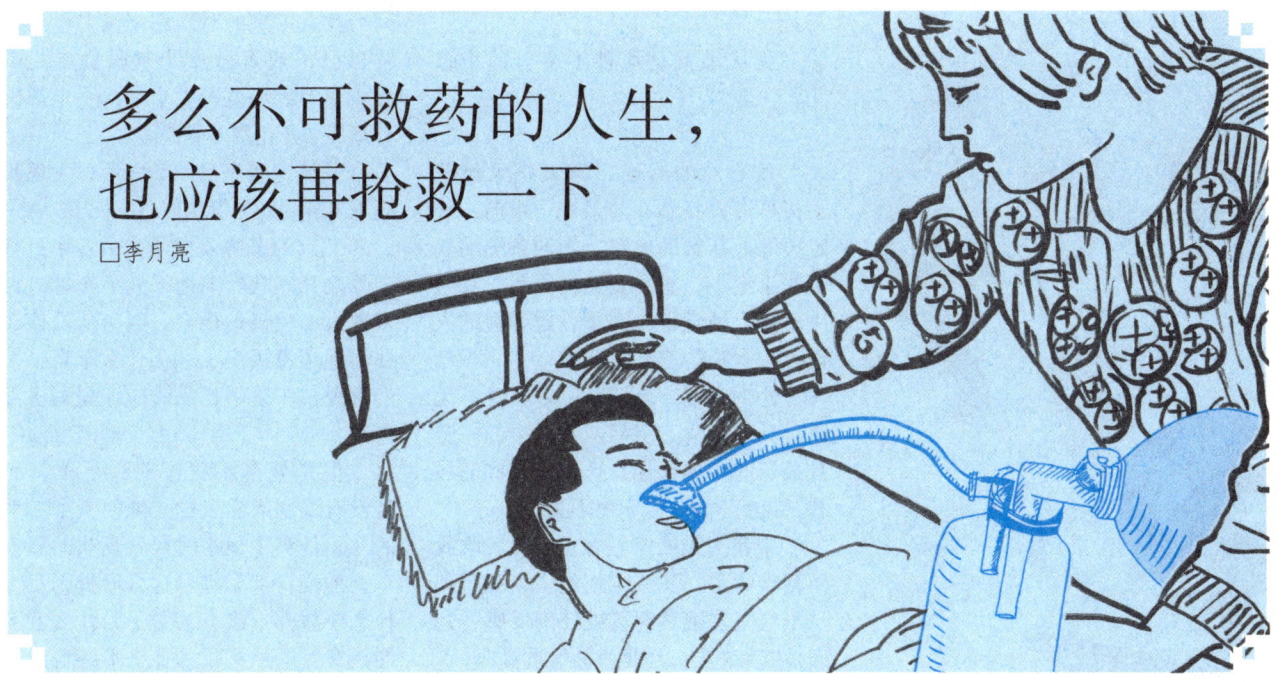

一

小松是我大学同届同学，家境不好，母亲瘫痪多年，父亲蹬三轮养家。她读大学的费用完全自理，每个周末，我们看美剧时，她端着盘子在超市做促销。我们嘻嘻哈哈爬山逛街时，她奔波在一栋栋居民楼里发传单。

2001年，小松准备考研。可就在考试前一个月，她父亲出事了，他超载的三轮车在紧急躲避一辆大货车时，翻到了沟里，父亲当场身亡，还撞伤了一个小女孩。

小松回家给父亲办了丧事，又卖了房子赔偿女孩家，她放弃了考研，搬出宿舍，每天上课、找工作、照顾母亲，还坚持打着工。

很难想象一个二十岁出头的姑娘是怎么扛起这一切的。

她最后留在我印象里的，就是那个凌乱而艰辛的背影。

二

而现在，小松已是一家玩具厂的老总。

聊及往事，她告诉我，她遭遇的远不止我知道的那些。

原来她当年是有男朋友的，也是大学生，约好了一起考研，但在小松接了母亲过来后，他去看了一次，随后就消失了。

小松妈已经觉得连累了孩子。有一次小松发现她在攒绳子，长的短的，攒了一堆，一小截一小截地接起来，藏在褥子底下——床头上有根横梁，傻子也能猜到她想干什么。那天小松抱着她妈哭，说："我没爸了，你还想让我没妈吗？"她妈也哭，说："小松，我看你太苦了。"

"当时我就想，我好好的一个人，有手有脚有脑子，难道还养不活我妈？"小松说。

第二天，她花170块钱买了套有生以来最贵的衣服，又理了个发，开始玩命找工作。至于公司规模、职业前景、工作强度什么的，她统统不在乎。

然后她就进了一家只有五个人的小公司，一个人干三个人的活，领两个人的薪水，忙得焦头烂额，连毕业典礼都没能参加。

"不觉得苦吗？"

"苦啊，苦死了。但根本没心思抱怨，没时间崩溃，更没资格矫情，我得先保证我们娘俩活命。"

她接着说了一段我觉得特别好的话："困难太大的时候，就不能多想。好比你要爬一座特别高的山，绝不能在山脚下一直看山顶，别去想它有多高，先把脚下这步迈出去再说。"

一年后，小松终于缓过点儿气来，还清了助学贷款，和妈妈搬出平房，又过了两年，她应聘到一家更大的玩具厂，一去就是中层，在那里认识了现在的老公，两人做足了准备后一起辞职，开了自己的公司，慢慢发展起来，现在每年已经有上百万元的利润，车子、房子、孩子也都有了。

"我妈现在见人就说她可没想到会有今天。其实我也没想到，根本不敢想。有时候回头想想以前那些苦，自己都忍不住打冷战，好在挺过来了。"

三

真是一手烂牌，打出了一个春天。

老天给每个人发的牌都不一样，每个人对自己这副牌的用心程度也不一样。

而就在我们为自己的不够用心寻找过硬的借口时，那个一手烂牌的人，已经紧咬牙关扭转了局势，站上了更有利的位置。

每个看起来不可救药的人生，都是应该再抢救一下的。

你不自救，谁能救你？

失败的是事，绝不应是人。

我拒绝过凑合的人生

□李 娜

01

前几天和朋友吃饭，回程的路上聊起我们的父母，有一个共同感受就是，上一代人习惯了凑合过日子。

朋友说她小时候和妈妈去旅行，从来不给好好吃顿饭，每次都是面包火腿肠凑合一顿。

有一次她们去杭州玩，沿着西湖走了半圈，走得饥肠辘辘，大汗淋漓，然后妈妈带着她到一家餐厅里面吹空调。凉快了一会儿之后，妈妈提议到外面随便买点儿面包吃，朋友耍赖不肯走，说来了西湖不吃西湖醋鱼算什么？

我听了哈哈大笑。我小时候何尝不是这样，毛巾用坏了，我要求换新的，我妈会说，凑合凑合吧。

我初中的时候就自己去买衣服了，因为每次我妈陪我买衣服，逛遍整个县城都挑不到我喜欢的，我妈每次都特别愤怒，说你怎么这么挑剔？凑合一下不行吗？

不行。我就是要看到喜欢的才买。

我从小就是那种不凑合的小孩儿。

02

六七岁的时候，家人每天派我去买早餐，我站在油条铺子跟前，一定要等最新鲜的出锅。卖油条的阿姨看我年纪小，想拿剩的糊弄我，我坚决不要。她觉得没面子，跟旁边的人说，这小丫头好难讲话。

小时候家人带我去买东西，无论玩具还是学习用品，我看中的一定是最贵的。如果让我选个便宜些的代替，我就不要了。宁愿不买。

带我去亲戚家做客，招呼我吃我不喜欢的菜，我一定拒绝。当我听到"不吃完多浪费啊"就特别反感，到底是饭菜重要，还是我的胃重要？

高考那年考砸了，还是坚定地报考北京的学校，考不上就复读，我坚决不要去个不喜欢的城市。结果还好，数学没考及格竟然也上重点大学了。

工作了之后，哪怕月薪6000元，宁愿花4000元租个一居室，也不要跟人无止境地合租下去。钱不够用再想办法做兼职赚到，一个人如果不按照想法去活，迟早会按活法去想。

二十七八岁的时候还没结婚，所有人说你别太挑，等三十岁就更不好找了，你不知道北京剩女比剩男多吗？80%的婚姻都是凑合过日子。

但我偏不随便结婚，就因为年纪不小了。

03

我知道我想要的东西太稀少珍贵，但是我绝不凑合，我哪怕孤独终老，也不要把生命浪费在不喜欢的人身上。在我看来，所有不快乐的婚姻都是要流氓。

我不喜欢挤公交，因为太浪费时间。我很穷的时候出门也尽量打车，因为我省下来的时间用来读书学习提升自己，或者做点儿兼职卖点儿产品，或者看场电影发个呆，一定都比打车那点儿花费要值钱。

我认识我家吕同学之后，发现我俩不凑合的劲儿挺相似。

北京的车牌要摇号，中签率只有千分之几。几年前他摇到了车牌，大多数人都建议他放弃，因为他没什么钱，他还没买房子，买什么车啊？人们都说，车是消耗品，应该先买房再买车。

但是他毫不犹豫地买了车，而且没有像别人建议的"随便买个二手的"，他买了他小时候就喜欢的那款车，他说："车牌号这么珍贵，我为什么要放弃？没有买房子为什么就不能买车？既然买了为什么不买自己喜欢的？"

总之就是三个字：不凑合。

04

去年我俩去看房子，算了算手头的钱只够郊区一套小房子的首付。中介带我们看了几套二手房，我们都不太满意。最后看了一个新开的楼盘，一平方米的价格比周围小区贵好几千。我俩当下毫不犹豫就拍板决定了，付了定金。

吕同学比我还高兴，说虽然比周围小区贵，但是这所房子符合他所有的要求：新楼盘，绿化好，物业好，人车分流，朝南三居。

后来证明我俩眼光不错，周围小区房价纹丝不动，我们买的那个小区一平米又涨了好几千元。

我有次开玩笑问他，如果你没遇到我会怎样？

他说："哪怕等到四十岁，也要找到自己特别喜欢的人才结婚。"

他身边经常有人看到他时时刻刻给我发微信联系，就会半开玩笑问他："和你老婆还有那么多话聊？我和我老婆都没话说，年纪到了就结婚了，结婚之后生活更没什么意思。"

是的，因为你的感情是凑合，就别质疑别人的婚姻为什么和你不一样。

05

当很多姑娘问我，二十六七岁

你能把生活扇的耳光变成蜜糖吗

□肥 桃

吴秀波红了之后，他讨喜的角色都有这样的特点：淡定从容，言辞精练，有幽默感和温度，一定是靠谱的，一定是有安全感的，让女性观众完全没有抵抗力。我想说的是，吴秀波本人应该与这样的角色类型相似。他所呈现的状态，也许说明了，这是一个被生活扇过耳光的人，他挺住了，挺得很好！

很多记者写过吴秀波的成名之路。他早年在酒吧唱歌，赚得盆满钵满，颇有人缘，爱买单，点菜必将菜谱上一半的菜点足，人称"吴半本"。他开过酒吧、餐馆，尝试过多种营生，一度穷困潦倒。他因《黎明之前》一夜爆红，成为男神。

他聪明而谨慎。前半生摊开来让记者写，各取所需，乐得交差。对于家人，他却藏得非常紧，你只需要知道他不敢坐飞机是因为怕死，怕死了不能养活六口人就行了。他没有呼号"爱情宣言"，什么糟糠之妻陪我度过最低谷、不离不弃、什么我最爱的女人叫×××，他也没有传出绯闻和丑闻。

前半生的江湖经验，那些在生活的血和泥中求生的经历，教给他的智慧是：稳住，稳住就能得到你想要的一切。

说到被生活扇耳光的问题，纵使含着金汤匙出生的人，也有种种不如意。小有成就的人，往往都是沉默的，不事张扬。观察他们的人生轨迹，只不过是从泥和血中爬起来，洗干净，一步一步走上去。你甚至听不到他们抱怨，他们的脸上也没有被摧残过的痕迹。提起过去，轻描淡写，一笔带过。大肆话当年的人，格调不会高，品位更有限。再说，谁愿意坐在高高的谷堆旁边，听你讲那过去悲惨的事情。

所以，不必告诉你心仪的人，以前你曾走街串巷卖过餐巾纸，你被初恋如何践踏抛弃又重新自立……打住，那画面真的很难让人以妩媚的情绪来想象。

生活，不仅给你耳光，也给你运气，这比失败更考验人的心智和耐力。

当老天爷心情爽、赏赐你一点儿好东西时，请小心、郑重、感恩地收藏。像蚂蚁一样，一点点搬运和累积美好。它们就是你的筹码，得到一定数值，你可以向生活换取更多的好东西。我们应该有这样的常识，你容貌美丽、事业有成、父母给力，但不一定能换得人生圆满幸福，如拥有相爱的伴侣、听话的儿女以及健康。但是，如果以上条件你都没有，那么，得到幸福人生的可能则更小，你必须加倍努力累积，并且谨小慎微。

最后回到吴秀波，我希望他能挺得更久一点儿，久到成为一个奇迹，一处光明的所在。请坚持呈现那些美好的状态，保持敏锐、审慎，保护家人，抵御诱惑。我们很需要一个真正的奇迹来证明——生活给你的耳光，终究都变成了蜜糖。

一种建立在自信基础之上的气量，不断检点自己，才会周身散发出人格的光芒与魅力。

了，要不要凑合找个人嫁了，我都特别诧异。人生那么短，可以肆意挥洒的年轻时光更短暂，为什么年纪轻轻就要凑合？

当你压抑着自己真正所爱，凑合着接受了"退而求其次"，你一定不甘心，那种痛苦和遗憾，一定会在很多个深夜吞噬着你。一旦有外界的刺激，你一定会做出更疯狂的事情来报复凑合的自己。

无论何时，我都相信自己值得最好的食物，最好的衣服，最好的事业，最好的爱人，最好的朋友，最好的读者。

当你相信自己值得最好的，就会召唤你内心所有的力量去实现，去完成。

哪怕不能抵达所有的最好，相信我，在你全力以赴去追求的路上，就已经体验了最好的人生。

是的，我永远不会向世俗或者别人妥协。

我拒绝过凑合的人生。

诸葛亮的"三把火",竟然一把都不是他烧的

□忆江南

中国有一句俗语,叫"新官上任三把火",其中的新官指的不是别人,就是一代名相诸葛亮。

诸葛亮的确是个了不起的人物,既是治国安邦的政治家,又是运筹帷幄的军事家,还是文学家、发明家。

但他在《三国演义》中刚刚出山时放的那三把火有两把和他全无关系,另一把则完全是小说家的虚构。

先说说最早的火烧博望坡。

火烧博望坡按照《三国演义》的描述,诸葛亮刚刚被刘备三顾茅庐从隆中请出山当了军师,就初试身手在博望坡一把火把夏侯惇的十万曹兵烧得丢盔弃甲,死伤无数,立下了初出茅庐第一功。

但是历史上,这把火是在诸葛亮出山之前刘备烧的,而且是刘备放火烧自己。

据《三国志·先主传》记载:"(刘表)使(刘备)拒夏侯惇、于禁等于博望。久之,先主设伏兵,一旦烧屯伪遁,惇等追之,为伏兵所破。"

《三国志·李典传》关于此事则有更为详细的记述:"刘表使刘备北侵,至叶,太祖(曹操)遣(李典)从夏侯惇拒之。备一旦烧屯去,(夏侯惇)率诸军追击之。典曰:'贼无故退,疑必有伏。南道狭窄,草木深,不可追也。'(夏侯惇)不听,与于禁追之,典留守。惇等果入贼伏里,战不利,典往救,备望见救至,乃散退。"

如果说火烧博望坡是被罗贯中从刘备身上移花接木到了诸葛亮身上,那么诸葛亮的第二把火——火烧新野则是另一种情况:纯属虚构。

关于孔明先生的这把火,《三国演义》里有着极为精彩的描写:曹仁、曹洪就在衙内安歇。初更已后,狂风大作。守门军士飞报火起。

曹仁曰:"此必军士造饭不小心,遗漏之火,不可自惊。"说犹未了,接连几次飞报,西、南、北三门皆火起。

曹仁急令众将上马时,满县火起,上下通红。是夜之火,更胜前日博望烧屯之火……曹仁引众将突烟冒火,寻路奔走,闻说东门无火,急急奔出东门。军士自相践踏,死者无数。

曹仁等方才脱得火厄,背后一声喊起,赵云引军赶来混战,败军各逃性命,谁肯回身厮杀。

正奔走间,糜芳引一军至,又冲杀一阵。曹仁大败,夺路而走,刘封又引一军截杀一阵。到四更时分,人困马乏,军士大半焦头烂额……诸葛亮谋划的火烧新野这一仗很精彩,令人遗憾的是,这件事在正史中没有记载,百分之九十九是作者罗贯中为诸葛亮而杜撰的。

而火烧赤壁是《三国演义》为诸葛亮"量身定做"的三把火中最牛的一把,但这把火实际上和诸葛亮没有关系,和诸葛亮所属的刘备集团也没有多少关系。

唐代大诗人杜牧在游访赤壁时曾经写下《赤壁》这首名诗:"折戟沉沙铁未销,自将磨洗认前朝。东风不与周郎便,铜雀春深锁二乔。"

诗中提到了"赤壁""东风""周郎""二乔",却唯独没有涉及演义中"借东风"的主角诸葛亮,这也可作为诸葛亮没有借东风的佐证。

由大自然控制的"东风"周瑜自然借不来,但在长江边长大的周瑜非常熟悉长江流域的天气变化,他知道洞庭湖一带(赤壁就在洞庭湖以北不远处)有一个特殊的气候现象——因为地形风,当冬季天气放晴时,洞庭湖以北地区可能会逆吹反常的东南风。

在北方长大的诸葛亮尽管在赤壁之战时已在靠近江南的隆中居住了不少年,恐怕对此也了解不深,对一直生活在北方的曹操来说,这是他死也不相信的事情。虽然诸葛亮确实上知天文下知地理,但周瑜的地理知识才是赤壁之战胜利的关键因素之一,诸葛亮在这场历史大战中的主要功绩应该是努力促成了孙刘两家联合抗曹。

自嘲，是有自信的人，才做得到的事

□蔡康永

我的主持生涯中，最亲密的伙伴是小S。

小S在《康熙来了》节目中，很多经典的表情会被粉丝截下画面，做成表情图卡片使用。

比方说，她翻白眼的表情、对镜头大吼"我要的是肉体"的表情，都代为传达了许多人压抑的心声，而广为流传。

上一次过年期间，在迎财神的那一天，我还看到小S的一张图卡，取代了传统的财神爷，被不少人用在网上及短信里。那画面是可爱的小S故意做出超不耐的表情，对镜头握拳呐喊："老娘要的是钱，好吗？"

小S为什么能够喊出这些话，做出这些表情？除了天赋英才之外，最重要的当然是因为她知道大大咧咧说出大家的心底话，大家不但会松一口气，而且会开心，而小S喜欢大家开心，一点儿也不怕会被认为粗鄙，她带头揭穿自己，摆明了"大家都是人"的立场。

中文说"嘲笑"，"嘲"跟"笑"是连在一起的。嘲弄别人，会有人笑；嘲弄自己，也会有人笑，却不会伤及无辜，不会令其他人受辱。嘲弄肢体不便或生活不顺的人，是小学常发生的事。到了比较成熟的社会，大家会努力避免这样取笑别人，因为别人会感到受辱、受伤。

小S难得，正是因为她虽然漂亮，但又愿意嘲笑自己。她身上同时并存自恋和自嘲的精神，使她成为一种如此罕见的美女。

自嘲，是有自信的人，才做得到的事。

能够自嘲外表的企业家，是因为事业的成功给了他们自信；能够自嘲体重过重的偶像，是因为已经拥有千万粉丝的肯定给了他们自信。

自嘲不仅仅是说话的一个招数，也是自信心的外显。我们不必常常刻意自嘲，那样反而会很可怜。我们不妨先找到自己可以有自信心的来源，再把自嘲当成自己偶尔放松的空当，你会发现，你一放松，别人也跟着放松了。

更珍贵的是，你一放松，宁愿嘲笑自己也不嘲笑别人，你就渐渐变成有幽默感的人了。

你知道幽默感有多珍贵吗？有很多不高不帅也没有钱的人，就是因为幽默而赢得很出色的伴侣啊！

黑暗出发，光明登顶

□乔 叶

那天，看访谈。访谈的对象是探路者联合创始人、登山探险家王静。她说常有人问她：为什么8000米级山峰的登顶行动都从黑夜开始？黑暗中的风险不是更大吗？

"其实答案非常简单：在黑暗中出发，才能在光明中登顶，在阳光普照中安全下撤，迎接下一座'山峰'。"

"在黑暗中出发，才能在光明中登顶"，不知道为什么，这话给我的印象深刻，虽然一时间我也不知它好在哪里。

直到那一天。

那天的我正在一段旅程中。乘坐的是夜晚的列车，预计黎明到达。黑暗中，我醒来上卫生间，看了一下表，四点多，睡意已远，便开灯看书。列车到达了一个小站，我走到站台上溜达了几步。天已有些蒙蒙亮了，周围是深黛青色的山，很纯净。我深吸了一口新鲜的空气，肺腑如洗。

天会越来越亮的——这个念头让我一下子想起了"在黑暗中出发，才能在光明中登顶"。

没人能从光明到光明。如果一个人只是从光明到光明，那么这种没经过黑暗检验的光明，也只是脆弱的，甚至是虚弱的光明。

世界无非明暗。一个真正的人，一段真正的人生，总是要从黑暗出发的。"黑暗也是一种真理。"我喜欢陀思妥耶夫斯基这句话。人性的丰满和繁复都在这黑暗中，最深的同情、最大的悲悯和最宝贵的坚持也都在这黑暗中。

"在黑暗中出发，才能在光明中登顶。"

——也只有从黑暗出发的人，才最配得上光明吧。

今天一定要过好，因为明天会更老

□李月亮

1

小学时穿公主裙去同学家玩。她姐姐见了，艳羡不已，追着我问哪儿买的、多少钱、有没有大码，然后央求她妈给她买一件。

她妈皱着眉说，你都多大了，这种衣服穿得出去吗？

她说我从小就喜欢，你不给我买，我做梦都想要一件这样的裙子。

她妈说别说那时候的事儿了，反正现在你是不能穿这种裙子了。

当时她那一脸绝望啊，我至今忘不了。

而昨天，那种绝望出现在了我心里。

——去年我买了件碎花衬衫，也是我小时候一直心仪却没得到的那种。买的时候很清楚，是少女款，但鉴于实在喜欢，还是不由分说抱回了家。

之后它就一直挂在我的衣柜里，一次也没实现过作为一件衣服的使命。

昨天我要去见闺密，想着无论如何穿它一次。

可是披挂上身站在镜子前，那画风诡异得我真心不忍直视。

最后还是脱下，又挂了起来。

挂好后，我看着它，心里说不清地难过。

不得不承认，有些愿望，当时没实现，就永远不会实现了。

2

前段时间带着儿子去游乐场玩。

照例要坐过山车。

照例是先生陪他坐，我旁观。

他们在上面呼啸飞驰时，一个大姐在旁边问我：你怎么不坐？

我说不想坐。

她说看着挺好玩的。

我说当时好玩，下来头晕。

她说我都没坐过。年轻时舍不得花钱，现在坐不了啦。

很遗憾的语气。

我想她未必是多想此刻体会一下坐过山车的刺激和欢乐，而是她觉得自己的人生中缺少了一种体验，从而不够圆满。

我们其实也常常有类似的感受：世界有很多新奇花样，而自己在最合适的年纪错过了，年纪渐长后，纵有机会，也已无力消受。于是看着别人纵情欢乐，心里会莫名生出一丝酸、一丝痒、一丝无奈、一丝遗憾。

比如三十岁时看着小女孩翩翩地穿着你从未拥有过的公主裙。

比如四十岁时看着高中生全心投入地做漂亮的义卖海报。

比如五十岁时看着年轻人呼朋唤友泡吧、跳舞、通宵打游戏。

比如六十岁时看着新婚夫妻带着布娃娃去海外旅行，拍下许多优美的照片铭记爱情。

……

你一定会想：真好，可惜我没体验过。

也不是不能再尝试，只是，早已不合时宜。

3

人在不同的年纪，会遇到不同的世界。

五岁时，世界是玩具店、甜品店、游乐场。

到二十五岁，商场、酒吧、电影院的门打开，玩具店的门就关上了。

到了五十五岁，茶馆、古玩店、棋牌室的门打开，酒吧的门就关上了。

再到七十五岁，公园、医院、花鸟市场的门打开，其他门，就关得差不多了。

很多门，开着时若不进，关上了，就进不去了。

只是我们常常察觉不到，那些门，在一扇扇关闭。

在我们的意识里，玩具店、酒吧、美妆店永远都在那里，只要你想进，随时。

而事实上，错过了合适的年纪，你可能就真的再也没机会去体验。一不留神，就已经被拒之门外。

意识到时，心里难免遗憾。

4

我们当然不可能永远守着游乐场的门，不让它关闭。

真正让人遗憾的，其实不是游乐场的门关上了，而是在它向你敞开时，你没有痛痛快快地享用它。

世界是个大游乐场，如果你在开门时就冲进去，尽兴地把所有项目玩过一遍，那么到晚上关门，你离场时就会心满意足。不会哀叹怎么忽然就要离场，也不会多么羡慕明天要进场的人。毕竟所有的精彩，你都体验过。

而如果你在里面睡了一天，到日暮西山时才醒来，忽觉那么多精彩都

找一个迷人的理由

□丹尼斯

我给你一只手提箱，手提箱里装着一百万美元。它被放在一栋大楼内，从你此时的位置开车到那里，大约需要一个小时。交易条件是：你只需要从现在起，在两个小时之内到达那栋大楼，我就会把手提箱交到你手上，而你就会成为百万富翁。但是，如果迟到了哪怕一秒钟，你就一分钱也拿不到。没有任何例外！

牢记这个条件之后，绝大多数人会选择立即启程。你很兴奋，跳上车，开始朝那栋大楼驶去。但这时交通却突然瘫痪了。你根本无法在两小时之内到达那里！

现在，你该怎么办呢？你是放弃，然后回家，还是下车找其他途径，以便按时到达那栋大楼？

现在，让我们假设，你正驱车前往牙医诊所看病。此时，交通也意外中断了，那么你会怎么办呢？也许你会选择放弃，回家，然后重新预约，你根本不会为了去牙医诊所全力以赴！

这两种情况有什么不同呢？就是理由，即为什么。

如果理由足够强大，那么使用的方法通常就不是问题了。这个迷人的"为什么"是你行动的动力。

积极上进的人，在做任何一件事的时候，都能设定和利用一个迷人的理由。

已无福消受，那一刻，离场的号角，才会倍显悲凉。

我坐过过山车，即便将来老了不能再坐，亦能坦然接受。

而那位没坐过的大姐，看着人们在上面惊叫欢笑，心情就会有所不同。

我们在年轻时放肆地哭过笑过爱过恨过，将来老了，看着年轻人爱得死去活来，心里就云淡风轻，毕竟我们体验过。

而若没有，八成就忍不住想，到底是怎样的心情呢？就会隐隐有些不甘，不甘却又无力，是特别糟糕的感受。

所以，一定要在每个年纪，尽可能钻进那些开着的门，畅快淋漓地去体验。

今天一定要过好，因为明天会更老。

老不可怕，可怕的是，该经历的没经历、该体验的没体验，就老了。

人生百味，你若只尝两三种，就干干巴巴匆匆忙忙地离了场，枉费了多彩的世界给你提供的很多可能性，这是最大的遗憾。

5

我因为尝过这种遗憾的滋味，所以，在儿子小时候，我愿意给他买俗气的带着卡通动物图案的鲜艳衣服，只要他喜欢。

我会带他去很多次游乐场，跟他穿很多款亲子装。

我会鼓励他爬树、跳墙，光脚在地上跑，在树叶堆里打滚……

因为我知道，这都是只有这样的年纪才能享有的福利，过去了，就没有这种机会了。

而我自己，也会化妆、旅行、露营、唱歌、看演唱会、穿高跟鞋、买拉风的大衣、读艰涩的哲学书、跟闺密彻夜聊天、尽可能多地陪父母、工作到天泛白……

这是我这个年纪的福利，在世界对我开着这些门时，我要尽量多地去体验，去收获。

6

中国人的观念，过于功利化。所以，我们从小到大听到的都是，你这个年纪，应该好好学习。你这个年纪，应该认真工作。你这个年纪，应该努力赚钱。

很少有人会对你说，你这个年纪，应该泡吧、看电影、坐过山车、穿漂亮衣服、多去一些地方……

好好学习好好工作，这当然是必须的。可是人生除了这条主线，还有很多附加品。只要安排得好，你在为主业拼搏之余，依然可以，或者说应该去体验更多。

假期里去野营，不会使成绩变差。

周末去听一场演唱会，不会使业绩下滑。

化漂亮的妆穿高跟鞋去参加party（聚会），也不会浪费很多钱……

而正是这些看起来没用的事情，丰富、拓展着你的生命。

人的一生，就是一场体验。把每一天都活得畅快淋漓，才能在走完这一生时，回头想想，觉得这辈子没错过什么，不亏。

木心说，岁月不饶人，我也未曾饶过岁月。

愿我们在老去那一天，都能安然说出这句话。

你是真过得苦，还是太爱诉苦呢

□ 晚睡

1

有时候，人真的很奇怪，你会忘掉很多重要的事情，却会对某些片段、某些场景、某些无关紧要的人记得特别清楚。

我现在时常会想起那个开发廊的南方女孩。最开始，她的发廊开在我家小区的胡同口。发廊不大，老板就是她和她的妹妹，另外雇了几个打下手的服务员，来的也都是周边的熟客。

她的手艺很好，尤其是盘发和编发，只要是你能想象出来的发式，她都能做。那些在别家店死活都弄不好的发型，在她那里十分轻松就能做出来。那几年，我每次洗完头都要去店里让她帮我弄头发，渐渐地就熟悉了起来。

我是个比较慢热的人，不太习惯和陌生人搭讪，但我挺喜欢和她聊天。因为她从不像某些生意人那样巧舌如簧地跟你推销产品，或者虚头巴脑地忽悠你。她总是温柔而清淡地、实事求是地给你各种美发建议，或者聊上几句家常，不会因过度的热情让客人难受，也不会叫人觉得傲慢。

她或许没受过多少教育，只是这样踏实肯干，还内敛不张扬，让她像一株生命力强大的植物，活得葱郁而茂盛。

几年过去，她的发廊生意越来越好。钱赚多了，生意也随着扩张，她租了另一处很大的门面，由小发廊变成了现代造型室，还在附近的商城开了一家服装加盟店，由她老公打理。

新开的造型室，雇了十多个员工，算是不小的店了。一个外地姑娘，一点儿根基都没有，要做下来有多难可想而知。我就曾亲眼看到有人来找麻烦，她和老公好话说尽，奉上了几条烟，才算把那些人请走。

还有一个经常来的熟客，做一个很简单的头型，要求特别高，每次都要做半个小时左右，一会儿这里高了，一会儿那里低了，挑剔得要命，她都十分耐心。客人走了，我十分有吐槽的欲望，她却总是笑笑，不说什么。

有一次，我来做头发，聊天的时候，她说："前几天你有个朋友来烫头，说是你推荐她来的。"我很清楚我那个朋友的性子，比较小气，特别爱讲价，什么价格都拦腰砍一半，老板不同意，就死磨，能磨一天。

于是，我问："她是不是要求你便宜点儿了？"她笑了笑，说："是的。"她这里一贯是明码标价，任何人都是一个价，除非是部分熟客可以赠送一点儿产品，去之前，我提前和朋友打过招呼了。我有点儿不好意思，说："她就是比较喜欢讲价。"她笑，说："是和你不太一样。"但终究没有讲她们之间到底发生了什么。

我从没见过她抱怨，从没有过。

2

我见过有些店的老板，客人一坐下来就是甜言蜜语，客人一走就评头论足，讲人家这里不好、那里不对，还撇嘴、翻白眼……

可我从没见过她这样。再难缠的客人也都平和应对，实在讨厌那个人，她会不再和她讲话，默默走到一边。

开服装店生意不景气，连续亏损，不得已只能关掉，她也只是说："这一年的钱亏掉了，明年要更努力才是。"

手下的服务员有了什么差错，她也会批评，但永远就事论事，从不扯东扯西。

以前我觉得她这样只是会做生意，正所谓和气生财，打开门做生意的人就是得能忍能让，才能有回头客，有好口碑。认识了六七年之后，我逐渐发现，这并非是做生意的手段那么简单，她这个人的确非常有韧性，虽然是一个小小的个体老板，但是活得不卑不亢，什么困难和问题来了，她都只想着去处理，而不是埋怨和诉苦。

后来，她回老家去了，因为孩子到了上学的年纪。据说她不再开发廊，而是有了一家工厂，做得很不错。

发廊兑给了一个新老板，名字没换，我去过几次，生意每况愈下。新老板一直和我抱怨："为什么发廊生意这么不好？早知道就不会花这么多钱兑她的店了。"

为什么生意不好？我心里默念："不仅是因为你不如她技术好，更因为你不如她有好人缘。"

新老板是那种爱抱怨的女人，整天不是抱怨顾客太极品，就是骂服务员太懒散，或者怪老公不支持自己。

因为什么都不缺，我才觉得自卑

□ [日] 松浦弥太郎

每次你一坐下做头发就唠唠叨叨个没完，每个顾客走了之后，就立刻吐槽这个顾客有多么极品，然后还要和当下的客人讨论一下，搞得别人很尴尬，不知道怎么接话。去过几次之后，别人自然就不去了。

3

现在，我时常会想起之前那个开发廊的南方女孩。我很想再看到那张表情总是不疾不徐的脸，那个能淡然承受一切的人。我们之间似乎建立了某种关联，因为她改变了我。

在她身上，我学会了温柔一点儿与自己所遭受的困难和挑战面对面，不必逢人就讲述自己的痛苦和烦恼。谁都不喜欢和总是带来负面能量的人在一起。坚韧与强大才能争取到更多的理解与支持。

人到中年，我见过很多人，包括很多位高权重的人。我发现，成功者基本上都有一个共同的特征：他们都不爱诉苦，他们都只专注于问题本身，注重如何去解决。

有一次，我和一个做上司的朋友抱怨自己工作中一些不开心的事情，他听完笑笑，说："你这算什么，你看看我现在手里需要处理的事。"他一一和我数了一遍，我听完惊呆了。这些如果换成我，大概就要跳脚骂人、大呼倒霉的烦心事，他在那样的压力之下，依然没有气急败坏。我于是明白了，为何他能够成为某个行业的翘楚，内中是自有道理的。

一个人的心要足够深，才能埋得下一些事。心若浅得像一个碟子，什么都装不下，稍微有一点儿心事，就会流淌出来。

能担当，这是事业成功的基础。哭号、抱怨、逃避，都毫无意义，它们并不会使烦恼变小，反而会使自己失了分寸，被别人看穿了弱点。

我越来越欣赏那些不爱诉苦的人，他们才是最勇敢的战士。苦来了、难来了，他们提枪上马，与之厮杀。

不诉苦并非是自我压抑，而是看透了人生，有一种不徒劳挣扎的智慧。

做人，谁不曾被命运辜负过、被他人伤害过？遇到困难可以倾诉，寻求帮助，但不可长时间地停留在诉苦的阶段。

说多了，就难免会顾影自怜，相信自己真的是一个可怜人了。

前几天我遇到的那个男生，看似拥有一切。

他出自重点高中，毕业于名牌大学，还去伦敦留过学，在那边读了研究生，英语想必也不错。

对于成绩优秀的他而言，未来的选择可以说有很多种，而且他的家境不错，如果找不到喜欢的工作，想自己创业，家里也能够提供资金支持他。

尽管如此，他却说："我不知道自己想做什么，也不知道自己能够做什么。"

他愿意向还不熟识的我坦露心声，看来他真的很苦恼。后来他又问我："松浦先生，你既写文章又编杂志，还经营着一家二手书店，为什么你一个人能做这么多事呢？"

他口中的那位"松浦先生"仿佛不是我，而是别人似的，这令我有些慌张，但我老实地回答他："我不是先决定要做什么才去完成这件事。我和你正好相反，当时我没什么选择。为了活下去，在仅有的选项中，我只能不顾一切地去做那些自己能做的事。"

我高中就辍学了，也不是特别聪明，虽然曾在美国待过一段时间，但对英语并不算十分精通。只有这种资历的20岁上下的年轻人，能做的事很有限。

尽管如此，我也会肚子饿，也会想和朋友去玩，也想去旅行。

于是，我只好拼命去找自己能做的事，为了活下去拼命去做所有必要的事。然后那些事一件一件互相关联，持续到了现在。

一直静静听我说的他不愧是一个聪明人，只听他喃喃地说："令我感到自卑的不是我没有什么，而是我全都有了。我的自卑感源于什么都不缺，这反倒使我什么都没办法做。"

找别人商量的时候，通常自己心中已经有了答案。他应该也是如此。

于是我给了他一条建议："如果你不知道自己想做什么，何不全部舍弃呢？舍弃自己拥有的所有东西，解除身上的压力，这么一来，或许你就看得见自己想做的事了。"

要拥有一切的人放弃所有，这可以说是一种冒险。

但正因为是毫无保障的冒险，我相信他一定会有所得，一定可以看见一直以来未曾看见的风景。

对残酷世界说情话

□ 韩松落

有一些人,来到这个世界上,是为了跟这个世界说情话的。

哪怕这个世界是如此荒凉、残酷、疯狂。

身在战壕里,他们也会摆一盆花,求得片刻慰藉;独身漫游海上,他们会编造故事,确保自己不会陷入疯狂。

这些说情话的人,多半都是年轻人,所以亦舒说:"恋爱,革命,都必须非常年轻,非常非常年轻。"不论恋爱,还是革命,都是跟这个世界讲情话,是对这个世界的相信:我如此待你,必然能够将你撼动。

我所认识的人里,有一个对世界说情话的年轻人,我们管他叫杨医生。

杨医生起初不是医生,我认识他的时候,他考进医学院才两个月,还不满十八岁。杨医生入校就加入了学生会,希望给同学办点儿读书观影方面的活动。可巧,那段时间我刚刚出了新书,正准备出门签售,朋友帮我在家门口办了场读书会,算是一个小小的热身。我在微博和豆瓣上发了活动通知,杨医生看到了,来到现场,等到活动结束,递了一张字条过来,邀请我去他们学校开一场讲座。

我当场答应了。一个月后,去他们学校开了一场讲座,讲读书和写作。大半年后,他又联系我,这次是给国防生讲电影,讲的是谍战片。其间朋友做的演出或者活动,我也喊杨医生来参加,一来二去,就和杨医生成了朋友,尽管我们年龄相差了将近二十岁。

杨医生是天水人,父亲做生意欠了钱,每年光是利息就要还六十万元。但杨医生并没因此变得愁云惨雾,他继承了爹妈的性格,温厚爽朗,一个人来到大城市,却一点儿不怕生,努力锤炼自己,他来跟我认识,或许怀着相近的期待吧,找个"船长",找个能影响他的人。

事实上,倒是他影响我更多,尤其是在看待医生职业这件事上。说实话,因为少年时的经历,我对医生这个行业欠缺好感。我时常要和医生打交道,在医院里见识了形形色色的医生,总体印象欠佳,医生斥骂病人是常事,更别提要红包和礼物了。

杨医生生在新时代,和沉重破败的过去,似乎少点儿瓜葛。他非常勤奋,要学习,要应对学生会的工作,还要读书和看电影,时间被占得满满当当。到了假期,还时常被学校选去带夏令营。后来,我看了他写的东西,觉得非常好,建议他多写,正巧他在几次活动中认识了一个编辑,就开始给他们写文章,医院里的趣事,自己的人生故事,一篇两篇的,稿费竟然也能替他应付一点儿开支。

临床实习前,他的父亲给他留言:"心爱的儿子,在新的环境里,你要用仁爱之心对待每一位患者!医院的任何工作一定要做到精细,不能出一点儿错误,因为天大的事没有生命重要,对患者要像亲人一样,用你的爱心、耐心去关爱,不能发一点儿脾气。不能把你个人的不愉快带到工作中去,愿儿子成为一个真正的白衣天使。"他的老师送给他一句话:"医学不是神学,但医学赋予了我们神职。"

进了临床,杨医生总算离真正的医生近了,我从他那里了解到的医生故事,也越来越多。他基本上全年无休,每天上班超过十个小时,连续上班三十六个小时也是常事。

"'每当你们需要安慰和鼓励的时候,就请重复:一切都会好的,一切都会遗忘的,一切都会解决的。'这是我刚进大学那会儿,摘抄最多的一本书《生活的艺术》里的句子。该书不厚,就一本小册子,作者是法国的安德烈·莫洛亚。"

我向他求证那些与医院有关的可怕传闻,例如,医生会拼命给你开抗生素,还有如果不给够麻醉师红包,他们会故意把药的分量减轻,让你在手术中醒来痛个半死。他大吃一惊,给我详解现在的医疗制度,这些情况基本都是不可能的。至少,我们在一线接触到的医生,都是和我们一样的受苦人,没有机会折腾这些幺蛾子。

去年夏天,他毕业了,他去了妇科医院工作:"粗略算下,除去双休,我的医院一周至少要做200例人流,一年下来怎么也得10000例。试想,那些进了下水道或被埋入地底的生灵,成了一只只会发光的萤火虫,不爱说话,浮在河面上,远观尽是一片幽森冥火。"

因为杨医生,我改变了打量医生的目光。有次去看病,坐门诊的女医生时时用手扶着腰,我仔细看了看,才发现她是挺着大肚子来坐

最漂亮的话

□郑小武

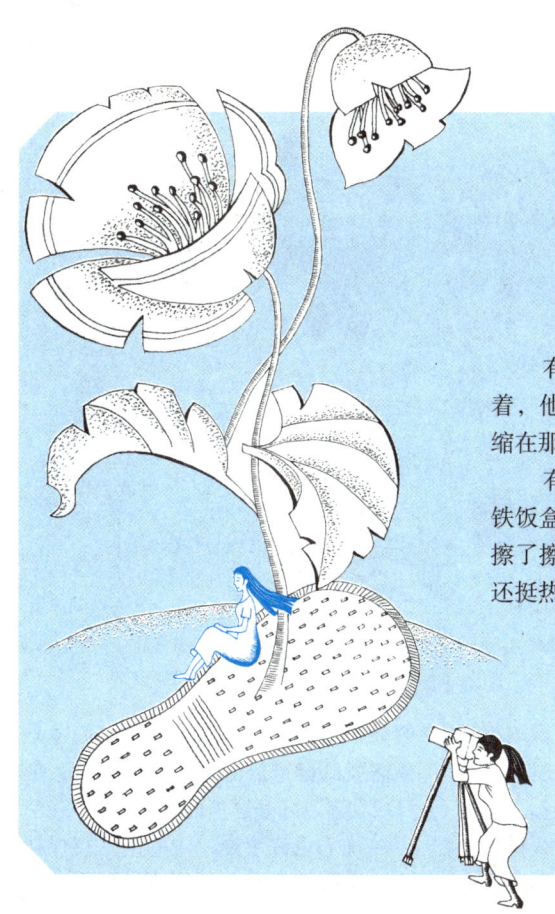

有一个修鞋摊子，连个棚子也没有，师傅就那么在树下的地上坐着，他患有侏儒症。我每次回家都能路过那里，他的生意还挺多，总是缩在那里埋头给顾客修鞋。

有一天下午两点多，我拎着鞋过去，结果看见他坐在那里捧着一个铁饭盒吃饭，套袖没摘，腿上还盖着毡布。见我过来赶紧放下饭盒仔细擦了擦手，对我说："快，姑娘，站树荫底下，我快点儿给你修，外面还挺热的。"

他用不大的手顶着粗针上下翻飞，修好后还认真帮我擦了擦鞋面。最后，他收了我两块钱。这个时代两块钱能买点儿什么？我收好鞋子谢了他转身走，听见背后正在端起饭盒的他说："嘿！爷们儿我今儿真棒！"声音里带着笑意和鼓励，以及让人无法拒绝的满满诚意。

世界上最漂亮的话，干吗不说给自己？

诊的。了解医生，不需要有医生朋友、医生家人，你只需要知道，他们必然也是别人的朋友、别人的家人，就已足够。

我也不再相信年纪大的医生更有经验和耐心的说法。不论是自己去医院，还是给家人求医，我都只找五十岁以下的医生，家人动手术，众多医生里，我认定的是一个生于1971年的医生，因为他穿牛仔裤和球鞋，言辞恳切。我还特意加了他的微信，看到他朋友圈转的歌是Sting（史汀），我知道，他是新人，是能够对世界说情话的人。

我已经放弃了旧日世界，不再争辩，也不再反对，我全心全意拥抱新世界，在这个世界里，生病依旧不是幸福的事，但幸运的是，你可以得到一个像杨医生那样，看过《死亡诗社》《奇鸟行状录》的医生的照管。

他们未必信神或者佛，但他们有信仰。

他们肯对这个世界说情话。

有一次，在我的电台节目里，有个女孩子连麦，跟大家讲了她的经历。

她在电视台工作，长得好看，穿着光鲜，结果被坏人盯上了，这个坏人是个年轻男孩子，穷途末路，想做点儿什么，做什么都可以，他绑架了她，囚禁在一间房子里。

此后的三十六个小时里，她一直在和他沟通，听他倾诉。他终于平静下来，结果，在谈到他被女朋友抛弃的经历时，他又被刺激到了，他用刀在她的腿上划了一刀。她害怕伤口和鲜血引起"破窗效应"，进一步激化他的凶残，忍着痛继续和他聊天。最后她等到了解救。

我知道这个世界有多凶残、有多冷酷，只要了解一些金融知识，再关注几个金融账号，你就会知道这个世界的森严真相。但我们必须要用歌、小说、音乐、艺术，对这个世界说情话，所有的艺术，其实都是自作多情，是对人生的高估，是对光秃秃的人生进行的PS（图像处理），是面对残酷世界的情话。情话是热爱，情话是希望，只有不断说情话，才能缓解世界的凶残，或者在凶残之中，给自己引来微光微温。

所以我珍爱那些说情话的故事，例如《一千零一夜》，或者《悲惨世界》，尤其《悲惨世界》，那里面的年轻人，真是光芒万丈，当然，即便是年轻人，也会老去，比如马吕斯，也在战斗中迅速衰老，被虚无感征服，但他和珂赛特的后代，还将继续成长。

我珍爱那些对这个世界说情话的年轻人，生理上的或者心理上的年轻人。他们就是相信，只要善待这个世界，这个世界必然不会亏待他们；他们如果用画笔用想象，把这个世界打扮得五彩斑斓，这个世界，就必然不是荒凉一片。

这个世界，在大火、地震、山洪和杀戮中，还能让人愿意停留下去，就是因为这些说情话的人吧。

这些说情话的年轻人，真是亏待不得，他们就像蒲公英，最娇柔地相信，在稍纵即逝的春光里，最深挚的热爱，藏在转瞬天涯的年华中。

比惨不如比狠

□陈立飞

周星驰版《唐伯虎点秋香》的桥段里，周星驰和另一哥们儿为了进秋香府上，相互比谁的人生更惨。最后那哥们儿用木棍把自己敲死了，并仰天长啸——谁能比我惨。

选秀节目里，有些选手诉说自己辛酸的经历，一路的不易，一定配上煽情的背景音乐。

我的内心戏经常是——老比惨多没劲，有种比谁对自己狠呀。

前段时间看《欢乐喜剧人》，一周推一个新节目，创作压力巨大，摄制组最喜欢记录各位喜剧大咖们在准备节目时的痛苦桥段来娱乐大众。岳云鹏最苦，眯着本来就不大的小眼睛，说两天两宿没睡觉了，吃饭都是催对方吃快点儿；另一组说太兴奋了，三个小时后就能吃早餐了，好开心；开心麻花们说："我们要搞笑，我们不睡觉。"

不是比谁惨，而是比谁对自己更狠。这个卖点我喜欢。

我老觉着，这个世界，一般取得些更高成绩的人，都是那些敢对自己下狠手，甚至有些"自虐"的人。一个人可怕的不是有多努力，而是可以持续那么久。

小李子奥斯卡陪跑22年，2016年终于拿到了小金人；为了拍《荒野猎人》，变肥变邋遢，和熊搏斗几乎一镜到底，这是什么，这是为艺术献身啊。我个人觉得吧，为了艺术去减肥，值得欣赏；去增肥，太难以接受了，好不容易拥有的六块腹肌却要人为地变得圆滚滚的，这太残忍了。一个人为了梦想，怎么可以这么拼？而且领奖的时候没有声泪俱下诉说这些年来的不易，依然是招牌的笑容，让大家多关注气候变暖——全程无笑点啊。小李子那一天真配得上全世界的赞美，朋友圈被他刷屏也是乐意。不是为了一部《荒野猎人》，而是致敬这些年来每一部作品他所表达的尽心尽力。

自己在香港的时候，天天跑去公寓楼下的健身房锻炼，什么卷腹，杠铃深蹲，椭圆机，跑步机，想着自己未来某一天穿衬衫肚子上没有凸起的弧线，而且只挑修身款的，去年就在说着等身材再好一些的时候，就去定制一套西服……现在过去半年了，估计得定制个加大码的了。

而且我会注意到一种现象，在健身房里经常碰到的熟悉面孔，往往都是那些身材好，有肌肉的。这边某男胸肌隆起，六块腹肌分明，颜值爆表，痛苦地做着腹肌撕裂；那边某女前凸后翘，腿形修长，扎着马尾，在跑步机前挥汗如雨。整个健身房，几乎是猛男靓女的秀场。他们体形已经够好，仍然对自己够狠。而身材不好的人，可能只占到20%，而且，流动性往往很大。所以，新面孔往往是些吭哧吭哧立志要锻炼减肥，像我这般的loser（失败者）。虽然说他们才是最需要到健身房的人，但现实是，健身成功者，才是这里的常客。

优秀也许不难，难的是一直保持这种优秀的状态。就像鸡汤所说——优秀，是一种习惯。

我在给香港研究生毕业的年轻人，或者在校实习生培训的时候，经常放在嘴边的一句话是，在香港这类一线城市，你如果还用你老家的那套努力程度来要求自己的话，过个两三年，你一定会陷入窘境，面对巨大的生存压力。

香港的房子本来就贵，非香港永久居民，还要交22.5%的税，800万的房子，交200万的税。去年深圳的房子已经涨疯，上海这个月又开始疯涨。女孩子还真有二次选择，可以嫁得好，男人如果不是富家子弟，就真完了，肯定要淘汰出城。所以，要么努力快点儿挣钱，要么努力快点儿成长，然后价值高位变现。这几年完不成资本或者自我价值的原始积累，就只能一直在路面爬行，无法完成人生或职场第二轮的起飞或转型。这点就像融资，不能迅速拿到A轮融资，就肯定出局；拿到了A轮，相当于完成原始积累，能不能活下去不知道，但至少有资格上牌桌，能和对手比画两下了。

你不对自己下狠手，这个世界就会对你下狠手。

人情银行

□ 辉姑娘

我在圣莫里茨度假时，偶遇一对来自日本的中年夫妻。

他们住在我的隔壁。每天早上，妻子都会早早起来去餐厅拿丈夫爱吃的早点——热牛奶、麦片、烤好的面包，然后端进卧室给丈夫吃。两个人看起来很恩爱。

他们出门散步，丈夫的鞋带开了，妻子蹲下帮他系好。丈夫不曾说谢谢，没有丝毫的不适应，妻子也没有任何的不自然。

临走前一天，我们去跟他们告别。因为时间太早，丈夫还在睡觉，妻子出来向我们致歉，祝我们一路平安。

她说："很抱歉这段日子没跟大家多交流，因为这是我们的离婚旅行，所以两个人都想好好享受最后的时光。"

离婚旅行？我们大吃一惊。我问她："为什么要离婚？你不爱他了？"

"不，我爱。"她摇摇头，"但是我累了。"

"你们看起来感情很好。"

她笑："你们都看到啦，这么多年我一直这样照顾他，但是他从来都只会给我经济上的补偿。忽然有一天我发现不想这样坚持了，也想找个人关心我，至少对方会在我付出之后给我相等的回报。"

她向屋子里望了一眼："女人都是'信用卡'，这张已经被他透支过度，现在强制注销了。希望他有好运气，可以找到下一个愿意为他'透支'的女人。"

仔细想想，她的比喻颇妙。不只是男女，每一段人与人的交往都如持卡人与信用卡的关系。

父亲的一位朋友遇上了一桩经济官司，他知道父亲的一位同学可以帮他解决问题，便向父亲求助。出乎意料的是，一向热心的父亲拒绝了。

我问父亲为什么拒绝，他说："因为终归要还的。"

我不甚明了，请他解释给我听。

他说："那位同学与我此前没有任何利益纠葛，是纯粹的同学之谊，但我们的地位有很大的差距。固然我开口了，他愿意帮这个忙，可我要用什么来偿还？他要的东西我给不起，我给得起的他不需要。"

他说："人情就是欠款，还不起就不要借——因为终归要还的。"

"因为终归要还的。"这句话多年来常常在我脑海中浮现。每次在我想向他人开口求助的时候总要想一想：是否有资格借？是否还得起？如果还不起就会像那笔一直挂在银行的烂账，每每看见就揪心。

有段时间，我身陷困境，万般无奈之下打电话向朋友们请求帮助。结果那些我曾经帮助过的朋友都杳无回音，只有一个曾经帮助过我的朋友再次伸出了援手。

那件事之后，我明白了一个道理：帮助过你的人会一直帮助你，你帮助过的人却不一定会帮助你，大部分人在乎的是自己曾经的付出。

如果你曾为了让一个人高兴，深夜给她买过一包糖炒栗子，那么你会为她在雨天送去一把伞，因为她对于你来说是重要的那个人。

在人际交往中，这种利益并不仅仅指金钱，更指情感。既然对方已经是自己人，那么再多些付出也无妨。

你怎么知道人家早下班了

□ 刘墉

有一阵子我在台北的办公室非常忙，经常加班到晚上七八点钟。

有一天晚上将近八点了，我发现有一家新成立的公司似乎可以合作，就叫助理拨电话过去。

我助理一笑，说："刘老师，你知道现在几点了吗？人家早下班了。"

我问她："你怎么知道人家早下班了？"

助理说："当然，现在都八点了，只有我们还在加班。"

我又问她："既然我们能加班，为什么别人不能加班？"然后，坚持叫她拨电话。

电话居然通了，我喜出望外，先幽默地说："真不简单，你们还上班哪！"对方也很幽默地说："是啊！你如果不认为我还上班，怎么可能打电话过来呢？你也在上班吗？"

结果我们发现双方都是很拼命、很讲求效率的。接着谈合作，居然两三下就谈成了。

再说个故事：有一天我一个人在办公室写稿子，突然电话响了，接起来，是个学生打来的，想邀请我到他学校演讲。

因为被打断了写作的文思，我有些不高兴，问他："你知道现在几点钟了吗？你怎会想我还在办公室呢？"

学生说："因为白天打电话，您的秘书都说您不在，我就试试晚上打，说不定走运，您会在。果然找到您了。"

结果，我因为那阵子忙，本来已经不接演讲了，这学生锲而不舍的精神感动了我，我居然答应了。

我提这两个打电话的故事，是要说：世界上能够异军突起、有了不得成就的，往往是那些"明知不可为而为之"的人。所以西方有句谚语——"最大的冒险，是不敢冒险"。许多人失败，不败在他没能力、没经验，常败在他不敢尝试。甚至像前面我提的助理，在我要尝试之前，先很武断地说："人家早下班了！"

相信大家都读过《论语》里孔子的"毋意、毋必、毋固、毋我"，意思是不要臆测、不要武断、不要固执、不要什么事都以自我为中心。

当你该打电话的时候，你不打，还找借口，说人家一定下班了，就是臆测和武断。当你发现自己先前的看法错了，还坚持不改变，就是自以为是的固执。

要知道，很多领导人都是屡战屡败，又屡败屡战，化不可能为可能才能成功的。他们看事情的态度非常积极。

当他打算外销鞋子到落后地区，如果你说："不可能成功的，因为那边人都不穿鞋子。"他会很反感地问你："为什么不说？那是太好的市场了，因为大家都没鞋子穿！"

再举个真实的例子：

有一天我跟一对夫妻去吃日本料理。丈夫说他要喝咖啡，还没问服务员，太太已经笑了："老公啊！你是吃日本料理，人家只有茶，不会有咖啡的。"

丈夫反问太太："你不问，你怎么知道？说不定就有。"

接着，把服务员叫来问，果然，有咖啡，而且很快就端上来了。那太太挺尴尬，问服务员："奇怪了！我记得不久前到你们这儿来吃饭，我要喝咖啡，你们说只有茶，没咖啡，为什么今天有了呢？"

那服务员说："就因为上次您问咖啡，我们没有，想到可能有些客人需要，所以立刻进了一套煮咖啡的机器。"

这件事，给我很大的启发。那丈夫是"明知八成没有，还要问"。太太是"想必没有，认为不必问"。餐厅是"既然客人有需要，就不能固执地坚持日本料理不卖咖啡"。

那不正是"毋意、毋必、毋固、毋我"最好的例子吗？

这让我又想起在一本美食书上谈到的真实故事——

有个公司以重金招聘两位创意人才。从几百位应聘者当中，选出了四个人，每个人都有非常好的学术背景和专业经验，让这公司的老板很为难。老板决定再跟这四个人吃饭，聊聊天，感受一下哪两个比较适合。

四个人都点了牛排。没多久，牛排端上来了。其中两个人先撒了一些盐，才开始吃。另两位则先吃了一口，才拿起盐罐撒了些盐。

就从这个撒盐的动作，老板决定了他要的人。

各位猜，是哪两个？是牛排上来，没吃，先撒盐的，还是尝一口，才撒盐的？

答案是，后者。

长大成人怎么这么艰难啊

□ 陶瓷兔子

这两天在看秋微的《女少年》，忽然就想起我妹妹在她18岁生日那天许下的那个愿望：再也不要回到童年。我很不解，她摆出一副特别老成又沉重的表情说："因为长大成人太艰难了，我再也不想重来一遍了。"

我们全家人为她这样的回答惊掉了下巴，还讨论了好几个小时，努力回忆她小时候究竟受了什么委屈、遭了什么困苦，以致让她跟童年结下了如此深仇。

妹妹说："我小时候爸妈常吵架，姐姐出去玩也不带我，我连自己早饭和午饭的内容及头发的长短都不能决定，太憋屈、太无助了。"妈妈忍不住接了一句："你也太矫情了吧？比起我们小时候吃不饱、穿不暖的日子，你都不知道自己过得有多幸福！"

妹妹也笑笑，说："其实想想，有些小事在现在看来并不算什么，但是以前连被老师批评一句或者被要好的朋友冷落都觉得天塌了。我小时候内心真的很脆弱，想得太多，能做的却太少。那种无助感，我再也不想重来一遍了。"

女友也感慨："长大了之后，明明坚硬强大得刀枪不入，却没有了小时候那种细腻又敏感的情绪。说是时光弄人也不过分，我们处在最让人束手无策的年龄，却拥有最丰沛的感情和最脆弱的内心。"

我有一位朋友，加入了一家致力于改善儿童生长环境的非政府组织。有一次聊天，她讲起一个杭州小姑娘的故事。这个小姑娘的爸爸是个酒鬼，没有工作，喝酒喝得不高兴了就对她随意打骂。小姑娘的妈妈一个人赚钱养家，看到她身上的伤，最多说一句："他喝酒的时候你不会离他远一点儿吗？"她心里的伤她妈妈却看不见，又或许即便看见了，也束手无策。

朋友拜访了好几次，无一例外，每次都被她爸爸赶了出来。那个小姑娘经常眼巴巴地看着别人的爸妈跟孩子亲密地在一起玩，露出那种带点自卑的、怯懦的、羡慕的神情。朋友对她说："长大之后生活会好一些的，你什么都别想，只要好好地长大成人，然后你才有机会改变，才有机会离开这个家。"

总有一天，这个小姑娘会像我们一样，心底坚硬得如同水泥地面，再也不会为了一点儿小事而流泪，觉得世界末日即将来临；她也会像我们一样，变成一个有着完美面具可以掩盖千疮百孔的人。

我的另一位朋友，15岁就被爸妈安排到美国上学。她一个人背井离乡，语言不通，每一天都过得特别孤独，又因为孤独而如履薄冰。她像个年纪轻轻就被锁在深宫中的少女一样，数完了所有的地砖，数完了墙上所有或大或小的瑕疵，很多个夜里，听着外面的风雪声和自己的呼吸声，觉得下一秒钟就会寂寞得发疯。这还不包括房东的刁难，同龄孩子的孤立和嘲笑，深夜听到枪声时的惊惧惶恐……如今的她，已经成为人人羡慕的华尔街金融界精英，聊起从前，她也会像我妹妹那样感慨："再也不想重来一遍了。"

总会有人问这样令人伤感的问题："如果能回到过去，你最想回到什么时候？"我答道："我不想回到过去了，我更想去未来。"

长大成人多好啊！拥有选择，获取力量。懂得梳理自己的情绪，从容面对生活中突如其来的小插曲。不再像个小白兔似的动辄红了眼睛，不再像惊弓之鸟似的一惊一乍，不再像土拨鼠似的卑微怯懦。披荆斩棘走过所有的艰难，跌跌撞撞长成自己的模样。

最像噩梦的旅程

□任家萱

那场爆炸事故发生后，我受伤的总面积是54%，54%的烧伤等同于只有46%的存活概率。那时候因为要动手术，会注射吗啡。注射了吗啡的症状是一下昏睡，一下清醒。我在痛的清醒跟昏睡的噩梦之间，总是可以听到爸爸的声音。

爸爸就坐在病房角落的左边，那边有一把椅子。只要我醒来了，他就会说："萱萱，爸爸在这里，没事没事。"他那个非常坚强、坚定、很雄厚的声音，即使在昏沉的时候，我都听得到。那是让我觉得可以抓住的力量，让我觉得我还活着的声音。

那期间我需要大量的蛋白质和维生素，可是痛的感觉已经占据我的全身了，我根本就食不下咽。爸爸亲手把肉切成一小块一小块，一口一口喂我吃。

有一天，我看着他切水果的背影，突然觉得他瘦了一大圈。而且爸爸一向像军人一样很挺的背，在那一秒钟也驼了。因为那时候爷爷已经住院一年多了，那边不时地发出病危通知，所以爸爸是我这边、爷爷那边两家医院来回跑。有一天，他边切水果边淡淡地说："爷爷可能差不多就这一两天了。"他继续切水果，我就觉得很心痛，因为我想到：他爱他爸爸就跟我爱我爸爸一样，可是他的爸爸可能就这一两天了。

出院之后，我爸爸的坚强还一直陪伴着我。我手背因为有伤，需要做复健，爸爸一节一节地弯我的指节，弯到可以握拳之后，再用绷带把它缠起来固定住，维持5到10分钟。我的双腿环状全毁，所以膝关节跟踝关节都需要复健。最困难的功课是蹲下、跪下。当我没有办法这样做的时候，我得趴着让同事帮忙。

疤痕是会不断增生的，为了抑制它的增生，我必须要穿有一点儿紧的衣服，甚至有一段时间我还戴了像蜘蛛侠一样的面罩。但是在做复健的时候，它反而容易摩擦到皮肤，皮肤很容易因为做复健而磨出水疱。还有一个我最不能适应的，就是我身体会不由自主地抽痛，那种感觉很像突然有人用电击棒电你。

我每天做一样的复健，但是每天都没有进步。那个时候，我开始变得很沮丧、很负面。

有一次我在公司做复健，我耍赖了。我一直说"我不想做复健，我不想做复健"，然后跟同事们聊天。爸爸那时候就对我说："你可以，你可以。"我就尖叫："我不要做复健！我不想做复健！"爸爸就像军人一样大喊说："你——任家萱是我的女儿，所以你一定可以！"他逼着我跟他一起喊："我——任家萱，我做得到！我任家萱，我做得到！"

喊到后来，我已经泣不成声了。然后我看见爸爸擦着他眼角的泪水。

虽然他这样鼓励着我，但还是没有办法阻止我掉进很愤怒、很怨恨的深渊。我怨恨我身边每个人，我怨恨我身边每个没有阻止我去拍戏的人，我特别怨恨的也是我最爱的人——我爸爸。我甚至没有办法面对他。

Hebe（田馥甄）跟我说："我们都没有100分的父母，可是生育养育之恩，我们千万不能忘。"

就是听她淡淡地跟我讲了这句话，我就决定：好，我不要再逃避这个问题了。我当着爸爸的面告诉他，我为什么怨恨他。因为我爸爸的口头禅——感恩。

就是"感恩"这两个字，让我觉得非常刺耳。我有什么好感恩的？我一点儿都不感恩。所以我那时候当着他的面，一直控诉他、指责他。他什么都没有说，也没有骂我，就是一直点头。最后他说："我知道了。"

我现在想起来觉得我很不孝。那时候的我，仗着他的坚强，欺负了他的坚强。

后来等我渐渐康复之后，我才了解到：我的爸爸，他的心里比谁都痛，比谁都不甘，可是他要当我的前锋，他一定要很坚强，一定要很宽容。他要告诉我：你一定要放下，要勇敢。他不让自己倒下，所以我没有任何理由放弃。

这期间我渐渐地感觉到，我的身体一直不断地进步。我可以站着刷牙了，而一开始我只能坐着。我甚至做了一件我受伤以前想都没想的事情：我参加了10公里马拉松。而爸爸竟然在中途给我惊喜，我看到他的时候，又痛哭了。

这段过程我学到了很多，也想跟大家分享。我希望你们不用经历这些，就可以学会我学会的。

人生的路一定有很多的困难跟挫折，想不开或者是很沮丧的时候，可以想想我的故事，想想我遭受的这一切。我努力地走过来了。所以即使你们遇到困难，也千万不要放弃。

每天都冒一点儿险

□ 毕淑敏

你希望自己有活力吗？你期待着清晨能在对新生活的憧憬中醒来吗？有一个好办法——每天都冒一点儿险。

"险"有灾难狠毒之意。以前是躲避危险，现代人多了越是艰险越向前的嗜好。每天都冒一点儿险，让人不由自主地兴奋和跃跃欲试，有一种新鲜的挑战性。我给自己立下的冒险范畴是：以前没干过的事，试一试。当然了，以不犯错为前提。以前没吃过的东西，尝一尝，条件是不能太贵，且非国家保护动物。

可惜眼下冒险的半径范围较有限。清晨等车时，悲哀地想到，"险"像金戒指，招摇而靡费。比如到西藏，可算是大众认可的冒险之举，走一趟，费用可观。又一想，早年我去那儿，一分钱没花，还给每月6元钱的津贴，因是女兵，还外加7角5分钱的卫生费。真是占了大便宜。

车来了，在车门前挤得东倒西歪之时，突然想起另一路公共汽车，也可转乘到校，只是我从来不曾试过这种走法，今天就冒一次险吧。于是扭身退出，放弃这路车，换了一趟新路线。七绕八拐，挤得更甚，费时更多，气喘吁吁地在差一分钟就迟到的当儿，撞进了教室。

可是我不悔，改变让我有了口渴般的紧迫感。一路连颠带跑的，心跳加速，碰了人不停地说对不起，嘴巴也多张合了若干次。

今天的冒险任务算是完成了。变换去学校的路线，是一种物美价廉的冒险方式，但我决定仅用这一次，原因是无趣。

第二天冒险生涯的尝试是在饭桌上。平常三五同学合伙吃午饭，AA制，各点一菜，盘子们汇聚一堂，其乐融融。我通常点鱼香肉丝、辣子鸡丁，这天凭着浮夸的菜单，要了一盘"柳芽迎春"，端上来一看，是柳树叶炒鸡蛋。叶脉宽得如同观音净瓶里洒水的树枝，还叫柳芽，真够谦虚了。好在碟中绿黄杂糅，略带苦气，味道尚好。

第三天的冒险颇费思索。最后决定穿一件宝石蓝色的连衣裙去上课。要说这算什么冒险啊，也不是樱桃红或是帝王黄色，蓝色老少皆宜，有什么穿不出去的？怕的是这连衣裙有一条黑色的领带，好似起锚的水兵。

为了实践冒险计划，铆足了勇气，我打着领带去远航。浑身的不自在啊，好像满街的人都在议论，仿佛在说：这位大妈是不是有毛病啊，把礼仪小姐的职业装穿出来了？我极想躲进路边公厕，一把揪下领带，然后气定神闲地走出来。但为了自己的冒险计划，还是咬着牙坚持下来。走进教室的时候，同学友好地喝彩。老师说："哦，毕淑敏，这是我自认识你以来，你穿得最美丽的一件衣裳。"

三天过后，检点冒险生涯，感觉自己的胆子比以往大了点儿。有很多的束缚，不在他人手里，而在自己心中。别人看来微不足道的一件小事，在自己这儿，也许已构成了茧鞘般的裹胁。突破是一个过程，首先经历心智的掏、禁，继之是行动的惶惑，最后是成功的喜悦。

□ 世其

提醒

人类历史上，危害最大的疯子都是由胜利和成功所致。因此，古罗马曾有一个很好的传统——每当一个获胜的将军凯旋之时，成千上万的群众夹道欢呼，鲜花礼物乃至金钱纷纷来袭，有一个人会走在后面，提醒将军说：不要被那些人所欺骗！否则你将发疯。

想不开的时候，就跑步

□ 冯唐

我第一次知道马拉松是个什么东西的时候，我就认定，马拉松是地球上有史以来最无聊的运动。

那时候我上高中，体育老师解释了一下马拉松是如何形成的，当时他一脸悲壮，当时我做了如下思考：

第一，要跑42.195公里。对于正常人类，意味着把左脚放在右脚前面，然后把右脚再放在左脚前面，如是，六万多次。

第二，要跑三四个小时。旁观的正常人类总觉得在阳光下跑三四个小时的同类恍惚像条狗，还补给，还吃喝，还口眼歪斜，还想东想西，还真不如狗。

第三，第一个跑马拉松的人，告诉雅典的父老乡亲，打了胜仗，然后，关键是然后，然后他死了。然后雅典的阳光依旧耀眼，狗依旧到处跑。

所以我在高中的时候就断定，马拉松和我没有任何关系，比体育明星、歌唱明星和我的关系还远。

我四十岁之后的某一天，忽然遇上一个很帅的瘦子，我叫不出他的名字。他说，我是阿信啊，我们曾经是同事。我使劲想，你原来不是个胖子吗？他说，我跑了很多马拉松，然后我每次过海关都要解释，护照照片里的胖子其实就是我。后来莫名其妙反复见到阿信，他每次都说马拉松，我实在烦了，定下一条原则，每次只给他十分钟说长跑这件事儿。阿信每次被硬性阻止的时候，眼神迷离，不知道眼睛该往哪儿放，不知道舌头该往哪儿去，我觉得他入了跑步教。总结他多个十分钟说的东西，如下：

第一，慢速长跑能让人快乐。每次跑到不想再跑一步，心里的潜意识都告诉自己，跑到终点，等着你的就是非常有成就感的愉悦。

第二，慢速长跑能让你独处，效果类似参加静修。你跑了一阵之后，你就不想说话了，天高地迥，你就想放下心里的一切，一步一步活着跑到终点。

第三，慢速长跑是人类最大的优势之一。人是自然界最能慢速长跑的动物，原始人就是靠慢速长跑，捕获了一个又一个大猎物。人类在创造蒸汽机和互联网之前，就是靠慢速长跑、辨认足迹、集体协作和偷喝果子酒，算计了一个又一个猛兽。

二〇一五年五月，我一个中学的朱江师弟赞助了一个要在一百天里连续跑一百个马拉松的疯子陈盆滨，风雨无阻，从广州跑到北京。师弟说，好多疯子都陪他跑了，你也陪他跑一程吧，我想也没想，就说，好。我好胜心作祟，心想，不能丢脸。我不知道陪跑可以从三公里到全程都行，以为既然跑了，就是全程。于是和阿信说，救我，我只有两个月的时间，告诉我如何训练。

阿信用了少于十分钟的时间给我安排了一个训练计划，安排快递给我送了一块运动手表、几件跑步衣服和一个需要紧贴胸部的心率带。他说，时间短了点儿，但是你天赋异禀，或许不会死。

我穿了跑步衣裤，我戴了跑步手表，我勒上心率带。第一个五公里在北京龙潭湖，绕湖一圈二点七公里，我跑了接近两圈，龙潭湖的西侧有座袁崇焕的小庙，我跑到那里，静静想了想，他被凌迟前，想了什么。第一个十公里在厦门，海边跑道平坦，周围标语都似乎为了对岸能看见，十公里，我竟然只跑了一小时，我意识到，我潜能无限。第一个二十公里在纽约曼哈顿岛，我参加完书展，睡不着，用跑步倒时差，从下城的酒店跑到中央公园，绕湖两周，再跑回下城。第一个三十公里在北京奥森公园，大圈跑了三圈，三十三公里，我瘫在公园门口，一心想死。带我跑的宋海峰说，你可以跑全马了。

从河北地界开始，和陈盆滨跑了半马，跑到延庆境内的山里，他问，你还跑吗？我说，谢谢你陪我二十公里，你放开跑吧，我到最后五公里陪你。

我第一个全马是在法国波尔多跑完的，喝完、跑完，领完奖牌和一瓶胜利酒，我坐在马路牙子上，慨叹生不如死。旁边一个小孩子拿着手机狂打电子游戏，偶尔斜眼看我，我听见他的心里话："你傻啊。"

我忽然坦然，忽然明白了，人生其实到处马拉松，特别是在最难、最美、最重要的一些事情上。

比如，职业生涯。我第一份工作是麦肯锡管理顾问，

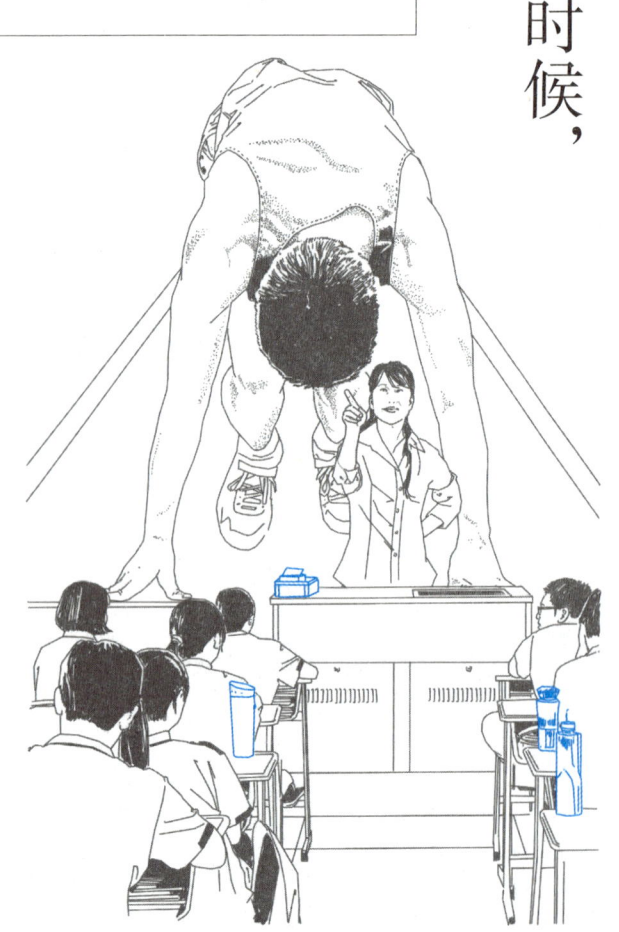

世界如此美妙，凭什么你要受苦

无臂赛车手极速追梦

□ 李 静

1987年，他出生于波兰。从小受哥哥影响，他渐渐迷上了赛车，梦想着长大后可以成为一名职业赛车手。就在他按照既定目标一步步前行时，一场猝不及防的意外毁了他原本明丽的未来。

20岁那年，他和哥哥约好去看一场赛车比赛，路上，他只顾加速，就在通过一个路口时，他违规猛冲出去，与一辆大货车相撞。醒来时，他很庆幸自己的生命还在。可下一秒，他却发现生不如死。为了保住生命，他被截去了双臂。就在那一瞬间，他的梦想戛然而止了。

他终日眼神空洞地望着天花板，不敢再想与赛车有关的一切。

一天，邻居家的小男孩在院子里把玩一台收音机，无意中碰到了音量键。刺耳的声音毫无保留地将一条新闻灌进他的耳中。内容是一个马拉松选手在比赛途中小腿抽筋，他本来是冠军的有力竞争者，可突发的意外让他与奖牌失之交臂。

听到这儿，他不禁轻轻叹了口气，感叹命运的无常。令他没想到的是，这条新闻并未结束，马拉松选手在明知失败的情况下，仍未放弃，而是忍着疼痛奔跑到了终点。

他心中早已熄灭的梦想的火焰在这一刻重燃，他陡然发现，马拉松选手可以放弃奖牌，但绝不会放弃奔跑到终点，而他虽然失去了双臂，但命运夺不走他追求梦想的初心。

他开始训练自己的双脚，让它们代替双手使他能独立完成生活中的琐事。在一次次失败，又一次次的坚持下，他的双脚被训练得越发灵活，他的生活开始变得有条不紊。

搁浅的梦想就在那时被重拾，他要凭借自己的双脚去驾驭赛车。这看似不可能的事，竟在他的不懈努力下，一点点实现。他学会了用脚操控赛车上的各种按钮和装置，也习惯了用双脚控制方向盘。3年后，他可以游刃有余地用脚驾驭赛车，并获得了国际赛车执照。那一刻，因为他的坚持，他的梦想终于璀璨绽放。

在车技日臻成熟后，他参加了欧洲拉力锦标赛波兰站的比赛，并成功跻身排名的上位圈。

这一成绩使他信心倍增，他决定向更高的目标迈进。

第一个障碍迎面而来。他首先必须练习需要赛车手不停换挡和使用手刹的漂移。这次挑战对他而言难度巨大。为此，他成立了自己的团队。

在成员们的帮助下，他对自己的赛车进行了全新改造。新的引擎和变速箱，以及专门改装了的挡位和手刹，都让他使用起来更得心应手。当然，他没忘加倍练习，以便更好地驾驭它们。

只要努力，奇迹一定会与你不期而遇。其后，他成功进入2014年欧洲"漂移之王"的比赛，并取得了不俗的成绩。他，就是巴尔泰克，世界上首位无臂赛车手。

没错，只要初心还在，命运永远夺不走你追求卓越的梦想。

我工作了两年之后，第一次到了升项目经理的时候，没升上去。我导师安慰我说，职业生涯是个马拉松。

我知道他和所有失败的人都这么说，但是我跑完了全马之后回想起他的话，我认为他是对的。

很多时候，短暂的起伏并非人力所能控制，诚心诚意，不紧不慢，做心底认为该做的事情，是最正确的态度。

比如，和亲朋好友的关系。从我出生到今天，我老妈没有丝毫改变，下楼买袋洗衣粉都心怀一副成吉思汗去征服世界的心情、遛个弯儿都要穿成一只大鹦鹉般斑斓。我跑完全马之后，意识到，她愿意炫耀就去炫耀，我不能配合至少不要纠正，我陪她跑到生命尽头就是了。然后挥挥手，让她在另外的世界开好一瓶红酒等我，等我静静地看她在另外一个世界像一只大鹦鹉一样斑斓。

比如，爱情。相遇不易，珍惜不易，但是更难的是相遇之后、不能珍惜之后，还是念念不忘，心里一直祝福。

人生苦短，想不开的时候，跑步，还想不开，再多跑些，十公里不够，半马，半马不够，全马。

毁不掉的优秀

□ 暗香疏影

2016年4月27日，在令人艳羡的鲜花与掌声中，她登上了"中国大学生自强之星"的领奖台；去年年底，她被保送至浙江大学硕博连读；她参与研发的科研项目屡屡在湖北省大学生创新创业项目中获奖。也许你以为她是青春靓丽、意气风发的幸运天使，但其实，她曾是一名被上帝遗弃的毁容女孩，她就是武汉科技大学大四学生王珊。

6岁时的王珊活泼可爱，可意外如噩梦般不期而至。一天，王珊正在厨房帮妈妈择菜，全然不知煤气正在泄漏。煤气接触明火，瞬间引发火灾。在客厅里的爸爸用板凳砸开厨房门，将母女俩救出送往医院。

王珊在医院里昏迷了十天，输氧两个月，才脱离生命危险。她的面部被严重烧伤，鼻尖缺损、双耳缺损、十根手指被烧掉一截。她在医院里住了整整一年，历经十多次整形手术，脸上的伤疤依然清晰可见，鼻子和耳朵还有残缺，缺损的手指需要每天做伸直运动。

王珊回到学校，同学们见到她大叫："鬼来啦！"吓得四散奔逃。她走在大街上，人们纷纷投来异样的目光。回到家里，她偷偷拿起镜子，看到一张可怕的脸，吓得把镜子摔得粉碎，坐在地上绝望地哭喊："像我这样的丑八怪，活着还有什么意思？"爸爸走过来递给她一本《名人励志故事》，说："不要太在意别人的看法，用读书来改变自己的命运。"王珊翻开书，看到轮椅作家史铁生与疾病和磨难顽强抗争，写下不朽著作；罗斯福不幸患上小儿麻痹症却逆袭为美国总统……这些蓬勃的生命之光，带给她无穷的信心和力量。她决定不再让父母操心，要活出自己的精彩。

在妈妈的帮助下，王珊学着用残缺的手指吃饭、写字、做家务。别人一只手可以拿住的东西，她要用两只手才能拿稳。撕透明胶时，短缺的手指使不上劲，她就拿着镊子，挑开小口子后再撕，她的手指不知磨破了多少层皮。每每看着一片血肉模糊，妈妈心疼得直掉泪。可王珊却微笑着安慰妈妈："一点儿也不疼。"通过不懈的努力，9岁时，王珊可以凭借自己的双手，独自做一桌饭菜了。

学习上王珊更刻苦。无论刮风下雨，她总是第一个到教室开始晨读，自习课上同学们忙着转段子、玩自拍，她却在书山题海中埋头苦战。因为眼睑外翻，眼睛经常干涩生疼，她看一会儿书，就不得不闭上眼睛，转转眼球，缓解疼痛。功夫不负有心人，2012年，王珊以优异的成绩考上武汉科技大学。

当同学们如飞鸟出笼，忙着挥霍青春时，王珊却顶着骄阳，挤上公交车，往返于武汉三镇开始当家教赚取生活费和学费。由于她手指残缺，握不住扶手，重心不稳，好几次摔倒在车厢里。大一时，老师和同学知道了她的难处，帮她申请了国家助学金，她却说自己能自食其力，把助学金让给了其他家境更困难的同学。虽然打工占用了大部分业余时间，但王珊的学习并未放松。每天早上，寝室的同学还在睡梦中，她就悄悄起床，背着书包到操场上晨读；夜晚，同学们关灯睡了，她躲在被子里，开着小

我还是那颗石头

□ 陈 坤

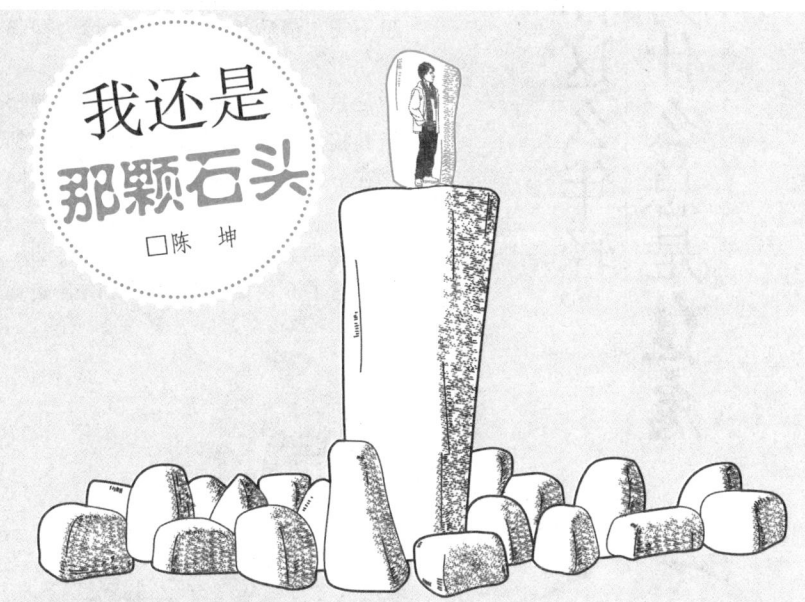

我在拉萨旅社的房间里休息,一个陌生人推门而入:"我来看陈坤。"我的助手拦住他:"对不起,这是私人房间,你不能随便进。""有什么不能进的?明星有什么不能看的?"

我在一旁自嘲地说:"进吧进吧,没事,这儿是动物园,随便看。"那人一听,真的就往里进。助手急了,把他推了出去。那人骂骂咧咧地走了。

从我成名以来,一直都在经历公众对我的"特殊待遇"。参加活动时有人推我,正吃饭时有人拉我拍照,在公众场合谈重要的事情时被打断,再有就是无休无止的猎奇与追问。也许在他们眼里,"明星"就像天上的星星,正因为够不到,所以每一个人都好奇,每一个人都想摘。

他们怎么也不相信,其实我就是一颗石头。

我曾经讨厌别人说我是"明星",弄得我好像"不是人"。时间长了我理解:人生就是这样的,得到一个东西你就会失去一个东西。

从我被冠以"明星"这个头衔开始,我得到了名气、财富、虚荣心。我享受过出去吃饭时大家说"那是七少爷"的虚荣感;享受过影迷蜂拥而至以及在网上投票人气第一名的快乐;也享受过被物质满足时,那种"有钱,真好"的心态。

但是,经过那段膨胀和迷茫的日子,走到今天,我才真正认清了明星的本质,也看清了名利的虚妄。作为一个演员,不管是谁,都只是各领风骚三五百日。这意味着什么呢?意味着你很幸运地尝试到了在高点的感觉,但那个高点并非真的属于你,有一天你也会失去它,所以它并非你生命的本质。

那么,生命本来的面目是什么呢?我们每个人都是普通人。你把名气、财富等身外之物统统拿掉的时候,"拿不走"的那个你,才是真正的你。

从这个层面上来讲,我也是个普通人,跟大家一样,也会生病,也会失恋,也会吃饭,也会贪便宜,也会承受着心里的痛苦,也会面对父母去世和孩子长大。普通人的担忧和快乐我都有,普通人身上的毛病和善良我也有。

不是故意要把自己说得多么高尚。我知道,我们每个人都是一块在宇宙中运行的石头,只是我刚巧被幸运之星撞了一下。

灯看书;周末,别的同学看电影、打游戏,她却默默地在实验室做着用硅胶"薄膜"导电测量脉搏、血压的实验,并攻克了所有难题,获得湖北省大学生创新创业项目金奖。

大四时,王珊以专业第二名的成绩顺利获得保研名额。她想申请浙江大学,可又怕对方看重外表。最后她鼓起勇气,忐忑地给导师发去一封邮件说明了自己的身体状况,并表达了自己的愿望和决心。没想到导师很快回信说他看重的是学生的科研素质、心态能力和培养潜力,其他的并不重要。导师的话给了王珊莫大的安慰和鼓舞。

去年年底,这个坚强勇敢、乐观自信的女孩终于如愿以偿地收到了浙江大学硕博连读的通知书。今年她又从湖北省推选的五名"中国大学生自强之星"候选人中脱颖而出,登上了光鲜亮丽的领奖台。面对镜头,她说:"上天可以毁掉我的容颜,却毁不掉我的梦想和信念,虽然没有靓丽的外表,但我依然拥有优秀的权利。"

泰戈尔说:"只有经过地狱般的磨炼,才能练就出创造天堂的力量;只有流过血的手指,才能弹奏出世间的绝唱。"重度烧伤女孩王珊用她的坚强和奋进证明了这点。

青年励志馆 最怕你一事无成，还安慰自己尚且年轻。

你这么年轻，为什么总是焦虑

□郝小洁

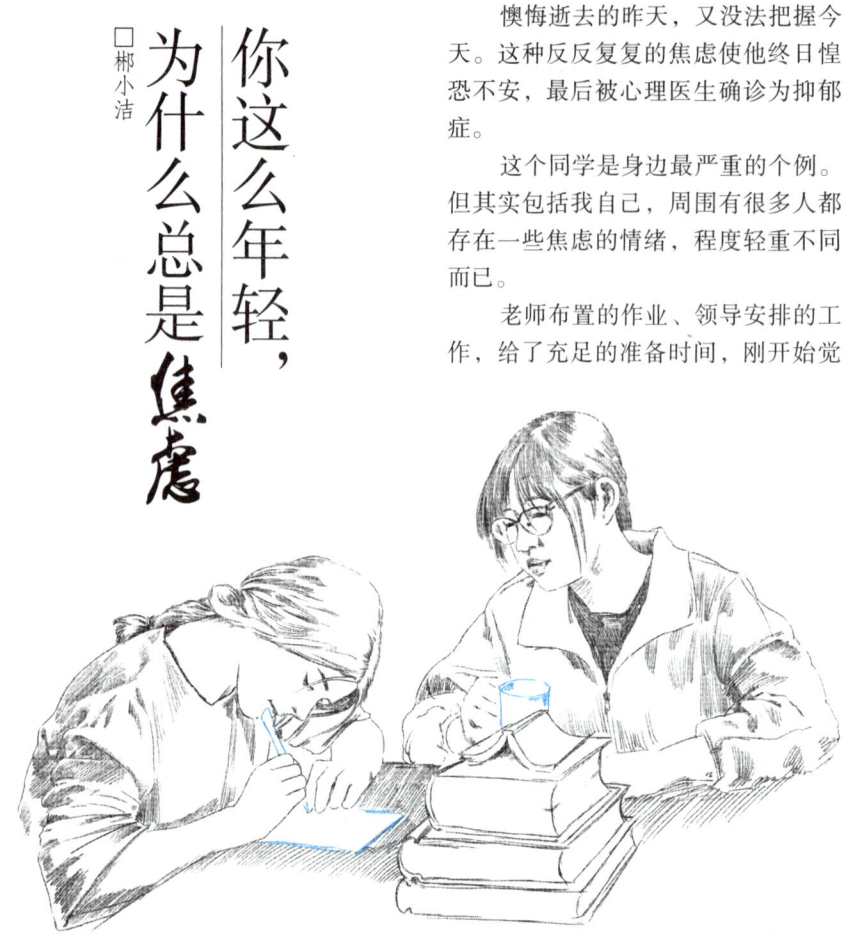

大四的时候，有个同学抑郁了。

他一年前决定参加研究生考试，制订了备考计划，买了很多考试用书，说了很多豪言壮语，准备继高考后再来一次艰苦卓绝的奋斗。

刚开始的几个月，他很努力，图书馆开门的时候他就到了，图书馆关门时他才走。可是过了一段时间，他去复习的时间越来越晚，离开图书馆的时间越来越早。又过了一段时间，他去复习的日子越来越少，等到快考试的最后一个月，索性不再去复习。

考研结束后，他告诉我，从决定考研到考试结束，他一直处在很焦虑的状态，即使最后他不再复习，每天玩耍，也很焦虑。

最初，觉得一切都刚刚开始，充满了干劲，自信满满。努力了一段时间，干劲消退，学习中的困难开始浮现，对复习的效果产生了不满，开始焦虑。和朋友出去玩，看电影，玩游戏，越放松越焦虑，越焦虑越无法学习，形成了恶性循环。

懊悔逝去的昨天，又没法把握今天。这种反反复复的焦虑使他终日惶恐不安，最后被心理医生确诊为抑郁症。

这个同学是身边最严重的个例。但其实包括我自己，周围有很多人都存在一些焦虑的情绪，程度轻重不同而已。

老师布置的作业、领导安排的工作，给了充足的准备时间，刚开始觉得不急，后来觉得难而不想做，等到最后一个晚上通宵去突击完成。总是把事情拖到最后一刻，这个过程却不快乐，反而很焦虑，在deadline（最后期限）即将到来的时候，这种焦虑感达到了顶点。

通宵完成后，焦虑感消失，想到早前那惴惴不安的样子不禁发笑——早点儿完成岂不是更好？

年轻时的焦虑，往往是对自己不满，却又无力去改变。

一是对自己当前的行为不满。明知道某种做法是对自己最好的，却偏偏不去那样做。明知道当前做的不是最该做的事，却偏偏停不下来。

背单词做习题"先玩会儿再干"，写工作总结"睡一觉再说"，吃饭都"等会儿再叫餐"。休息时间，你计划着看书、写作、练琴、绘画……再等一下吧，去看一下手机，结果一个晚上都在刷朋友圈、逛微博、玩直播、煲电话粥，或者只是躺着、发呆、不动。然而，这些你都不觉得快乐，因为大脑里一直有个声音催促你，去做应该做的事。而你在焦虑中依然玩手机、躺着、发呆。

最该做的事情往往不是很简单就能完成的，人本能就会逃避，希望做更容易的事或放松的事来寻求安慰，结果导致最该做的事情没有完成，从而更加焦虑。

二是对自己当前的状态不满。有的人年年拿奖学金；有的人工作没几年，工资节节攀升；有的人写作出书，去各地签售风光不已。

你本来也有这样的梦想，或许还曾和他们站在同一起跑线上，如今，你的梦想却依然只是梦想。你对现状不满，急于改变，又懊恼错过了最好的时机，害怕路上的艰难，迷茫不知怎么去实现。不满日益增加，焦虑如影随形。

你开始觉得自己很差劲，比不上其他人；变得很恐惧，害怕就这样度过一生；又很后悔，痛苦于自己浪费的时间和生命；还有无奈，很多事情无力去改变。

虽然你很年轻，但你总是焦虑。如何减少这种焦虑呢？

首先，你需要把握住现在。种一棵树最好的时间是十年前，其次是现在。

有时候我会想，如果时间倒带重新来一遍，我会是完全不同的样子吗？或许你不满现在的状况，但与其纠结过去，不如着眼于现在和未来。逝者不可追，唯一能把握的是现在，能追逐的是未来。

其次，做当前最重要的事。你周围或许围绕着很多事情，但一定要明确当前最重要的事情是什么。判断的原则，就看它是否符合你当前的计划和目标。

如果你是学生，当前最重要的事情必然是学习；如果你是职场新人，当前最重要的事情就是提升工作能力；如果你想成为一名作家，当前最重要的事情应该是不断练习写作；如果你想环游世界，当前最重要的要么是努力挣路费，要么是已经行走在路上。

当然，过程中总是会遇到不少阻碍。但你要知道，世界上最不费力的

生活本来很不易，不必事事渴求别人的理解和认同，静静地过自己的生活。心若不动，风又奈何。你若不伤，岁月无恙。

总是抱怨，总有抱怨

□吴君如

最近，我到一位厨师朋友的餐厅吃饭。当晚，餐厅的客人不多，厨师朋友做完菜后，便出来和我聊天。

"唉，真不知道生意该怎么做了。最近，我们这条街上开了好多家餐厅，竞争者愈来愈多，把这里的生意搞得愈来愈难做。"他说。

他抱怨了很多事情。比如，台北的上班族愈来愈穷，很多人是月光族，根本没有钱到外面吃几次饭。还有，最近几个月天气不稳定，雨常常下得很大，人们不愿外出吃饭。他还认为，老板不为餐厅申请信用卡付账，客人得用现金，这应该也是一个客人不愿上门的理由。

我听着他的抱怨，忽然想起半年前我来这里的时候，这家餐厅刚开业没几个月，朋友觉得客人没想象中多时也曾抱怨："唉，真不知道生意该怎么做，这条街上一家别的餐厅也没有，只有我们一家，客人不会专程过来，生意很难做。"

老天爷一定觉得，人类真难以讨好。只他一家很难"集市"，多来几家集了市，又怨叹来抢生意的人多。

我说，或许我可以帮他解决问题，如果他有财务报表的话。他拿来了，我看了一会儿，不久就发现一个问题："这里是上班区，你的生意在中午时挺好，但晚上不太好，不如在晚上削减开支。你看，你的店里晚上有5个工作人员，但是平均每晚来不到10个客人。如果晚班少请一些人，人力费用就少很多。"根据经验，一家餐厅，食材加上人力若超过总营业额的50%，就完全没办法盈利。他的餐厅竟超过60%，不赔才怪。

他立即反驳："老板也觉得我请人太多。可是，我是从五星级饭店出来的厨师，不多请几个人，没有面子。何况，有时晚上会有人订生日宴会什么的，万一客人忽然变多，我很难马上找人来支持。"

他不想变。我苦笑，知道自己不必再说些什么了。商业社会的数据都会说话，如果数据不够理想，一定有必须解决的问题。如果只知道怨天尤人，那么，你只能等着让问题解决你。

台湾有很多餐厅，开在更偏僻的巷弄里，照样高朋满座。如果你做得够好，总有人会不远千里而来。我曾经在某个暴风雨的天气里，冒着山崩石落的危险，到某个位于鸟不生蛋的郊区餐厅用餐，人家照样是"人满为患"。

我想告诉你，一个人如果一直怪来怪去，刚开始，他会过得很轻松，因为错都在别人身上。但他会活得愈来愈沉重。最糟的是，他会怪起自己的命来。怪命运最容易，因为天已注定，都不关自己的事。走到怪命运这地步时，就难以翻身了。

一个人的态度，决定他会不会找到光。如果他能心平气和地接受事实，并且想方设法改进，那么，他永远是一个值得期待的人。

事情，就是拖延时间。我们总是把重要的事情拖到最后，结果往往就是不了了之或者敷衍了事。所以，做当前最重要的事，拒绝拖延。

最后，坚持、坚持、再坚持。往往很多事情做了才知道困难，没做过反倒觉得很容易。

我们看到别人的成功、别人的光鲜与靓丽，却没有看到他们在背后付出的艰辛与努力，流过的汗水与眼泪。

在努力的路途中，有的人始终在原地，什么都没看到；有的人走了几步，感受到一些风的阻力；有的人走了一半，但也看了路途的风景，闻过两旁花的芬芳；而只有少数人，从未止步，越走越远。

坚持过的人，才知道自己是如何慢慢变得强大的。你这么年轻，不用焦虑：路才刚刚开始，只要坚持走，就能走出自己的路。

生活就像坐过山车，有高峰，也有低谷，这意味着，无论眼下是好是坏，都只是暂时的。

十年前扇过的翅膀

□沈嘉柯

我从小就挺宅，不爱跟其他孩子玩。从17岁那年开始，我在法律系的课堂上听到各种故事，其中很多让我瞠目结舌，这让我大学时写作很顺利。

毕业后，我去了一家心理学杂志社，完全出于好奇。

那时我并不知道，我打开了人间的潘多拉盒子，见到了深海才有的奇异斑斓。

当时，单位规定员工必须值夜班，接咨询热线电话。当然，夜晚回家不方便，单位会给50块钱的车费补助。

好几个同事不乐意，说，为什么不邀请社会义工参与呢？

领导回答，社会义工根本没有相关知识，有的自己都有心理问题，不像你们天天受熏陶，有基础。

但是当时的我们，写一篇文章就有几百块，所以谁也不乐意在这件事上浪费时间。

不过，我之所以选择在这家杂志社工作，就是因为怀着对他人的好奇心。说得俗一点儿，其实是一种为了写作的偷窥欲。

说不定有精彩故事呢！

就这样，我怀着不满，讨价还价后，愿意一周值三次班。杂志社增加了我的编辑版面，相当于间接提高补助。

在深夜，我开始跟全国各地许多千奇百怪的人谈心，各种你能够想象到的奇葩人士、边缘故事，应有尽有。

比如动不动就有人打电话过来，哭着嚷嚷要自杀，准备放弃一切。至于失恋的、被父母抛弃的、说自己破产的，层出不穷。

有的故事，让你难过落泪；有的故事，让你愤怒。但这些情绪我都得控制好。一般我接到问题后，会按照电话咨询手册的标准回答来应对。应付不了的，请他们明天接着打。

后来我又玩票性质地当了半年记者，一会儿飞去北京采访高级官员，一会儿去小城市参加医学会议，一会儿去山村了解底层人的生活。

最终，我变成了一个见多识广的人。

后来，我去很多大学和知名企业做讲座，登台演讲浑然忘我，从不紧张，效果奇佳。我自己都想不到，当年我接热线电话的经历，无形中提高了自己的语言表达能力。

那些我不喜欢的、厌烦的，甚至是我抗拒的人生阅历，一点点成就了我。不知不觉，功夫居然上了身。

我最近还常常看《金星秀》。这个人的人生经历太过传奇，她跳了半生舞蹈，年轻时恐怕也没有想过自己会开脱口秀，还那么红，国内电视节目同时段收视率第一。但是，她出国的经历、跳舞的经历、打工的经历，最后都变成了她脱口秀的重要内容。

没有这些多年积累的东西，她拿什么来秀？

有一部电影叫《蝴蝶效应》，我当时看的时候，是当科幻片看的，多年以后，我却另有看法。伊万总希望能通过改变自己的过去，来造就自己满意的当下。但事实上，过去就是过去，牵一发而动全身。

男主角每次回到过去修改，都会导致一连串的时空扭曲，未来的发展跟着改变，失去控制。

《蝴蝶效应》故事的源头是，气象学家说南美洲的蝴蝶扇一下翅膀，因为种种关联，就可能引起美国得克萨斯州的一场龙卷风。

这个说法本身在气候学科研究里，是不大被承认的。蝴蝶扇动翅膀引起风暴的概率极小，要受很多因素影响。

但人生正是由一个一个的转折所造就的。人不能跟昆虫、机械比，人一旦开窍，汲取知识和智慧，勇猛精进，便会产生不可思议的结果。就像普通师范大学毕业的马云，不可能预估到他今天在中国互联网大佬的位置。

我们在这世上，选择什么就成为什么。人被塑造，也自我塑造。做过的事情、涌出的念头，构成了此时此刻的我们，再走向下一步。

十年前，我是一个怀有好奇心的人，也是一个想要摆脱既定生活的人。

我放弃了通过父亲找关系得来的工作，没有去枯燥的单位上班；我放弃了一个网站大佬的邀请，去了心理学杂志社，想搞清楚心中的各种困惑。我很早就买房，然后又放弃工作，选择自由职业。

就这样，我一步一步变成了现在的我。

如果当初我拒绝深夜值班接热线

将你逼入信任的角落

□ 张珠容

英国广播公司BBC曾举办过一档名叫《金球游戏》的节目。经过许多轮的角逐之后，只剩下两名选手尼克和亚布拉罕以及累积的13600英镑奖金。

游戏的最后一轮，其实也是对两名选手的人性和良知的终极考验。规则是这样：主持人给每人两个球，其中一个写着"平分"，另一个写着"全拿"。两个人需要从中选择一个球。选择不同，结果就不同：如果两个人都选择了"平分"，那么，他们可以平分奖金；如果其中一个人选择"平分"，另一个人选择"全拿"，那么选"全拿"的人可以拿走全部奖金，而选"平分"的人一分也拿不到；如果两个人都选择了"全拿"，那么他们都拿不到一分钱。

两位选手选哪个球，自己知道，对方却看不见。在做出各自的选择前，主持人允许尼克和亚布拉罕花几分钟时间沟通，商量奖金的拿法。

尼克表明了自己的态度，并且非常坚决：他百分之百会选择"全拿"，但他同时保证：游戏过后他会跟亚布拉罕平分奖金。

亚布拉罕觉得不能理解，因为他们完全可以商量好，一起选择"平分"，那样，两个人就能一起分享奖金。可尼克很固执，任由亚布拉罕怎么说，他都坚持说自己会选"全拿"。

一旁的主持人见状，提醒亚布拉罕，唯一保证他们都能带回6800英镑的，就是确定他们两个都会选择"平分"那颗球。

亚布拉罕看了看尼克，开始恼怒。他吼道："如果我选'全拿'，我们半毛钱也拿不到！如果我们最后空手而归，都是你这个白痴害的！"

可尼克依然不改初衷。

僵持不下的时候，主持人开始催促了："现在，你们必须要做出决定了。'平分'还是'全拿'？请选择！三、二、一，开！"

三秒钟后，全场观众都看到了结果：尼克和亚布拉罕都选了"平分"！他们各自赢得6800英镑的奖金！

尼克和亚布拉罕拥抱在一起，场下响起了一片热烈的掌声。

下台捧回奖金后，亚布拉罕对尼克说："你是我遇到过的最差劲的人。你为什么不直接跟我商量好，我们一起选择'平分'？"

尼克回答："理由很简单，我不信任你，你也未必信任我。与其如此，不如我当一次坏人，把你先逼到信任的角落。"

"信任的角落？"

"对，信任的角落。如果我坚持选'全拿'，再许给你平分奖金的承诺，那么你就只能选'平分'。因为你选了'全拿'，我们什么都得不到；而选'平分'，或许真会得到我分给你的一半奖金！"

"谢谢你的用心，我很惭愧。"

这句话，是亚布拉罕的真心话。因为从一开始，他就有"全拿"的打算。但尼克的"使坏"，弄得他没法"使坏"，同时还让他知道了一个道理：信任他人，会得到美好的结局。

能力之后才是细节

□ 李月亮

单位招聘,我是主考官之一。面试当天一大早赶去,休息区已经有几个应聘者先到了。刚巧办公室没水了,我去休息区的饮水机接热水,过去后,发现饮水机关着,我前前后后按了好几个键,居然打不开。这时,一个来应聘的穿黄衬衫的姑娘走来,跟我一起研究那台饮水机。很快,她发现还有个总开关没开,打开,灯亮了。

我回办公室忙我的事。几分钟后,黄衣女孩轻轻敲我的门说,"老师,水开了"。我愉快地说了声"谢谢",不由得对这姑娘心生好感,觉得她又聪明又周到。

面试时,因为有刚才那一点儿好感,我对黄衣女孩就多留了点儿心,很仔细地看了她的简历,还多问了她几个问题。她的谈吐和素养是不错的,可惜专业背景比较差,没有与应聘职位相关的工作经验,说起专业知识,显得非常生疏。这显然不符合我们的要求,于是,她没有进入下一轮。

不想,面试结果出来后,这个女孩不晓得从哪里得到我的电话,三次打给我,询问她没有通过的原因,恳请我再给她一次机会。

我完全知道她的心理——因为面试当天那一杯水的交情,她一定看出了我对她的好感,于是觉得我在这次招聘中,必然会给她高分。她在电话里对我说:"能不能拜托您跟另外两位面试的老师说一下,再给我个机会。"我苦笑,告诉她,以她的专业背景,我连我自己都说服不了。她挂掉电话时的语气是相当失望的。

其实,我很想跟她多说一句:虽然你看起来是个勤快懂事的姑娘,但我们招聘的不是保姆,不是勤杂工,而是要在专业领域杀出一片天地的战士,仅仅在为人处世方面做得好,是远远不够的。

后来我去某大学参加关于就业培训的讲座,主讲老师的生动描绘让我大跌眼镜,也更加理解了那个姑娘为什么三番五次打电话给我。讲师准备了很多案例,说某届的某个毕业生因为在面试时讲了自己打工赚钱给农村老母治病的经历,赢得了考官的心,也收获了一份好工作;说某个毕业生的简历做得别出心裁,让人过目不忘,于是得到了好工作;还有某某毕业生,只因在楼梯口遇到考官,帮他提了一摞书上楼,就求职成功了。

作为一个工作多年也多次参与招聘的过来人,我真是对这样的教育哭笑不得。没错,对于一次求职来说,细节很重要。你的简历做得好,你的表现真诚有礼,你有一些赢得考官好感的言语或举动,都会为你的求职加分,但是仅靠这些绝对不足以得到一份好工作。一个正常的单位招聘员工,最看重的一定是应聘者的专业素养。他能不能胜任以后要从事的工作,才是重中之重,一个正常的决策者绝不会因为一两个美好的举动而聘用一个无法胜任工作的人。同理,如果你确实具备工作能力,人家对你未来的贡献有美好预期,那么,面试中有一点点小失误小差错,都是比较容易被原谅的。

有一个关于多年前微软招聘中国公司总经理的故事被讲过很多次,到现在还在流传。说有三个人进入了那场面试的最后一轮,当时面试现场没有准备椅子,但每个应聘者进来,考官都会说:请坐。前两个人都茫然地选择了站着说,而第三个人就是著名的吴士宏,聪明地出去搬了把椅子进来。于是,主考官认为此人有思想有见解,有开拓市场的能力,所以选择了她。

这个故事很励志,也很蒙人,不知误导了多少刚刚走上社会的年轻人。他们会误以为原来找工作只是情商的事,靠着一点儿小聪明就能轻松得到大公司的好职位。其实你用脚指头想想,如果吴士宏没有人脉,没有工作经验,没有过硬的实力,微软会因为她能主动出去搬把椅子就录用她吗?那才是滑天下之大稽。事实上,吴士宏在进微软之前,就已经是IBM(国际商业机器公司)中国经销渠道总经理了。

所以,千万不要相信那些对细枝末节的小问题的无限夸大,更不要因为一两个偶然的个例改变对事情的基本认识。如果你要找一份好工作,细节不可忽视,但实力比细节重要百倍。只有在实力相当的情况下,细节的作用才会凸显。如果你太过专注于小细节而忽略了根本能力的修炼,那真是本末倒置了。

如果你真的相信"细节能完全决定成败",估计就是励志故事看得太多,中毒太深了。

一个好单位的考官一定知道,那些存心表现的小聪明,存在太多偶然因素,实在算不了什么。要不要录用一个人,要看的还是他在专业领域的真正实力。如果哪个考官会被一些小细节迷惑而一叶障目,那么这多半也不是什么好单位,你就算被录用,以后的工作也不会太舒心。

那些杀不死我们的

□ 蒋方舟

我在大学一年级那一年，毫无悬念地把自己吃成了一个胖子。不是那种巨大的胖子，而是介于正规的肥胖和臃肿之间的尴尬体形，比标准体形重了15斤。于是，我的整个大学生活变成了电影《蝴蝶效应》系列，那只蝴蝶重达15斤。

首先，我皈依了减肥。我可以整整一天滴水不进，然后第二天中午，一个小时之内连续去三个食堂吃午饭，每次都是两荤一素一两米饭加大可乐，像是一个人孢子分裂出了三个暴食症患者。其次，因为要么饿得百爪挠心，要么撑得寝食难安，我变成了一个昼夜颠倒的人，再加上觉得自己邋遢难看，不愿见人，逃掉了很多课。其三，逃课的空虚让我花了大量时间网购，击败了全国90%以上的电商消费者，和快递结下深厚的友谊。买的大多数是衣服，衣服又穿不进，羞愤难当，继续皈依减肥。总之，那是我非常不快乐的几年。因为难以接受自己，所以蜷缩着，拒绝他人。

我很久之后才知道，人用来自憎的大脑边缘系统，童年时就已经形成。可是，用来开导自己、原谅自己、使自己变得强大的智慧，却往往在我们本该成熟的年纪，依然不具备。每一世代的年轻人都是脆弱的、敏感的、容易受他人影响的。而对正年轻的一代来说，这个挑战却异乎寻常地艰难。

电影《楚门的世界》提出了一个假设以及相应的解答：当一个人活在所有人的窥探之下，他应该怎么办？答案是，他逃走，获得自由。然而，如果所有人，活在所有人的窥探之下，那么，又该如何逃避？这不是假设，而是正在悄然发生的现实。我们无时无刻不在朋友圈、微博、贴吧、个人主页上展现自己的生活，同时，也在同样的平台上窥探他人的生活。我们无时无刻不在评估他人，同时，也在接受他人的评估。"个性张扬"只是狐假虎威的外衣，为的是掩饰自卑自恋此起彼伏、相爱相杀的脆弱。我们羡慕嫉妒他人，也努力把自己的生活修饰得让他人羡慕嫉妒。我们对他人的意见过于敏感，无法忍受不被"点赞"的人生。

社交网络的核心在于"社交"，社交的动力，是出于人们无法忍受孤独；人们之所以无法忍受孤独，是因为人们无法拷问自己。可是，总有一天，我们要站在镜子前，发现我们并不是自己创造出来的那个有趣、可爱、有吸引力、有能力的人。那么，你还喜欢镜子里的自己吗？或者，镜子里的你，还喜欢自己吗？这个世界是否称赞你、羡慕你、爱你，在某种程度上是个不断膨胀的谎言。关键的问题在于，你是否对自己足够诚实，并且接受诚实之后的不完美。

我偶尔去大学做讲座，每次交流环节都会遭遇"怎么办"的问题——"理想与现实有差距了，怎么办？""兴趣爱好和解决温饱矛盾了，怎么办？"总结成一句话，就是：人生的路啊，怎么越走越窄？可是，人生的路啊，你没走怎么知道窄不窄？这些痛苦的疑惑，都只是指着地平线以外翻过两座山头还有十里地的地方，询问那儿是否有一片荆棘。真正的矛盾，并不在于什么"理想"与"现实"，而在于人的不安与胆怯：既要得到终点的奖品，又不愿去走那条路；既要去爱，又害怕爱所带来的混乱与伤害。

失去的痛苦、被拒绝的痛苦、被伤害的痛苦、分别的痛苦，它们如此显眼地横在前行的路上，让人想逃遁到那个充满"赞"的虚幻世界里。

然而，我们是人，走在一条从摇篮到坟墓的路上，年轻在途中，衰老在途中。必须和真实的世界发生联系，而不是兀自为尚未发生的事情而恐惧。必须和真实的人发生各种关系，而不是如一座座只能遥远眺望的孤岛。

那些杀不死我们的，它们有时并不会让我们更加强大，而只是成为一段诗意或自嘲的记忆。趁着年轻，输得起，看得开，去经历。

那些杀不死我们的，它们在混沌而无序的未来里，并不能成为我们手中的武器，却为我们的存活，增加了反抗脆弱与敏感的韧性。

即使你一无所有，你仍然可以做两种投资

□陆小六

01

新任美国总统特朗普成了励志界的明星人物，最流行的说法之一，是说特朗普都已经70岁了，还是这么拼，我们年轻人怎么能够不努力。

然而我身边一位习惯反鸡汤的朋友对这种说法大加讽刺，他认为特朗普能够成功，全是因为他爷爷和老爸打下的财富基础，要知道，特朗普年轻时候创业的启动资金可是100万美元。

更不用说巴菲特和比尔·盖茨，尽管这两位也早已成为励志界的丰碑人物，然而，理智如我朋友这样的人，仍能找到他们成功背后的背景因素——巴菲特的老爸是国会议员，比尔·盖茨的老爸则是一位著名的律师。

我这位朋友常常哀叹，要是他有100万美元的启动资金，那么他也能够轻而易举成功，不用像现在这样，吃力地还着房贷，成功遥不可期。

我经常会听到类似我这位朋友这样的论调，他们认为外因的作用远比内因大得多，甚至可以说，外因决定了大多数事情的发展，所谓富贵莫强求，一切皆命数。

我不喜欢这种悲观主义的决定论，道理很简单，难道投错胎了，这辈子就平庸索然了吗？若是你一无所有，你就只能自甘沉沦了吗？

在和朋友的辩论中，我常常讲给他们听一个真实的故事。

故事的主角是我外婆，今年已经83岁高龄了。

外婆的日子过得比较清苦，她不愿意跟着孩子们去住大房子，在外公十年前去世之后，外婆就一直住在离舅舅家不远处一间四五十平方米的小房子里，吃用简单素朴，与各类补品无缘。

然而，外婆的身体，却是相当好！在身体健康方面，她是真正的人生赢家，这辈子都没打过点滴，二十多年没吃过药。

02

去年秋天，外婆跟着舅舅一起去北京玩了四天。

凌晨四点起来去天安门看升国旗，坐两个小时长途去八达岭长城，爬上长城毫不费力，还去了颐和园昆明湖上坐船，几天下来，快速的旅游节奏恐怕年轻人也会觉得疲惫，外婆却身体无恙地完成了。

三年前外婆摔了一跤，摔伤了腰，结果躺在床上一个月不能动弹，后来慢慢恢复了，行走如常。

我特意问过外婆，像去年北京之游这样长距离地走路坐车，会不会感到腰疼，外婆说她一点儿都没有觉得腰疼，而且晚上睡一觉，基本上前一天的疲惫就消除了，如此强悍的身体恢复能力，让而立之年的我都自愧不如。

上个月，舅舅带外婆来杭州玩，外婆人生中第一次坐飞机，非但不恐高不头晕，而且充满好奇心地从飞机窗口往下望，棉花糖似的朵朵白云让外婆欢欣不已。

到了杭州，舅舅和外婆报了一日游团，第二天又报了苏州、上海、乌镇的三天旅游团，如此高密度的长途周转奔波，外婆不但完全跟得上节奏，而且丝毫不觉得费力，倒是同行的舅舅累得腰酸腿痛。

从身体健康角度来说，外婆可谓非常成功，那么，她成功的秘诀是什么呢？

外婆生活比较清苦，完全没有养尊处优的外在条件，疗养和补品都与她沾不上边，然而，外婆的例子证明了——即使你一无所有，你仍然可以为健康做投资。

外婆的健康投资，首要是时间上的付出，其次是方式方法的选择。

二十多年来，外婆每天都会拿出两个多小时时间锻炼

身体，健身方法她选择的是类似太极的气功功法。

二十六年前，戒烟不久的外婆深感身体羸弱，于是痛下决心锻炼身体，她跟着家乡一位很有名的气功大师学气功，从那时候起，外婆每天早上五点起床，先练两个小时气功，还不耽误给家人做早饭。

除此之外，很多类似扭腰转胯和深蹲等气功动作，她每天也是保持足够惊人的锻炼量。

03

十几年前我曾在外婆家住过一段时间，每晚七八点，外婆收拾好桌碗后，就会和外公在电视机前看连续剧，一边看连续剧，外婆一边做一些气功动作。比如扭腰转胯1009次，肩膀沉气动作更是达到惊人的一万次，这需要连续不断做两个小时左右，正好电视也看得差不多，同时把身体也给锻炼了。

近几年很多亲戚朋友都羡慕外婆的身体素质，得知外婆是在练气功，都感叹竟然有这么好的气功，可是外婆心里清楚得很，气功虽好，不做白搭，不坚持做更白搭。

二十六年来，无论发生什么事情，外婆每天都会保证足够的锻炼量，唯一中断的几天是外公去世的时候。

很多时候，类似我朋友那样的思维方式，总觉得要有足够的外因支持和资源，才能够迈向成功。

然而外婆的例子，实实在在地证明了，除了外因支持和外在资源，你本身仍然能做很多很多，远超出你的想象。

就像每天拿出一段时间来锻炼身体，无论是谁，无论多忙，其实都可以做到，然而，很多人并没有这样的习惯，跑步晒个朋友圈，就不再跑了，每天除了坐着就是躺着，运动量几乎是可怜的0，那么，你只能不断衰老和衰弱。

同理，我们大多数人都没有父母留下来的几百万美元，也没有什么权势背景，但是我们真的什么都不能做了吗？难道我们只能眼看着那些有着得天独厚背景资源的人成功，然后自作聪明地嘲讽他们的成功吗？

答案当然是否定的。

即使你一无所有，你除了做健康投资之外，还可以进行"知识"的投资，或者说是"不断学习"的投资。

尤其在当今这个时代，获取知识比以往任何时代都要来得容易，每天学习两个小时，并且坚持二十年的人，人生的发展会完全不同于你每天无所事事的人生，不管是本杰明·富兰克林，还是曾国藩，无数成功人物都用亲身经历证明了这一点。

如何进行健康的投资和学习的投资，那是另外一个问题，然而，你必须先有这样的信念，督促和鼓励自己每天都进行这两样投资，才能再去谈论用什么方法实现。

04

40岁的曾国藩，官运亨通，历任各部侍郎，然而每到某部任职，他每天给自己的功课，就是潜心搜寻历代该领域优秀的知识总结，他会找来地图，考察山川水利、兵进车行，他会翻找本朝、前朝甚至更早的专业论著，结合现实实际反复研究对比。

与他每天精心于学习投资的姿态完全不同的是，当时很多高官都是尸位素餐，只知道纳小妾，听小曲，搜刮银子，打打麻将，甚至吸食大烟。

这些人中，身世背景以及家族财富比他强得多的人大有人在，可是二十年后，曾国藩早已抓住了历史机遇，成功实现了人生志向，当年那些万户侯却成为无用的粪土，他们与曾国藩的区别，正是在于有没有对自己进行"不断学习"的投资。

每当我听到那位理智的朋友的哀叹，我都会把这些小故事讲给他听，然而他只是笑笑，不当回事。

毕竟，每天几个小时的健康和学习投资，对懒散的人来说是可怕的，尽管成功的方法就在身边，就在你的身体里和头脑里，道理也是听听就懂，想想就明白，只是这懦弱惯了的身心，哪里熬得了每天辛苦几个小时的苦楚。

我在开始每天锻炼身体之前，曾经问过外婆：您觉得每天两个小时练气功，累不累？

外婆笑笑说：早已成习惯，感觉锻炼的时间倏地就过去了。

这感觉不正像是我现在玩游戏时的感觉吗？

我突然很希望，未来某一天，我也能感觉到健康和学习投资中那种很轻松又愉悦的体验，至于成功，不过是这种体验的附属品，必然会随之发生罢了。

只要在困难里坦然地活下去，就没有走不通的路

□ 林清玄

在我的家乡有一句大家常用的俗语："时到时担当，没米就煮番薯汤。"这是一句乐观的、顺其自然的话，大约相当于"船到桥头自然直"，或是"兵来将挡，水来土掩"的意思。

由于在家乡的时候听惯了大人讲这句话，深深印在脑海，在我离开家乡以后，每次遇到阻碍或困厄时，这句话就悄悄爬出来：对了，时到时担当，没米就煮番薯汤，有什么大不了？这样想起来，心就安定下来，反而能自然地渡过阻难与困厄。

幼年时代，我常听父亲说这一句话，有一回就忍不住问父亲："没米就煮番薯汤，如果连番薯也没有了，怎么办？"父亲习惯地拍拍我的后脑勺儿，大笑起来："憨囡仔！人讲天无绝人之路，年头不可能坏到连番薯都长不出来呀！"

确实如此，我们在农田长大的孩子虽然经历过许多的风灾、水灾、旱灾，甚至大规模的虫害，番薯大概是永远不受害的作物，只要种下去，没有不收成的。因此，在我们乡下的做田人，都会留出一小块地种番薯，平时摘叶子做青菜，收成时就把番薯堆在家里的眠床下，以备不时之需。在我成长的年月，我的床下一年四季都堆满番薯，每天妈妈生火做饭时抓两个丢进炉灶底的火灰里，饭熟了，热腾腾香喷喷的焖番薯也好了。

即使是中日战争最激烈、逃空袭的那几年，番薯也没有一年歉收。在我从前的经验里，年头真如父亲所言，不可能坏到连番薯都长不出来，推衍出来，我们知道生活里有很多的挫败，只要能挺着，天就没有绝人之路。

后来我更知道了，像"时到时担当，没米就煮番薯汤"，心里的慰安比实际的生活来得重要。只要在困难里可以坦然地活下去，就没有走不通的路，因此如何使自己的心宽广、乐观地应对生活，比汲汲营营地想过好日子来得重要，归根究底乃不是米或番薯的问题，而是心的态度罢了。

"时到时担当"不仅是台湾农民在生活中提炼的智慧，也非常吻合禅宗"当下即是""直下承担"的精神，此时此刻可以担当，就不必忧心往后的问题了。因为彼时彼刻，我们也是如此承担。假如现在不能承担，对将来的忧心也都会无用而落空了。

禅的精神与生活实践的精神非常接近，是一种落实无伪的生活观。我们乡下还有一句俗话："要做牛，免惊无犁可拖。"译成普通话的意思，是一个人只要肯吃苦，绝不怕没有工作，不怕不能生活。这往往是长辈用来安慰鼓励找不到工作的青年，肯把自己先放在最能承担的位置，那么还有什么可惊的呢？

这句话也是令人动容的。牛马在乡下，永远是最艰苦承担的象征，不过，那最重的犁也只有牛马才能拖动。学佛者也是如此，只怕自己不能承担，何惧于无众生可度呢！这样想，就更能体会"欲为诸佛龙象，先做众生马牛"的深意了。

我们不能离开世间又想求得出离世间的智慧，因为"佛法在世间，不离世间觉，离世觅菩提，犹如求兔角"，我们要求最高的境界，只有从自己的生活、自己的周遭来承担、来觉悟才有可能。

佛法中有"当位即妙""当相即道"的说法。所谓"当位即妙"，是不论何事，其位皆妙，就像良医所观，毒有毒之妙，药有药之妙。所谓"当相即道"，是说世间浅近的事相，都有深妙的道理——世间凡事都有密意，即事而真，就看我们有没有智慧了。

"时到时担当，没米就煮番薯汤。"也应该做如是观，真到没有米必须吃番薯汤的时候，是不是也能无怨，品出番薯也有番薯的芳香，那才是真正的承担。

生活中遇到的不完美与不平衡
都是人生最好的启蒙
就如同乌云与暴风雨
是天空最好的启示一般

哪有天生幸运的传奇，不过是长年累月的供给

□ 巫小诗

2013年的时候，我老家一位同学，从他就读的大学休学去创业了。

学校还挺好的，虽不是顶尖名校，至少也是个一本，也是高考大军们挤破头想进的学府。当时大家都觉得他太冲动了，觉得他一定会后悔的。

但是谁能想到呢，事情的发展跟演电视剧似的。

2015年冬天的同学聚会，我们还是一水儿的穷学生，精打细算找了一家团购的KTV，还非得以大包厢的人数挤在中包里，他呢，因为应酬迟到了一会儿，开着车来的，自己买的车。

这两年他成立了自己的小公司，做的是高端家具定制，创业途中，还挣了个未婚妻。

这件事情在老同学中炸开了锅，大家一个个感叹着"还读啥书啊，咱们都去创业吧""机会都是给胆大的人""找工作没意思，要干就自己当老板"……

讲真，大家嫉妒他运气好，嫉妒他像赌神片中的星仔、刀仔、华仔，任性妄为地揣着一沓零钱走进人生大赌场，出来的时候，已经挣得盆满钵满。

我跟他聊过几次，了解他的经历之后，连嫉妒都自己躲起来了。

他不是今天脑子一热，拍桌子说"老子不读了"就休学创业去的，他休学前，做了非常充足又细致的准备。

他大一就自己做项目，还拉到了风险投资。平常鬼点子多，各种挣钱的门路都懂一些，休学前，也是跟家里跟学校做足了交代，并且自带储蓄。创业途中更是脸皮厚到没边，为了学习家装知识，主动在装修队白干了很久的活……

哪有那么多背水一战的幸运传奇啊，不过是水到渠成的自我供给罢了。

在尼泊尔旅行的时候，我认识了一位打工旅行的中国姑娘，当时她正在我住的酒店里当短期的杂工。

"打工旅行"的身份特别酷，真的，翻她的朋友圈能把人羡慕死，这一天在卡帕多奇亚的热气球里俯瞰大地，那一天在贝加尔湖畔仰望星空。

她过着我不敢也不能的浪漫生活，我觉得她每天肯定都特别充实快乐，觉得有机会选择这样的生活真是非常幸运。

但其实不是的，她告诉我，对于打工旅行者来说，旅行只是见缝插针的，你无法长时间在风景里浪荡，因为你有工作在身。

寻找工作的时间，有时可能多过工作时间，即便找到了，也大多基础乏味，打扫整层楼或者是在果园里晒上一天，收入微薄甚至没有收入（兑换成了食宿），她还得凭借自身的英语特长，在网络平台给中国的孩子上视频网课。

噢，这么听起来，确实并不怎么轻松。

说走就走的旅行背后，是枯燥乏味的打工，我羡慕每一个环游世界的旅人，却总是忽略他们为了环游世界付出过什么。

那些令人羡慕的生活背后，往往是细腻稳定的自我供给，不侥幸，也不传奇。

愿你拥有足够的幸运，更愿你做好足够的准备，迎接幸运的自己。

我除了天才的梦之外一无所有

□张爱玲

我是一个古怪的女孩,从小被目为天才,除了发展我的天才外别无生存的目标。然而,当童年的狂想逐渐褪色的时候,我发现我除了天才的梦之外一无所有——有的只是天才的乖僻缺点。世人原谅瓦格涅狂,可是他们不会原谅我。

加上一点儿美国式的宣传,也许我会被誉为神童。我三岁时能背诵唐诗。我还记得摇摇摆摆地立在一个清朝遗老的藤椅前朗吟"商女不知亡国恨,隔江犹唱后庭花",眼看着他的泪珠滚下来。七岁时我写了第一部小说,一个家庭悲剧。遇到笔画复杂的字,我常常跑去问厨子怎样写。第二部小说是关于一个失恋自杀的女郎。我母亲批评说:如果她要自杀,她决不会从上海乘火车到西湖去自溺。可是我因为西湖诗意的背景。终于固执地保存了这一点。

我仅有的课外读物是《西游记》与少量的童话,但我的思想并不为它们所束缚。八岁那年,我尝试过一篇类似乌托邦的小说,题名《快乐村》。快乐村人是一好战的高原民族,因克服苗人有功,蒙中国皇帝特许,免征赋税,并予自治权。所以快乐村是一个与外界隔绝的大家庭,自耕自织,保存着部落时代的活泼文化。

我特地将半打练习簿缝在一起,预期一本洋洋大作,然而不久我就对这伟大的题材失去了兴趣。现在我仍旧保存着我所绘的插画多帧,介绍这种理想社会的服务,建筑,室内装修,包括图书馆,"演武厅",巧克力店,屋顶花园。公共餐室是荷花池里一座凉亭。我不记得那里有没有电影院与社会主义——虽然缺少这两样文明产物,他们似乎也过得很好。

九岁时,我踌躇着不知道应当选择音乐或美术做我终身的事业。看了一张描写穷困的画家的影片后,我哭了一场,决定做一个钢琴家,在富丽堂皇的音乐厅里演奏。

对于色彩、音符、字眼,我极为敏感。当我弹奏钢琴时,我想象那八个音符有不同的个性,穿戴了鲜艳的衣帽携手舞蹈。我学写文章,爱用色彩浓厚,音韵铿锵的字眼,如"珠灰","黄昏","婉妙","splendour(辉煌)","melancholy(悲哀、忧愁)",因此常犯了堆砌的毛病。直到现在,我仍然爱看《聊斋志异》与俗气的巴黎时装报告,便是为了这种有吸引力的字眼。

在学校里我得到自由发展。我的自信心日益坚强,直到我十六岁时,我母亲从法国回来,将她睽违多年的女儿研究了一下。

"我懊悔从前小心看护你的伤寒症,"她告诉我,"我宁愿看你死,不愿看你活着使你自己处处受痛苦。"我发现我不会削苹果,经过艰苦的努力我才学会补袜子。我怕上理发店,怕见客,怕给裁缝试衣裳。许多人尝试过教我织绒线,可是没有一个成功。在一间房里住了两年,问我电铃在那儿我还茫然。我天天乘黄包车上医院去打针,接连三个月,仍然不认识那条路。总而言之,在现实的社会里,我等于一个废物。

我母亲给我两年的时间学习适应环境。她教我煮饭;用肥皂粉洗衣;练习行路的姿势;看人的眼色;点灯后记得拉上窗帘;照镜子研究面部神态;如果没有幽默天才,千万别说笑话。

在待人接物的常识方面,我显露惊人的愚笨。我的两年计划是一个失败的试验。除了使我的思想失去均衡外,我母亲的沉痛警告没有给我任何的影响。

生活的艺术,有一部分我不是不能领略。我懂得怎么看"七月巧云",听苏格兰兵吹bagpibe(风笛),享受微风中的藤椅,吃盐水花生,欣赏雨夜的霓虹灯,从双层公共汽车上伸出手摘树巅的绿叶。在没有人与人交接的场合,我充满了生命的欢悦。可是我一天不能克服这种咬啮性的小烦恼,生命是一袭华美的袍,爬满了蚤子。

成绩倒数怎样考上北大

□ 何瑫

几乎所有认识孙宇晨的人都觉得，他考入北大是个奇迹。

后来，他以北大历史系总分排名第一的成绩，结束了4年的本科学业。

曾经是"不可救药"的文学青年

整个中学阶段，孙宇晨从来都不是老师和同学们眼中的好学生。初中时他就读于一所寄宿制学校，他对3年初中生活的记忆，大多都与网游有关。中考前他突然"觉醒"，用功了半年，跌跌撞撞地考入了惠州一中。

进入高中后，他对网游的热情骤减，因为他发现了新的兴趣点——小说。他接触了王小波的作品，并因此开始疯狂阅读各类小说。除了班主任的英语课不方便逃课外，其他大部分时间他都在图书馆看小说。全班48个人，他的成绩稳居倒数前十，老师们对他的期望是"保惠大（惠州大学）、冲汕大（汕头大学）"。

那时的孙宇晨认为，应试教育和文学理想是对立的，因此并不在乎考试成绩，即使全科亮红灯也无所谓。

突然醒悟后的纵身一跃

带着二三十分的数学、物理成绩，孙宇晨在高二时不得不选择转为文科生。此时的他发现，自己已不再像高一时那样不带任何功利性地"为了看书而看书"，他渴望得到别人的认可。

带着极高的期望，他先后报名参加了第八届新概念作文大赛和北京大学的自主招生考试，结果却黯然落选。这对他是一个极大的打击。

他为自己定下五项要求：第一是把所有与应试无关的书全部搬回家，只留下一本胡适的《晚年谈话录》；第二是绝对不进图书馆，所有课程一堂都不能缺；第三是收起对老师的爱憎，以获得应试的知识为目的；第四是保证晚自修的时间，每天3小时进行应试训练；第五是制订每天的计划，并严格完成。

带着450分左右的模拟考试成绩和上述五项对自己的要求，孙宇晨进入了高三。他给自己偷偷定下冲刺目标：中山大学。"极限的非分之想"则是中国人民大学——王小波的母校。

从"三本"到北大的完美逆袭

孙宇晨执行五项要求的初始阶段，成效并不明显。但他觉得自己已经没有选择，在他看来，到了高三的冲刺期，方法已经是次要的，最关键的是态度和坚持。

渐渐地，他的成绩逼近了600分，但增长势头也就此放缓。他意识到，自己陷入了瓶颈期。而就在此时，他获得了第九届新概念作文大赛的复试资格，当时距高考仅有6个月。

老师和父母都劝他不要去上海参加复试，但孙宇晨觉得自己的"理想主义"开始重新萌动，便抛下所有顾虑，前往上海参加复试。

事实证明，他做出了正确的选择。他顺利拿到一等奖，随后的高校见面会上，北京大学中文系教授程郁缀和招生办公室主任刘明利看中了他身上的理想主义，给予了他参加北大自主招生的资格，可在高考录取时于分数线下20分录取。这意味着，若想考入北大，他还需要在剩下的5个月内将成绩再提高50分。

此后令他感到神奇的是，他此前最头痛的英语，从参加完"新概念"后的第一次考试起，就彻底冲破了瓶颈——此前他的英语成绩从未上过100分，而自那次考试起，就从未下过110分。其他科目的成绩，也都在稳步提升。

他后来如此解释这种"完完全全的飞跃"：每个人的潜能其实往往是被过低的自我预期所压抑的，而过低的自我预期则源于外在制度的压迫。

在他前进的脚步中，高考如期而至。他最终考出总分650分的出色成绩，成功完成了从"三本"向北大的冲刺。

在北大相对更加宽松自由的学习环境中，他如鱼得水。他先习中文，后学历史，成绩稳居历史系第一。他担任北大西学社社长，曾代表北大赴荷兰海牙参加世界模拟联合国大会，获得"十佳演讲选手"称号。

他写道："我相信自己的才华从来没有被应试教育的河水冲刷殆尽，而是我真正成功地挑战了应试教育。最后，我仅仅有两点希望：一是希望有理想的人不要向现实低头；二是希望大家一起帮我做这道题目，我希望它在你们每个人身上都成立。"

有趣，才是一个人的顶级魅力

□ 喇嘛哥

有人做过一次暑期调查，结果显示，四大名著里最让人喜欢的人物居然是《西游记》里的猪八戒、《红楼梦》里的刘姥姥、《三国演义》里的张飞、《水浒传》里的鲁智深。

有趣的是，从一身毛病的猪八戒到膀大腰圆的鲁智深，他们都不是作者施以浓墨重彩的绝对主角，却硬是抢走了书中男主角、女主角的各种风头。人们一边骂着这些关键时刻掉链子的莽汉，一边又无限宽容他们闯的祸和品性里的瑕疵，无比牵挂、怜惜着他们的命运。他们没有超高的颜值，也没有过人的本领，却能活在观众的心中。

其实，他们有一个共同的特点——有趣。

我女儿是《熊出没》的"超级粉"，但她唯独喜欢那个憨态可掬的熊二。他笨拙的举止、无节制的善良，还有纯真的梦想、简单的快乐，和一片树叶都能玩得忘记了忧伤的熊样，都是让人疼爱的理由。用女儿的话说："熊二最有意思！"

一个人的顶级魅力，不一定是来自爆棚的颜值、超强的能力、大悲悯的情怀、菩萨一般的心肠，而是有趣！和他在一起特别快乐、放松，与他分开之后又让人特别想念，这才是一个人的顶级魅力。

人群中总有那么几个人没什么背景，没有多强的能力，也没有多高的颜值，他们却总能抢了风头。有他们的地方，就特别热闹；有他们的时候，就不觉得尴尬；有他们的时候，就觉得生活特别美好。

我的同学吉亚就是一个有趣的人。他在哪里，哪里就会流传着关于他的段子。

有一回，他被我怂恿着和我一起去偷食堂里的猪蹄子，结果我们被厨师撞见了。顷刻间，我们两个因馋嘴而狼狈为奸的人，在奚落和嘲笑声中被围得水泄不通。当时想，但凡有针尖大的缝隙，我"嗖"地就钻进去了。吉亚呢，却以超级肉麻的态度认错。

搞笑的事情还在后面。"曲终人散"后，先前那个"软蛋"吉亚，居然从袖筒里掏出半只猪蹄子，一本正经地安慰我："吃饱了才有力气反思！"我现在都还记得吉亚那张糊了猪油和尘土的笑脸，特别像舞台上的小丑，关键是他特别严肃的吃相，让人都忍不住要笑出声来。那天，我们两个喝着凉水、吃着猪蹄、打着饱嗝，瞬间就把自己的丑事原谅了。

去年，我们毕业30年同学聚会，几乎所有的人见面都问："吉亚来吗？"我对吉亚开玩笑说："从这个意义上来说，数你活得最成功，大家都想你。"聚会的时候，人们给吉亚的评价几乎非常统一：他是一个有趣的人！

当一个人活得有趣，其实这个人就活得通透了。有趣的人不一定能成就多大的事业，但他能成就快乐的生活。生活有质感和喜感的人，其实才是真正的强者。一朵花开就能灿烂，一阵清风也让人憧憬，生活越有喜感，幸福指数才会高。

有趣的人不是贫嘴和恶俗，不是出丑和滑稽，而是具备内在的智慧以及有对生活深刻的理解后的淡定和从容。是如沐春风的明艳，是素心包容的豁达，是山清水秀的情怀，是清澈如镜的明理。

有趣的人一定是一个幽默的人。他有能力把一段悲伤抖成包袱，化腐朽为神奇。同样是大雪封路，既可想成老天留人，把酒言欢；也可想成命运不公，断我行程。

有趣的人总会让生活换个角度，变得有情义和唯美。一切悲伤都是纸老虎，藐视它的时候，悲伤就会减半；风趣的时候，快乐就会加倍。

有趣的人，其实就是用捕大鱼的网子考量悲伤，然后用选面粉的筛子捕捉幸福，所以，放眼望去都是拥有和满足。

这就是有趣的魅力所在！

走有光的路，爱真实的自己

我们都是普通人，不是圣人，不是超人，更不是什么侠。不要被世俗的审美标准吓跑，每个人都是美而值得庆祝的存在。你如今的气质里，藏着你走过的路、读过的书和爱过的人。在为了生活，认真努力拼搏时，对自己温柔一点儿，对自己耐心一点儿又有何妨？要做自己的公主。

青年励志馆 最怕你一事无成，还安慰自己尚且年轻。

怎样才能成为很酷的姑娘

□ 曲玮玮

我一直想成为那种酷的姑娘，可小时候的行为总是跟这个词不搭界。

那时候成绩一直在年级前几名，从一年级开始做班长做到高三，就像传说中"别人家的孩子"，小马尾一甩一甩，腰板挺得巨直，也从不热衷打扮，写完作业就把书包一扔，钻进书房看书，通读了西方名著。

绝对适合出演社会主义接班人宣传片的女主角。

但那时候藏着逆反心理，觉得根正苗红的小姑娘一点儿都不酷，考试考第一越是被表扬越是羞愧，有天午间休息带着全班唱歌大闹，被罚站写检讨，觉得自己酷得要命，有古时候带领一方百姓起义的霸气，王侯将相宁有种乎？

思想慢慢就跑偏了，每天想着怎么让自己酷起来。

酷的人应该都会打游戏。于是初一开始接触了一款网游，叫《00自由幻想》，开始没日没夜地玩，把好几个号打到当时六十级满级。每天做完功课，跟我妈谎称看书，钻进书房锁上门开始厮杀，打到凌晨，眯着眼睛扑到床上去。

后来账号竟然被盗，也没有了重新开疆拓土的勇气，突然元气尽失。

随后小镇风靡了"非主流"和"杀马特"，初三时大家也开始分化，有人过得越来越符合主流价值观，有人越来越肆无忌惮。学校里慢慢也有了一群痞人大哥，我放学后脱了校服偶尔也跟他们玩，喝啤酒，谈恋爱，他们叫我"玮哥"。

老师拿我没办法，毕竟我学习成绩依然好，每个月还在各种杂志上发表小作文。

那时候天真，觉得这样的生活才叫酷，一半海水一半火焰，一部分凛冽如风，一部分暖煦如光。

后面不知怎么玩大了，那天我在外地，一个姐们儿打电话告诉我，我一个大哥为了替我出气，放学后把我前男友围堵痛骂了一通，没想到前男友马上找了一群人，真刀真枪地把我大哥堵在小酒馆，准备直接干起来。

还好没人受伤，不过周一升旗大家都耷拉着脑袋挨了大处分。

我依然疯狂迷恋这种反差感。不想做惨淡的白开水，让人瞬间读懂，要做就做那种藏在大铁壶里的烈酒，神秘，炽烈。

大一有段时间很喜欢化浓妆。坐上出租车，司机懒洋洋问我在哪儿工作，我一本正经地说在复旦上学，司机惊掉了下巴，说"就你这样还是学霸"？我非但不生气，反而一阵暗爽。

我在两种世界里颠倒，自以为乐此不疲，但最后生活应了那句歌词所说，我不是真正快乐啊。经历越来越多的事，我发现我做不成藏在铁壶的烈酒，我就是个寡淡的白开水姑娘。而且我发现，我真心喜欢交往的姑娘，都是些白开水女孩。我享受的交往方式，就是普普通通，找个敞亮的餐厅或者书店，跟她们聊聊走心的话，没有那些耍宝和搞怪。

我也不喜欢那么妖艳的口红，不喜欢身上戴太多首饰，我青睐的就只有基本款。

我有时候甚至连有趣都谈不上。跟人聊天时从不会冷不丁天马行空冒出几句话，只是规规矩矩，该抒情抒情，该一本正经聊生意就聊生意，该尴尬还是要尴尬。我骨子里就是个向往节制生活的普通青年，不爱热闹，不怎么经常社交，每天十几个小时用来读书和写作。

前几天有个老朋友来上海，在小酒馆门口，他递给我一支烟，并娴熟地想给我点上，我摆摆手承认说，我真的不会抽。他惊诧极了。他说，我一直觉得你很酷啊，没想到你不会抽烟。

我心里笑，不会抽烟就不酷了吗？

一直以来，我都觉得那些有两副面孔的人很酷。我有个朋友白天在学校做历史学老师，晚上在小酒馆驻唱。

还有人白天在工地做工头，晚上写小说。从前我迫切想成为那样的人，但慢慢地，我终于可以云淡风轻地摇摇头，对全世界说，我就是个单调的姑娘。

承认这一点也没什么大不了。

我突然开始迷恋那些纯粹又简单的姑娘。她们虽然没有神秘的文身，没有割裂的身份，不是那种穿得稀奇古怪或者思想不断挑战常规价值观的人。

但或许，一个认认真真做自己的人，也一样可以很酷。

你觉得呢？

食物链底层的女孩

□ 小 乱

我一直都知道自己是个普通的女孩。可是，姜西西竟然当着全班同学的面说我是食物链底层的女孩。当时我蒙了，想了好半天，都没想出来一句反驳的话。

还是韩哲站起来吼了一嗓子，他说："有这种思想的人还真没高级到哪儿去，明显就是没进化好！"

姜西西的脸涨得通红。她摔了课桌上的书，转身走了。

我很感激韩哲，想说两句感谢的话，可他直直地坐下去，继续做他的习题，看都没看我一眼。

姜西西当然会觉得我这种女孩是食物链底层的女孩。姜西西人长得漂亮，多才多艺，芭蕾舞比赛得过奖，是市电视台少儿节目的主持人。我哪敢惹她这样的人。

那天大家在讨论赵丽颖与刘诗诗谁更漂亮，姜西西说当然是刘诗诗漂亮，她出水芙蓉似的，我说："当然是小骨美啦……"大概姜西西没想到我这种存在感那么低的人竟然敢站出来反对她。她皱了皱眉头，冷冷地但又极清晰地说了一句："你这种食物链底层的女孩，知道什么是美？"

我相信那句话准确无误地落到了教室每个人的耳朵里，不然，韩哲那种两耳不闻窗外事的人不会参与到这场战争中来。

姜西西可以轻视我，但她绝不敢轻视韩哲。韩哲是学霸级人物，不仅如此，他还长得帅，像极了《琅琊榜》里演飞流的吴磊。按照姜西西的理论，韩哲应该是食物链顶端的男孩，跟她势均力敌。

然而，姜西西的一句话勾出了一直潜伏在我内心深处的自卑。

那天做值日，原本分工好的同学，啥活儿都没做就不见了踪影。没办法，我只好一个人把教室都打扫了。

公交车上很挤，一位老奶奶上来，我刚站起来让座，有个染着黄头发的小伙子一屁股坐下。换作从前，我肯定会让他起来，可是，这次，我耳边响起了姜西西的话：你是食物链底层的女孩，底层，底层……我觉得自己仿佛失去了资格。

姜西西也没打算饶过我。

她不知道从哪儿弄来本赵丽颖封面的杂志，很大声地对着同学们说："这脸圆得哪有美感啊！"

姜西西走到我面前，说："江饶，你说是不是啊？"

我瞪着她，不说话。她的嘴角扬起一丝冷笑："不过呢，你能有这种审美，算是了不起了！"

我的眼泪在眼眶里打转转。我觉得自己变成了一块木头，不能说话不能动。我不能每时每刻都等着韩哲那样的勇士出来救我。

"我知道自己平凡，普通，但这又怎么了？姜西西，你说我是食物链底层的女孩，你凭什么？我快乐，善良，不给别人添麻烦，你凭什么轻视我？"

我的眼泪淌到嘴角，流进嘴里，又苦又涩。我继续说。那时，我竟然变成了演讲家。

"姜西西，你是食物链顶端的女孩又怎么样？你容不得别人跟你的意见不一致，你容不下别人反对你……"

然后，我坐了下去，全身无力。

许久，教室里恢复了平常的喧闹声。再然后，上课铃响了，下课铃响了。放学了。

如同一个世纪那么长。我甚至想，经过这一次，我该如何在班级待下去呢？

放学时，几个女生过来对我说："江饶，咱们一起走吧？"

我有点儿愣住了。在我是食物链底层女孩的时候，从来没有出现过这种情景。

出了教室门口，女孩们七嘴八舌地说："你今天太厉害了。姜西西是很过分，就她了不起啊？我们也都很喜欢小骨，难道喜欢刘诗诗就得高人一等吗？两个都喜欢不行吗？"

我笑了，想换个话题。我跟姜西西的过节是该画上句号了。我应该很明确地告诉自己，无论谁把你当成食物链底层的女孩，你都应该瞧得起自己，不然，可不就真完蛋了吗？

我很普通，落到人群里都找不出来的那种普通。但没关系，我看得起我自己。

嗯，曾经自卑过

□ 遇见 Luck

1

每个人都曾经自卑过。

大学里第一次深深地自卑，是在刚开学的时候。由于是新生报到，许多父母都会送孩子来上学，和孩子一起分享考上大学的喜悦。我的父亲也不例外，他一生当中因为家庭的缘故和大学擦肩而过，所以他最大的梦想就是我能够考上大学。当拿到大学录取通知书的那天，一向坚强如山的父亲落泪了，他告诉我：孩子，你完成了两代人的梦想。

那天，八个人的宿舍被挤得满满的。舍友来自五湖四海，有人是家里开车送来的，有人是坐飞机过来的，也有像我和父亲一样，坐火车过来的。

我和父亲穿着一眼就能够从城里人中区分出来的衣服，那天，我头低得好低。不过还好，大家善良地忽略了这个细节。等我们孩子大人全部做完自我介绍以后，一个家长建议去酒店吃饭。父亲微微一顿，说："你们去吧，待会儿我和孩子去校园转转。"

其中一位阿姨看出了父亲的窘境，打圆场道："我们去学校食堂吃吧，听说学校食堂饭菜不错的。"

后来，我们一起在学校食堂吃了饭。当把父亲送上火车的时候，我已是满眼泪水。这是来自对父亲的疼惜，也有一种抱怨，为什么这种情况要落在我身上？那时候，我像一只鸵鸟，只想把头深深地埋在羽毛里。

2

第二次打击，发生在学校社团招新面试的时候。

那时候的我，深知自己的性格缺点：自卑和内向，所以一心想要改变这种状况。于是，在各种校园社团组织疯狂宣讲和招新的时候，我报名面试了学校的团委组织部、团委宣传部，以及学院学生会的生活部。

我在面试团委组织部的时候，还算不错，顺利进入了二面。但面试团委宣传部的时候，看到台下黑压压的一片人，而台上就只有我一个，突然没来由地紧张起来。本来，演讲词已经在宿舍镜子前面背得滚瓜烂熟，当时却一句也记不起来，大脑里只有一句：我的名字叫……

那一刻，我身临其境地理解了什么叫"想钻进地缝里"。等了大概两分钟，我还是没有讲出来，台下一个学长不耐烦地说："还能不能行了？不行就别上台，下一个？"那一刻，我的自卑心和自尊心齐头并进，我掉头就走了。

晚上，我一个人在黑漆漆的学校操场，一圈又一圈地跑着——我要发泄，恨自己的不成器。最后跑累了，趴在了草坪上，任由晚风把我的头发吹得立了起来。我想仰望星辰，居然连一颗星星都没有，我苦笑，真的成了孤家寡人。

那个晚上，我想了很多，想到了自己的爸爸妈妈，想到了全家人为了省下点儿车费，走十几里路甚至更远回家。我还想到了自己的未来，是不是要随着表哥一路南下去打工？我想了很多，也和自己说了很多话……

最后，我迷迷糊糊地睡着了，还是室友找到了我。第二天，我的生活照旧，依然鼓足信心去准备下一场面试。

时间是治愈自卑的良药。现在回想起来，我深感自卑的根源在于太在乎外界的感受，从而将自己一点儿小小的过失无限放大，最终难为了自己。

3

还有一次，是在大四的求职季。

那天，我和小伙伴相约去听宣讲会。那是我很喜欢的一家金融公司，福利待遇不错，关键是坐落在上海——我最喜欢的城市。我拉着室友匆匆赶过去，还偷偷带了简历。在排除万难混进会场，听完整场宣讲之后，我更加笃定，美丽的上海已经在召唤我了！

可是，当我满心期待地把精心准备的简历交给工作人员时，她只瞥了一眼，对我说："不好意思，我们这次计划没有你们学校……"我感到自己的脸变得滚烫，等到和室友走出来才听说，人家非名校不考虑。

我深深地羡慕那些著名高校的天之骄子们，名校的光环使得他们在起跑线上就领先了我们一大截——这道门槛把我彻底挡在了外面。那一刻，我在欣羡之余，也为自己的学校感到自卑不已。不过，第二天，我仍然继续参加宣讲会，积极地跑各种面试。

当我如愿以偿地获得自己心仪的offer时，我明白了，是我自己面对自卑时的风轻云淡，才没有最终被它压垮。

一个人的自卑，让他更好地认识了自我，认识到自己的不足而不是自大，从而在哭过、摔过以后能够继续走下去。

自卑是个体的善良被这个世界无情伤害以后触发的自我防护机制，也是一个人开始和自己抗争的过程。

自卑更是一种潜移默化的力量，

社会对漂亮的人更严苛

□张慧

走有光的路，爱真实的自己

美人是怎么过日子的？拥有不掉线的颜值会给生活带来什么影响？

美国版"知乎"——著名社交问答网站"Quora"上有人问了这样的问题，并得到了意想不到的答案。

一个女孩M在"Quora"上说，她11岁时就已经是C罩杯、细腰、丰臀的魔鬼身材，在公共场所总能感觉到别人火热的视线。当她走在马路上，路过的汽车会减速，司机会摇下车窗，对着她按喇叭；即使和母亲同行，也有男人对着她吹口哨。独自外出时总有男人跟在她身后，想方设法要她的电话号码。哪怕走进商店，店员也会变得热情多话，频繁地与她搭讪。

只有M的父亲或者男友在场时，这些虎视眈眈的男人才会收敛。父亲的一个眼神就能让他们知难而退，但无论M多么严肃地警告别人离她远点儿，人们都不当回事，反而像是大受鼓舞。

M不喜欢这样的关注。即使在最热的天，她也不敢穿短裙、短裤和吊带背心，任何露出大片皮肤的着装都会成为别人的兴奋剂。

"有时我觉得别人的谄媚很滑稽，但想到别人讨好你只是为了你的外表，又叫人郁闷。人们总是过度解读你的行为，你稍微释放出善意，异性就会想歪。"M认为，当个漂亮女孩五味杂陈。

米歇尔刚刚加入"Quora"，一个男性朋友就打电话让她换掉头像照片。"你用这种照片，在'Quora'上人们就不会严肃对待你的问答了。快改个抽象点儿的，比如一只眼睛的特写。"

米歇尔觉得荒诞，"我又不是那种以色侍人的女孩，'Quora'上都是有智商的文明人"。当米歇尔开始参与问答，点赞蜂拥而至，她还有了一些粉丝。她觉得这很酷：人们喜欢她说的内容，与照片无关。于是她告诉那个朋友，照片可没有影响人们对她的判断。

"看看他们的资料。"朋友建议。米歇尔照办了，随即发现她的粉丝大多是年轻男性，很多还是高中生，只关注女生和约会的话题，少数熟男也只专注婚姻和情感问题，而这些粉丝青睐的都是年轻女性。米歇尔少得可怜的女性粉丝们则是同性恋者，忙着为同性恋权益鼓与呼。

"人们不相信女孩可以又漂亮又有头脑，所以看了照片就认定我没脑仁。我认为最好的反击就是发表更多聪明的答案，同时开启屏蔽功能。"米歇尔写道。她固执地没有更换照片，"因为那就是真正的我，为什么要隐藏？"

美国网友沃拉也有这种困扰。人们因为她的长相对她青睐有加。她真正为之努力的事情却被忽视了，比如好成绩、聪明的头脑和杰出的工作能力。"当人们用'有魅力'来定义你，你的面貌、身材就比你的头脑和灵魂更重要了。无论你取得什么成就，人们都认为是脸蛋的功劳。这真叫我恼怒。"

脸谱网上，好友申请源源不断地涌向沃拉，根本处理不完。"多数人只是觉得你漂亮才对你友好，很难看清谁是真正在乎你内涵的朋友。"对美人来说，寻找真爱似乎格外艰难。"很多异性围着你，每天短信轰炸，约你出去玩。但找到灵魂伴侣更难，真正可能和你相爱的人无法突破人墙出现在你面前。"应对女性的嫉妒，和应对男性的骚扰一样令沃拉不快。一些女性倾向于将男人对美女的关注，转化为对美女的怨恨。

网友索尼娅指出，似乎全世界都相信漂亮的人一定有趣、礼貌、善良。"人们希望你的内在和外在一样美。一旦希望落空，人们对美人的失望，会比对长相普通的人的失望更大。"

从这个角度来说，社会对漂亮的人其实更加严苛。

我们要懂得将它化为前进路上的坚强和落泪后重新启程的动力，明天的阳光才会更加耀眼。

而努力，刚好是对付自卑的最强大的武器。亲爱的你，学会去正视自卑吧，认清自己自卑的原因。能改变的，我们拼命改变；不能改变的，我们坦然接受。在自卑面前，我们依然要尝试着做一个无畏的人。

讲到这里，我要用俞敏洪的一段话结尾：

每个人都自卑过，不论是自己的比较还是外界的压力，看看从前的自己和现在的模样，那是你奋斗和努力过的印记。向从前挥挥手，自卑过的你现在要大步地往前走了！

正视自卑，你会走得更远，更能抓住机会。加油吧！

我喜欢努力挣钱的自己

□ 巫小诗

那天，我在路上偶遇一个关系不错的学妹，她平时总是离老远就跟我打招呼，但这一次，她不仅没有跟我打招呼，连视线都有点儿躲避我，走近了我才发现，学妹哭过——原本精致的妆容，此时像是被打翻了的颜料。问她怎么了，她支支吾吾地说没事，然后踩着不适合她年纪的高跟鞋，拎着几个貌似装着衣物的袋子走远了。

当天晚上，我还是觉得这件事不对劲，于是发消息问她发生了什么事，需不需要帮忙。

我平日里很喜欢这个学妹。学妹学的是播音主持专业，漂亮开朗，又有礼貌。她心情已平复了些，向我诉说了她的经历。

学妹从大二起就开始在校外接一些主持活动，商场庆典、公司年会、车展和婚礼她都主持过。她不觉得学生用课余时间出去挣点儿钱有什么错，一次次的锻炼，让原本不那么开朗自信的她变得胆大起来，即便有突发情况也能应付自如。但学妹周围像她一样忙于"接活儿"的同学并不多，大部分同学家境殷实，认为自己不缺那个钱，没必要那么辛苦。学妹也渐渐成了同学们眼中的异类，那个"想赚钱想疯了"的异类。

其实学妹家境也不错，父母每月给的生活费都够用，她只是觉得闲着也是闲着，既然自己可以靠工作换来报酬，替父母分担一些经济压力，何乐而不为呢？

她清楚地记得自己挣到第一笔主持费时的激动——去专柜选了两支口红，自己一支，孝敬妈妈一支。即便送给妈妈的那支口红因为颜色太艳妈妈很少用，但随口红一起送出的便条，妈妈到现在还夹在本子里珍藏着，那张便条上写的是："老妈，等着我养你吧！"

她清楚地记得自己第一次用劳动报酬来抵制歧视时的痛快。一次，有个找她帮过忙的研究生学长请她吃饭。学长面相猥琐，言语轻狂，说自己在跟着导师做很牛的项目，又说女生不用读太多书，也不用太辛苦去工作，尤其像学妹这种长得漂亮的，嫁个学历高又会赚钱的男人可以少奋斗十几年。他甚至直接问学妹："听说你们这种专业，有很多女生被人包养啊。"

学妹没怎么说话，她去洗手间的时候，到前台把账结了。吃完饭学长叫服务员埋单时，她说："我已经付过了，这顿我请，毕竟你们研究生一个月的津贴还没我主持一场活动的收入多。"学长当时的表情，真是一个大写的尴尬。

今天，学妹是去主持一场很久之前就应允了的开业活动，时间是周六下午，本不会耽误上课。可是就在周五晚上，老师突然通知，下周二的课改到这周六的下午上，刚好跟学妹的主持活动冲突。学妹跟主办方早已多次沟通过台本，现场彩排也已完整走过，她无法推掉这场主持，更无法让别人顶替，只能选择翘课去主持。

她在现场主持活动的时候，同学们在教室上课。那是一门小班专业课，老师一眼就发现她没来，便问她去哪里了，底下有同学不怀好意地回答："老师，她赚钱去啦！"

老师很生气，说这根本不是学生该有的样子，甚至让同学转告她"下次再因为商业主持缺课，这门课就算她不及格"。

等学妹结束了工作，在大冬天穿着无袖礼服瑟瑟发抖地走到后台拿起手机时，她看到了同学给她发来的微信："让你不要为几个钱那么拼命吧，这下好了，老师很生气，说要让你挂科。"

那个瞬间，她的眼泪就不受控制地流了下来，她觉得好冷，虽然披着长款羽绒服，却比刚才站在台上的时候还要冷。

听完学妹的讲述，我突然好心疼她。我心疼一个女孩子的努力，在他人看来竟是利欲熏心。在她身上，我也看到了之前的自己。

大一那年，我看了挺多关于行走的书籍，也想像书中的人一样，来一场说走就走的旅行。可我不想跟父母要钱，我觉得自己已经成年，不能再让父母为自己的梦想埋单了。于是，我把之前的偶尔写作发展成了相对高产的写作，想用稿费来完成旅费的积攒。

没课的时候，我在图书馆写，在自习室写，把特别的经历写成叙事散文，把瞬间的灵感写成短篇小说。它们变成了杂志上的一个个铅字，也变成了飞向我的一笔笔稿费。我喜欢写，我也喜欢钱，但跟挣钱相比，我更喜欢努力挣钱时的自己——这样的自己，是充实的，是自信的，是在物质和人格上更接近自由的。

一次，我跟同为写作者的朋友聊天，他说："最近怎么总在杂志上看到你的名字，要不要这么拼啊？最近是不是很缺钱呢？你还是学生，好

不迎，不逆

□零 凌

于丹做客一档访谈节目，曾说起多年前的一件生活琐事。

那是一个周末，晚上九点多，她正在加班。母亲突然肚子疼得厉害，送到医院看急诊，被告知患了阑尾穿孔，必须马上手术。恰巧，那晚女儿也发烧了，轻度肺炎。她和先生守着母亲，只好拜托自己的学生带着孩子去打针。母亲被推进了手术室，医生要求她签ICU（重症病房）的同意书："老人年事已高，我们不能保证她麻醉后能很快清醒过来。如果清醒得很慢，我们要直接送去急救。"

深夜的走廊里空荡荡的，先生扶着浑身发抖的她，在提心吊胆的等待中一分一秒地煎熬着。终于，手术室的灯灭了。出乎意料的是，母亲和护士高门大嗓地聊着天出来了。她赶快走上前，母亲竟抢先安慰她说："孩子，你别害怕，我都挺好的。"

早上七点，她被母亲赶回了家。一开门，女儿就跑了过来："妈妈，姥姥怎么样了？"看到女儿活蹦乱跳的样子，一颗悬着的心落了地。上午九点半，她穿过偌大的校园去上课。路上，春天的阳光透透亮亮的，带着花草、植物的清香扑面而来，那种喜庆的气息瞬间感染了她。十点整，她准时站在了讲台上，开始给学生讲授这一周的新课。

于丹把这种状态称作"不迎不逆"。在猝不及防的倒霉事面前，心里还能有几分欢喜。这份欢喜，是看到了老人身上有一股向上的劲儿，是看到孩子生着病还惦记着长辈，是在最不堪的时刻还能感受到一束阳光的和煦，是在经历了这一切之后，还能安然地站在讲台上，把自己该做的事情做了。她说，原来，人可以改变自己的物境。

这让我想起了另一位知名的台湾作家张曼娟。她临近四十岁时，有一次参加同学聚会。同学们从四面八方聚集而来，有些全家出席，有的携带着儿女，热热闹闹的。而她却是单独赴会。

"也好，为自己活才有意思。"有同学安慰她说。也有同学很是羡慕她总是看起来很如意的样子，问她："这么多年来，你都没什么不如意的事吗？"

面对同学们的劝慰、羡慕，她的心里却特别平静。她想起了大家一起念书时，曾在海边围着营火畅谈梦想。有同学说要成为一名作家，有同学说要念博士，有同学立志要成为一个名人。而当时的她，只有一个小小的梦想，就是遇到一个人，建立一个家，过最平淡温暖的家庭生活。

然而，人生的列车却将他们带向了意料之外的旅程。她实现了别人的梦想，成了作家、博士、名人，却没能实现自己那个"小小的梦想"。

聚会结束后，她和几个同学一起搭乘捷运回去。途中，同学们一个个到站下车了。突然空寂下来的车厢里，她看到窗上投射出一个女人微笑的侧影——那是她自己。她欢喜着这样的自己，或许并不能完全掌控未来的方向，却可以珍惜眼前的一切，时时保持愉悦的心情。

那一刻，她决定为那辆载着自己不断奔向前方的人生列车命名：幸福号。

年少时，我们总是饱满地"迎"着，也热烈地"逆"着，拼命追求成功、富足、顺遂、被爱、被认同，也尽可能地躲避着不喜欢的人和事。当经历了人间的百转千回，终会慢慢明白，这个世界从来不是为每个人量身定做的，怎么可能事事尽如人意呢？

好享受大学生活比较重要，大学就应该好好玩，好好谈恋爱，挣钱这种事，毕业了再去想。"

"什么时候就应该怎么样"的句式，从小到大我听过太多遍，每个过来人都有说不完的金科玉律想传授给后辈。可是，他们总是忘记，他只是他来时的那条路的过来人，而那条路不能复制给别人。

他觉得好好玩、好好恋爱是享受大学生活，而在我的路途上，好好写、好好追梦也是享受大学生活的一种。

大一暑假，我的稿费积蓄已经达到五位数，我因此进行了为期一个月的旅行。看着一路的风景，我感觉这一年所做的努力都是值得的。那时候在我的眼中，钱并不是钱，而是通往更美的地方的车票。

这世上并没有那么多利欲熏心之人，每一个靠努力劳动获取报酬的人，都应该被尊重。

有两个人从铁窗朝上望去，一个人看到的是满地泥泞，另一个人看到的却是满天繁星。

就算你生活再不济，也能活出灿烂的自己

□胡 识

前几天，和一位读者朋友聊天。她说她是一个特别自卑的女孩子，因为她的母亲患有严重的精神分裂症。

读书时，母亲隔三岔五就会跑到学校里找她，会当着很多同学的面对她嬉笑怒骂，指指点点，这让她觉得很难堪。

为了保留自己的面子，经过激烈的思想斗争，她决定不让母亲找到自己，于是拜托学校的门卫大叔将母亲拦在校外。

她以为这样做就可以避开同学们看她时的异样眼光，找到足够的安全感。但每当下课，看到母亲孤零零地坐在学校门口反反复复地数着自己那蓬乱的头发时，她就会觉得好心酸。

她说："阿识学长，我知道我不能怪我妈，但是我有时候真的很恨我妈。"

"你能体会得到吗？你认为我应该怎么做才不会因为我妈而感到自卑？"

看到这些消息的时候，我突然觉得挺难过，因为这位女孩子的故事和我的经历是多么类似。

我母亲也是一个行动不太方便的乡下女人，没有读过书，却从小戴着一千多度的近视眼镜。医生说她患有先天性高度近视。

读初中时，每逢周末放学，我身边很多同学的爸爸妈妈都是用崭新的自行车接他们回家。

但我的母亲却穿着邋遢，拉来一辆又破又旧的大板车来学校接我。

说真的，那时候我一看到母亲，想死的心都有，就更不用说我会坐她那用来拉猪粪和稻草的破车了。

我都不愿意多看母亲一眼，就是一个劲地埋着头往前走，把她甩得远远的。

我生怕有同学会嘲笑我，骂我是个穷孩子。

有很多事如果你不曾经历，你是无法想象到的。

在那样一个年纪，我已经相当糟糕了。发育不是很成熟，面色萎黄，又矮又瘦，学习成绩还不太好，胆小怕事，时常被同学或老师使唤来又使唤去。

他们都叫我鸡架子，一不高兴就会打骂我，拿我当猴子耍。

我真的不敢让他们知道那个又脏又难看的女人就是我的母亲。否则，我会感到更加孤独害怕。

但不管我怎么用尽全力往前走，我都避不开她。她拉着大板车走在我的后面，跟得紧紧的。

我偶尔回过头，看到她的影子又黑又长，像是快要吞没我。

这让我莫名地觉得心慌，仿佛有人在握紧拳头死死地堵住我的血管。我在内心恨死她了。

回到家，我将母亲数落了一番。可她并不会生气，好像就不知道该怎么对自己的孩子发火一样，反而缩着脑袋，用一双极其悲凉又暗淡无光的眼睛呆呆地看着我，只字不语。

我知道她快要流泪了。

但我并没有走向前对她道歉，只是扭过身子跑到房间里用被子捂着头大哭起来。

有很多个日子，我们的房里房外都会下雨，密密麻麻。母亲一定很后悔把我生下来，让我跟她一起吃苦；我很痛恨母亲把我带到人世间，陪她一起受罪。

直到后来有一天我考上高中，邻居家的张奶奶告诉我，读中学时，我的学杂费都是母亲去城里卖血，还有用大板车替人拉货才交清的。我才忽然发觉真正让母亲觉得自卑的是，她并没有教出一个孝顺听话的孩子，而不是我因为母亲又穷又脏就感觉在别人面前抬不起头来。

生活中，能让一个人觉得自卑压抑，孤独难堪的既不是父母，也不是别人，而是我们自己。

如果我们不能及时有效地从贫瘠的生活中走出来，总是一味地站在原地责备我们的父母没有给自己创造一个舒适的生活环境，怪他们长相不好、没有能力、穷酸土气，那么我们这一辈子都不会摆脱卑微的命运，就更不用想自己会在若干年以后过上更好的幸福生活。

真正努力、勇敢并且拥有梦想的人，他们一定不会对命运的安排妥协。

貂蝉是怎样练成的

□ 忆江南

四大名著之一的《三国演义》和历史有着极为密切的关系，其中的人物大部分是有名有姓的，但有四个人物除外，他们或者有姓无名，如江东美女大乔小乔；或者无名无姓，如被张飞痛打的督邮；或者有名无姓，如四大美女之一的貂蝉。

可能不少人会把"貂蝉"写成"貂婵"，因为"婵"可以用来形容女子姿态美好，但这个美女的名字确实是由"狗尾续貂"的"貂"字和"噤若寒蝉"的"蝉"字组成的，那么"貂蝉"二字究竟有什么含义呢？原来，"貂蝉"指的是貂尾和刻有蝉形花纹的黄金片，是东汉时期侍中、中常侍所戴礼帽上的两种特别装饰，后用作达官显贵的代称。

历史上其实是没有貂蝉这个人的，但貂蝉这个小说人物也不是罗贯中凭空虚构出来的，那么她是怎样形成的呢？

貂蝉这个小说人物是有原型的，她的原型乃董卓身边的一个侍女。

据《后汉书》《资治通鉴》等记载，当年，董卓知道自己树敌太多，害怕遭到暗算，因此，无论去哪里，都让吕布做贴身警卫。董卓性情刚愎，曾因一件不合心意的小事，拔出手戟掷向吕布，幸亏吕布迅速躲避并赔笑道歉才逃过一劫。不过，从此吕布便暗中怨恨起董卓。

那么，是什么事让董卓对自己的贴身警卫如此火冒三丈呢？《三国志》中的《吕布传》给出了答案："卓常使布守中阁，布与卓侍婢私通，恐事发觉，心不自安。"也就是说，董卓曾让吕布守卫自己的内寝，吕布却乘机与董卓的一名侍女私通，又生怕董卓察觉，心中因此惶恐不安。

显而易见，《后汉书》《三国志》及《资治通鉴》等正史上都没有提到貂蝉其人，这个名字第一次出现应该是在比《资治通鉴》稍晚的《三国志平话》中。

《三国志平话》形成于宋代，出自民间艺人之手。在这部书里，影响了吕布和董卓的关系，从而改写汉末历史的那个侍女有了名字——貂蝉。之所以给她取这样一个名字，笔者窃以为原因有二：一是"貂蝉"一词和东汉有关，而"三国"讲的正是东汉末年的故事；二是"貂蝉"听起来颇像一个女孩的名字。

而在元杂剧《锦云堂暗定连环计》中，貂蝉自己给出了她名字的由来——"您（指王允）孩儿又是这里人，是忻州木耳村人氏，任昂之女，小字红昌，因汉灵帝刷选宫女，将您孩儿取入宫中，掌貂蝉冠来，因此唤作貂蝉。"

《三国志平话》和包括《锦云堂暗定连环计》在内的元杂剧都对之后罗贯中创作小说《三国演义》产生了深刻的影响，于是就有了我们现在所了解、所熟悉的貂蝉形象。

在《三国演义》中，吕布白门楼殒命之后，貂蝉这位胆色俱佳的奇女子便就此不见了踪迹，是随失败的吕布同赴了九泉，还是被胜利的曹操掳回了许昌，抑或是看破红尘飘然而去了呢？这个疑问从群雄争霸开始一直到归晋统一也没有解开。不知是作者无意间忽略了这样一个重要的人物，还是出于某种考虑有意识地避开不谈，目前尚无从考证。

越是身处困境，他们越能够铆足力气在旋涡中挣扎；越是因为父母贫寒或是有身体缺陷，越能够坦然面对生活，既会努力提高自己的学识和修养，又会主动承担起家庭责任，不但能过好眼前的生活，还勇于追求更加美好的日子。

作家方莹说：

贫穷对一个人来说并不可怕，可怕的是贫穷而不自知，穷而不思变，穷而安于现状，甚至认命。这样的人，往往被贫穷一生捆绑和纠缠，最后只剩下抱怨、不满和麻木。

对，我们一定要努力从自己狭隘的思想牢笼中走出来。既要活得自信，又要活得坦荡，更要活出不一样的、灿烂的自己。

青年励志馆　**最怕你一事无成，还安慰自己尚且年轻。**

马丽：我曾活丢了自己

□赵晓兰

马丽，著名女演员。1982年出生于辽宁丹东，2005年加入"开心麻花"团队，2014年凭借春晚小品《扶不扶》被全国观众熟知，2015年凭借喜剧电影《夏洛特烦恼》赢得更多关注。

因为各种状况，《环球人物》记者见到马丽，比原先约定的时间晚了不少。马丽一进门，目光就在满屋子忙乱的人群中搜寻着记者，然后忙不迭地打招呼："实在抱歉！让你们久等了！"她的目光很真诚，记者内心的焦躁一下子平复了。

马丽被人熟知的身份是一位喜剧演员，在舞台上与镜头前，她总是能够突破形象，带着观众一起肆意撒欢。她的武器，除了幽默，就是真诚。如果说幽默是一针兴奋剂，真诚就是一枚定心丸。比如《夏洛特烦恼》里的马冬梅，在各种夸张搞怪的表演下，蕴藏的是对男主角始终不渝的无私的爱。她真挚饱满的情感碰触着观众内心的柔软，女主角的善良、朴实，也在喧嚣的社会里显得格外可贵。

"我就是马冬梅。"马丽对记者说。采访中，记者忽然卡壳，她主动打圆场，"没关系，你累了"，接着讲起自己在舞台上卡壳的经历；临近结束，她说"我看了你的采访提纲，应该没什么遗漏的问题了"——记者眼前的她，同舞台上给人传达的印象一样，本色，温暖。

不断挑战自己的女汉子

在话剧、小品舞台，沈腾、马丽早已是一对合作多年的老搭档，被观众所熟知。但这抵不过2015年的一部电影《夏洛特烦恼》，它是开心麻花团队的第一次电影出击，效果惊人：以小博大，取得了将近15亿的票房。连喜剧片导演冯小刚也抱以敬意："《夏洛特烦恼》能火，是因为开心麻花真的是由衷热爱他们这部戏。"

借由大银幕的光环，很多人给马丽送来了"喜剧女王"的桂冠，同时，她的电影片约也越来越多，生活节奏变得越来越快。

近期将上映的《东北往事之破马张飞》，讲的是几个性格迥异的东北草根青年，无意中卷入了一场阴谋，上演离间计、苦肉计，与反派周旋，展开了一个既搞笑又励志的故事。马丽饰演的女主角是电影想要表现的"东北精神"的化身，她性格豪爽，在舞台上能唱能跳，餐桌上酒到必干，对朋友仗义，对爱人默默付出不计回报。

在刚拍完的《喵星人》中，马丽又尝试了完全不同的角色。这是一部面向内地市场的港式喜剧，由香港导演陈木胜执导。片中她年轻时是一名广告模特，为了家庭放弃自己的事业，后来为了儿女，又开始拼命赚钱。"爱占小便宜，但出发点都是为了孩子，总体不失可爱。"

在这两部电影中，马丽都挑战了动作戏，"观众不单想看你搞笑，还必须有一些别的元素在里面"。她很拼，陈木胜夸她打得比古天乐还要好。但片场上的"女汉子"终于有支撑不住的时候。在6月底，她从香港返回内地为《冰川时代5》配音途中，在飞机上晕倒。"工作强度太大了，每天工作十五六个小时，几乎没有休息的时间，连吃饭的时间都很少，所以太累了。"

经历过这样命悬一线的惊险时刻，她开始休息、调整，"以前工作到很晚，熬夜可以熬一晚上，到早上6点才睡。现在没事晚上6点就上床躺着，九十点钟就睡。有朋友笑我，说我比她爷爷上床还早。"

但这种情形毕竟不长久，很快，她又恢复紧张的作息。9月，她即将开始话剧《乌龙山伯爵》的全国巡演，为期一个多月。尽管影视行业已经足够热闹和风光，但她每年仍然会留出这样一段时间，享受和话剧的亲密接触。"当我站在舞台上听到观众的掌声，那一刻的幸福无可比拟。"

曾经在舞台上就像一枚钉子

马丽说舞台上的自己会发光，那才是她最自信和骄傲的时刻。拍电影的时候情绪是断的，一个镜头拍第一、第二遍时情感真挚，但无数遍重拍后变得机械。但舞台剧不一样，人物是完整的，情感是连贯的。

她被称为"千场女王"，早在好几年前出演的话剧就突破千场。"同一个话剧反反复复演，是否也会变得机械？"记者问。"会的，会感觉疲惫。"最疲惫的时候，她甚至害怕站在后台等待开演。"但离开一段时间，重新站在话剧舞台上，那种紧张和兴奋完全盖过了当初所谓的枯燥、

我可以拿走人的任何东西，但有一样东西不行，这就是在特定环境下选择自己的生活态度的自由。

厌倦。这一切都太难让我割舍。"

她回想起第一次站在人艺舞台上的时候，哭了，舞台对她来讲太神圣了。2003年马丽从中戏表演系毕业后，又进了北京大学林兆华戏剧研修班，一开始，她是循着演悲剧的路子发展的，曾在人艺舞台上与濮存昕、蒋雯丽、陶虹等一起演出《樱桃园》《建筑大师》等大戏。虽然收获不少，但同样也很迷茫。"在舞台上我就是一枚棋子，导演说你过来站着，我就像一枚钉子钉死在那儿，没有任何发挥，整个人都是闷的。"

后来机缘巧合，她演了一些轻松的小剧场话剧，状态完全不一样了。某次开心麻花的导演闫非、彭大魔看到了她的表演，感叹"这女的太'彪'了，可以去麻花演戏"。

"来到开心麻花，和这两位不太正常的导演合作之后，我才发现自己原来还有这样的一面。"马丽笑着说。

在开心麻花，她很快挑起大梁，主演了话剧《江湖学院》《乌龙山伯爵》等。她还出演了很多小品，比如湖南卫视元宵晚会，与何炅连续几次搭档出演了《超幸福鞋垫》。她称何炅为"师父"，至今充满感恩，"第一次做电视直播，紧张得快疯掉了，何炅一直鼓励我。我们俩到麻花的仓库找服装、置景、道具，互相给对方化妆、拍摄，当时就像两个快乐的小二货。"

她是春晚舞台的常客了，在小品《今天的幸福2》《扶不扶》《投其所好》中，马丽饰演离婚女老板、倒地老太太、投机女领导，个性鲜明、喜感十足，大有接棒喜剧女王宋丹丹的架势。

作为一个东北姑娘，马丽一开口就自带幽默感。声音是她的"秘密武器"，表现力超强。时而霸气外露，时而清甜软糯、撒娇卖萌，尤其是那"魔性"的笑声，已经成了她的个人标志。天生的幽默感加舞台的历练，有观众评价，马丽的表演即使到了非常夸张的地步也不会让人不舒服，"如果换了别人，早就显得做作"。

"可能我演戏比较简单真实吧。

演假的东西，我自己都会浑身起鸡皮疙瘩。"但曾经她的演技也有被人诟病的时候，"之前演话剧时，有一次我在售票处，亲耳听到有一对男女朋友在交流，女的说'不买这场，我太讨厌马丽了'，当时我的心像是被针扎了一样。"

他日也可以美美地搞笑

多年来，马丽和开心麻花的队友们发展出十足的默契。提到沈腾，她满是溢美之词："很有才，很有舞台魅力，愿意一直做他事业上的搭档。"而另一对开心麻花的灵魂人物闫非和彭大魔："他俩是焦不离孟的好兄弟，我们曾开玩笑说：'你俩各自结婚是为了掩人耳目吗？'他们没有社交、应酬，《夏洛特烦恼》火了，所有的红毯、颁奖礼，能不去就不去。老板让他们赶紧再出一部戏，但他们还是慢工出细活地写本子。"

很多喜剧明星私下里都沉默寡言，马丽说："其实就是希望更静一点儿，我们在台前够疯了，无论是精神上和体力上，都是超支的。就像很多节目找我去了之后，说叫你来搞笑，你怎么还哭了。我也是正常人，有七情六欲，这是他们理解不到的。"

人们总是称呼喜剧演员为"谐星"，称他们的表演是夸张的小丑式表演。对于一个漂亮的女演员，这并不是很中听。有一次马丽见到郭德纲，问他："'谐星'是不是贬义词？"郭德纲说："当然是褒义词。"

"演喜剧你要放下形象，不能说怎么丑怎么来吧，但其实也差不多，"沙发上坐姿优雅、妆容精致的马丽对记者说，"你要表现得特别颓、特别邋遢，才会有效果。有时候打扮得讲究一些，观众就认为'马丽你变了，变美了，但不搞笑了，我们还是喜欢接地气的你'。这总是让我很矛盾，我到底该怎么样才好。有一段时间甚至觉得把自己都活丢了，有点儿抑郁。"

爱美之心，人皆有之。马丽说，希望有一天，她也可以在舞台上美美地搞笑。

事业丰收了，感情生活呢？

她不假思索地回答："空白。"马丽小时候，父母离异，她也曾希望能早早地组建一个美满的家庭。但是入了这一行，却发现许多事情并不都遂人愿。"再等一等吧。不过我相信自己是一个善良的人，应该会得到属于我的幸福，只是早晚的问题。"

编织"青苔"的女孩

□顾静怡

巴黎时装周一直都是全球时尚的风向标。每年的时装周,设计师和模特儿都纷纷拿出自己的必杀技,铆足了劲儿地抢风头。但在2015年的巴黎时装周上抢了风头的却是一张手工编织的地毯。这张全长48米,宽3米的地毯酷似野生的青苔,美得让人惊掉下巴,让走在上面的模特儿一个个都变成了"在青苔上起舞的奥菲丽娅"。这位编织"青苔"的姑娘,叫亚历山德拉。

亚历山德拉出生在西班牙,家族世世代代以编织和经营地毯为生,南美洲最大的手工编织地毯公司就是她家开的。

有学历、有颜值、有才华,再加上大学毕业后继承了家业,亚历山德拉成了业内最年轻的CEO,然而,亚历山德拉却始终认为自己只是一个"手工匠人"。她对手工编织有一种与生俱来的热爱和尊重,喜欢把生活和艺术结合起来。除了协助公司运营之外,她更多的时间是跟着自己的心,执着地去创作和编织地毯。

有一年夏天,一家人高高兴兴去度假,亚历山德拉一边感受着阳光和微风,一边观察着各种不同树叶的形状和脉络,还不时用手触摸和寻找感觉,仿佛经过她的手,什么东西都能变成地毯。妹妹艾拉知道亚历山德拉又犯魔怔了,恶作剧地把她带到墙角,指着一块青苔说:"姐,地毯。"

原本只想恶作剧一下的艾拉万万没想到,亚历山德拉真的被青苔吸引了,"真像极了地毯"。亚历山德拉远看、近看,反复打量着由深浅不一的绿色组成的青苔,最后干脆蹲在地上,甚至拿出了随身携带的织线色卡,一一比对。漂亮的青苔让亚历山德拉心里忽然有了灵感。

几天后,大家坐在一起喝茶,亚历山德拉小心地拿出一块手帕大小的"青苔",放在艾拉的白裙子上,艾拉本能地尖叫起来,用手拨拉着"青苔",看到艾拉的紧张,亚历山德拉笑弯了腰。原来,以假乱真的"青苔"是亚历山德拉这几天创作的"青苔"地毯。

为了倡导绿色环境,亚历山德拉把"青苔"地毯搬到了马路上,她独特的情怀和以假乱真的"青苔"地毯,经媒体报道后,引起了社会的关注。2015年巴黎时装周前夕,范诺顿设计师捷足先登邀请她设计走秀地毯。

亚历山德拉由青苔联想到莎士比亚《仲夏夜之梦》,产生了灵感,她将时尚和自然巧妙地融合在一起。时装周地毯的工序复杂,为了制作出令人恍若置身大自然仙境的效果,亚历山德拉从选材到配色,每道工序都亲力亲为。没有编织模板,她凭着经验不断地进行细节调整,下针、修剪、观察、思考,每一个细节都认真推敲。因为是巨幅制作,她只得借助梯子爬到高处,手拿织线工具一针一线地创作。身穿蓝色工作服的她,在五颜六色的毛线之间来回穿梭,电枪、大小刀具不停地切换,认真而极具耐心地做着每一道工序。

一条长48米,宽3米幻若仙境的"青苔"地毯终于在一个半月后诞生了。2015年巴黎时装周上,"青苔"地毯抢尽了所有模特儿的风头,也让模特儿都美成了"在青苔上起舞的奥菲丽娅"。亚历山德拉一下成了时尚艺术圈里的红人,各路设计师纷至沓来,时尚奢侈品大牌爱马仕更是早早敲定了与她的合作。

面对时尚、艺术和金钱,亚历山德拉没有迷失,她笑称自己只是一个"手工匠人"。她依旧坚持自己对艺术的追求,笃定而努力。她用行动,诠释着一个内心有着坚定追求的女人的美丽,诠释着执着和永不放弃的"匠人精神",而这一切与钱财无关。

阿黛尔的达观

□鲁艺

阿黛尔·阿德金斯,英国流行歌手,身材偏胖,是21世纪全球唱片销量最高的女性天王,短短数年内,获得10次格莱美奖。

当香奈儿和芬迪两大品牌的设计总监卡尔·拉格菲尔德在杂志上大肆对阿黛尔的身材调侃,说,"有点儿太胖了"。

阿黛尔则大方地回应:"我又不是想上杂志封面的模特儿。我只是一名歌者,何况我的身材代表多数的女人。我做音乐不为吸引眼球,而是为了吸引耳朵。"

她不靠外表,不靠绯闻,不靠哗众取宠,而是凭借她自身的才华、坚定的信心和忘我的奋斗精神获得成功。她的台风简约、质朴、投入,然而她不可超越的天籁之音

走有光的路，爱真实的自己

演回自己

□林青霞

演过一百部戏，一百个角色，最难演的角色却是自己，因为剧本得自己写，要写个好剧本谈何容易。

在我演艺事业最忙的时候，同时在六部戏中演着六个不同的角色，我忘了演自己。有一天，站在镜子前面，看到的竟然是一张陌生的脸。"我是谁？"我问自己，"我喜欢什么？""我不喜欢什么？""我为什么不快乐？"——我答不出来，这才发现，不知道何时开始我失去了自己。

永远记得那两个快乐的下午。

那年我30岁，在一个晴朗的午后，我和女朋友还没换下睡衣，懒洋洋地斜躺在她纽约的小公寓里，我正拿着眉笔教她画眉时，忽然听到窗外传来喧闹的锣鼓声，来不及换衣服就把睡衣往裙里塞再加件风衣就往外跑。

我们夹在人群里凑热闹，在游行的队伍远离后，我和朋友散步到中央公园，倚在长长的木椅上，我眯起双眼享受微风掠过我的脸庞、吹拂我的发丝、掀起我裙角的感觉，眼前走过几个中国人，正要坐直身子，却发现人家并没有留意木椅上那随意懒散不化妆的林青霞，刹那间我享受到那种没有人注目的自在感。原来快乐可以那么简单，不需华服不靠珠宝。

1990年夏天，我和邓丽君相约到法国南部度假，我们在康城海边沙滩上享受温暖的日光浴。许多法国女人脱了比基尼上衣，坦然迎接阳光的照射，周围没有人大惊小怪，也没有换来异样的眼光。那里更没有人知道谁是林青霞，谁是邓丽君。

我放下了戒备，退去了武装，也和法国女人一样脱掉上衣戴着太阳眼镜躺在沙滩椅上迎接大自然，邓丽君围着我团团转，口中喃喃自语："我绝对不会！我绝对不会这样做！我绝对……"声音从坚决肯定的口吻，慢慢变得越来越柔软。没多久，我食指勾着枣红色的比基尼上衣和她一起冲入大海中。她终于坚持不住地解放了。

我们在大自然的怀抱里笑傲，在蔚蓝的海天间，坦然地面对人群。刹那间，我想起了纽约那个快乐的下午，我的灵魂从无形的枷锁里解放了！当时我想，她一定跟我有着相同的感觉。

我和邓丽君不常见面，但是我们心灵的某个角落却是相通的，从十几岁开始我们就在镁光灯和众人的目光下成长，各自坚守着自己的岗位，尽心尽力地扮演着分配给我们的角色，能够做回自己的时刻却少之又少。

那个法国南部阳光海滩的下午，对我们来说是特别珍贵。

那个时候，我就是我，她就是她，我们都演回了自己。

和用心却征服了无数的人们。

有一次，阿黛尔对朋友说："我是一个比别人友善三倍的人。每当我在公共汽车上给人让座时，至少可以让三位女士坐下。"

她这种不以自身缺憾为耻的达观与对人事宽容的胸怀，在给身边的人带来了快乐和激励的同时，也表现了她以胖为荣的高度自信。

就是在她这种宽广胸襟的感召下，被称为时尚界的"恺撒大帝"拉格菲尔德感到非常愧疚，为了真诚表达对阿黛尔的歉意，当得知阿黛尔特别喜欢收集手袋后，他马上亲自给阿黛尔寄去一个很可爱的香奈儿手袋，外加一封言辞恳切的亲笔信。

人际交往中，宽容自身和别人那些表面上的缺点和不足，你会变得更为可爱和成功，可别因别人的鄙视就把自己很有特色的"丑"弄丢，其实，这样的"丑"也值得珍爱！

因为这种自信的丑，恰恰是一种最为可爱的精神，反而更受大众的欢迎。

一个人也许会相信许多废话，却依然能以一种合理而快乐的方式安排他的日常工作。

请在这个残酷的世界，维持一颗闪亮亮的少女心

□少女陆 sunny

1

以前在互联网公司实习的时候，遇到一个特有意思的领导。

这一位，今年刚好30岁，迈入剩女的行列，一头干练的短发，初次见到她的人，怕是一定会被她的气势给震住，她办事雷厉风行，不管是多难搞的客户，到了她的手上，总能够顺利合作下来。

我第一次见到她的时候，整个人大气都不敢出，战战兢兢的，生怕她吃了我。

这人实在是气场太强，让人不自觉地畏惧。

当时的我，甚至以为遇到了一个大魔王，从此以后要过上水深火热的日子，连着一个礼拜都没能睡好觉，却是没有想到，我遇上了一位披着魔王外表的傻少女。

她会拉着我谈论最新的八卦新闻，哪个明星和哪个明星在一起了，她会问我的星座，然后似是而非地算上一卦，随后就是敲敲我的背，告诉我："我和你挺搭的，我的手下就是需要一位处女座。"

有的时候，她晚上带我回学校，会顺便带我去吃饭，也不跑到什么饭店去吃，就吃路边的小摊。她会告诉我："这家的麻辣烫特别正宗。"又或者，她一个转头，又是对我说道："这家的砂锅特别好吃，我就喜欢过这样的日子，牛排西餐没有大锅菜来得实在。"

那年圣诞节，人事让我们在圣诞树上写愿望。她会挑上最漂亮的一张贺卡，虔诚地写下："今年的愿望，结婚。"眼睛里面闪烁光亮，这种目光，恰恰似那经过千山万水却依旧心怀向往。有着一种简单的澄澈。

我们两个人出去见客户的时候，她会和我讲她的故事，她年轻的时候也啥都不懂，就想着旅游，后来，发现没钱了，就一股脑儿地扎进了现在的公司，一做，就是这么多年，从一个小喽啰一跃到总监。听听很励志，然后你一转头就会发现她开错路了。

那个时候的我，总会稍显无奈地叹一口气，然后，认命地开始导航。

她，是一个可爱的女人。

在公司里穿着职业套装，开会时挥洒四方，气势如虹，恰恰是那都市女强人的形象，回到家却是另外一副模样，穿着粉红色的休闲服，喝着酸奶，研究最新出的口红。

她是个口红控，据说刚刚赚钱的时候，啥钱都没存下来，一股脑儿都砸进去买口红了。这几年好一点儿了，可是每个月至少入手两支。

因为，她是少女啊，哪里能够没个少女的爱好。

和她越熟悉，我就越喜欢她。不是因为她工作能力有多出色，而是因为她的少女心，见到喜欢的东西会惊喜，见到帅哥会犯花痴，聊到八卦会控制不住地眉飞色舞。

哪怕经历许多，依旧眼神明亮，心怀希望，让人感觉有着一种特别的舒坦。

2

我还认识一位姐姐，我更加愿意叫她姐姐，虽然今年她已经四十岁了。

姐姐当年上的还是不叫浙江大学的杭州大学，大学毕业之后就进入了国家某机关单位工作。

工作稳定，福利好，长得也漂亮，按理说这样的人吧，追的人肯定特别多。

没错，追姐姐的人特别多，可是啊，哪怕如此，姐姐到了今年依旧没结婚。

姐姐也不是要求高，也并非是不婚主义者，可是啊，就是没有遇到合适的，随后就一直单着了。

周围的人急啊，这么大的年纪了，已经是剩斗士之王了。

就是我妈也曾信誓旦旦地对我说："千万不能够学她。"

倒是姐姐啊，依旧过着自己的乐呵日子。她喜欢跳舞就去学跳舞，不仅仅是跳华尔兹踢踏舞，就是年轻人的街舞也会一些。

姐姐跳得特别好，具有成熟女人的韵味，但是换了嘻哈的服装，戴了个鸭舌帽，又是充满了少女的灵动。

就连教练都夸姐姐有天赋。

姐姐每次听到这类的夸奖都会不好意思地一笑，脸上也是闪现出些许的粉红。

稀奇吧，这么一位在社会上摸爬滚打这么多年的女性，被人夸一夸的时候，甚至脸蛋也是红彤彤的，害羞这种小情绪有多久没出现在这个社会了。

那副模样的姐姐，特别美，有着十五芳华女子的秀气之美。

我们在社会上摸爬滚打这么多年，我们总觉得，厚脸皮才够好，久而久之，脸红害羞的感觉就消失不见了，我们也开始认为害羞是不好的，羞怯其实是一种糟糕的存在。

可是，小脸蛋红红的，脸庞滚烫滚烫的，这不仅仅只是一种少女时期存在的状态啊，它有着一种特别的活力，含羞带怯，娇艳动人，恰恰是那难以诉说的美啊。

因为它，是你年轻的证明。若是可以，谁不愿意一直二八芳华，若时光要让我变老，社会会让我成熟，我只希望，心脏处，有着那么一个小小的角落，藏着我那少女的欢喜啊。

那颗少女心的跳动，始终不变，女人啊，有的时候，就得这么娇娇俏俏才可爱。

3

我其实挺喜欢许晴的。

我知道，很多人都曾评论她作，评论她公主病，评论她四十多岁了却还是嘟嘴卖萌，评论她这儿不好，那儿不好。

可是说真的，我喜欢她的一刹那，不过是《花儿与少年》第一季第一集时她那贴满HelloKitty（凯蒂猫）的贴纸，那一霎，我感觉空气当中的粉红泡泡都在蔓延，虽然已经四十多岁了，眼神妩媚之间却依旧有着澄澈之感，那时候我就想，这一位，心里面却也是有着赤子之心的吧。

赤子之心，恰恰是我们曾经拥有却最容易丢失的东西。

我挺喜欢许晴的这句话的："不因现实的乌云，而背离戏剧的光彩；不以世界的复杂，而背叛内心的纯粹。"

我相信她热爱戏剧，所以才有今天的演技，我也相信她经历世间复杂之事，所以才显得今日天真可贵。四十多岁的年纪，早就已经抛去少女时代，走入成熟时代，可是这所有曾经经历的复杂，却在最后，全都幻化成平和。

我保留内心的纯真，我坚信爱情的浪漫，哪怕到此时此刻，我已经年纪不小，却依旧内心烂漫，向着世界说"我爱你"。

其实，你仔细看，许晴的嘟嘴卖萌，恰恰是有着一种浑然天成，男人没法讨厌，说真的，男人喜欢年方十八的少女，不仅仅是因为青春活力，还有那天真烂漫的纯粹。女人或许会讨厌，许是因为同类相斥，可是看到了最后，怕也是心生羡慕，心生感叹。

因为没人有办法讨厌曾经纯粹的自己。

4

日子一天天过，你也一天天变。

昨日你还是二八少女，天真烂漫，今日你已经是他人之妻，事事琐碎，明日你却已经白发苍苍，感慨人世。

社会竞争如此激烈，你在走，人家在跑，你在跑，人家在开车。

你慌张，你害怕，你努力，你奋起直追，你好不容易追上了，却又怕后面的人赶上，有的时候，你不得不感慨，为人一世真难啊！

所以，我们的心中，始终保留着那么些许的纯粹，那一颗闪亮亮的少女心，它或许尘封过，它或许很久没有出现了，可是当我需要它，一笑之间，我还是当年那个被人夸奖会脸红的女孩。

有那么一点点的羞怯，却是最本真的我。

敢做自己的胆量

□林语堂

我要一间自己的书房，可以安心工作。并不要怎样清洁齐整，应有几分凌乱，七分庄严中带三分随便，住起来才舒服。天花板下，最好挂一盏佛庙的长明灯，入其室，稍有油烟气味。此外又有烟味、书味，及各种不甚了了的房味。

最好是沙发上置一小书架，横陈各种书籍，可以随意翻读。种类不要多，但不可太杂，只有几种心中好读的书，以及几次重读过的书——即使是天下人皆认为无聊的书也无妨。不要理论太牵强乏味之书，只以合个人口味为限。西洋新书可与野叟曝言杂陈，孟德斯鸠可与福尔摩斯小说并列。

我要一个可以依然故我不必拘牵的家庭。我要在楼下工作时，听见楼上妻子言笑的声音，而在楼上工作时，听见楼下妻子言笑的声音。我要未失赤子之心的儿女，能同我在雨中追跑，能像我一样喜欢浇水浴。

我要一小块园地，不要有遍铺绿草，只要有泥土，可让小孩儿搬砖弄瓦，浇花种菜，喂几只家禽。我要在清晨时，闻见雄鸡喔喔啼的声音。我要房宅附近有几棵参天的乔木。

我要几位知心友，不必拘守成法，肯向我尽情吐露他们的苦衷。几位可与深谈的友人，同时能尊重我的癖好与我的主张。

我要一位能做好的清汤，善烧清菜的好厨子。我要一位很老的老仆，非常佩服我，但是也不甚了了我所做的是什么文章。

我要一套好藏书，几本明人小品，壁上一帧李香君画像让我供奉，案头一盒雪茄，家中一位了解我的个性的夫人，能让我自由做我的工作。

我要院中几棵竹树，几棵梅花。我要夏天多雨冬天爽亮的天气，可以看见极蓝的青天，如北平所见的一样。

我要有能做我自己的自由，和敢做我自己的胆量。

那些微小的改变，让我们越来越好

□艾小羊

~~~~01~~~~

她胖了，向我抱怨工作特别忙，属于压力胖，办了一张健身卡。下次见面，问她去健身了吗，她说没有，还是忙。等赚够了钱，就提前退休，去少有人住的海岛，过闲云野鹤的生活，每天做两个小时瑜伽。

这个宏大的目标支撑她，过现在这种毫无品质的生活。晚起晚睡、每天消夜、体重失控、焦虑不安，她的朋友圈里时常发在海边练瑜伽女子的照片，说这就是她的未来。

有一个可以努力的未来，当然很好，然而据我观察，她现在明明也可以过得更好。

我们常常迷恋重大的改变：等我有钱就好了，等我换工作就好了，等我换个城市就好了，等我结婚就好了，等我辞职就好了……那些重大的改变像小时候作文本上的远大理想，似乎实现了，一切都迎刃而解。

且不说重大改变是否能够到来，即使最终到来，是不是如我们想象的那样美好？

在我换第一份工作的时候，也有过这种大改变拯救人生的想法。

之前在做一份轻松、无趣、收入低的工作，原本是提高生活质量最好的时机，我却总是懒洋洋，对一切都没兴趣，觉得自己因为赚钱不多所以是个loser，而loser是没有资格享受生活的。

新工作谈定的那天，我坐在朋友的车上，意气风发地告诉他，我的薪水将翻五倍，我可以去租一间有朝南阳台的房子，在上面种满花草；我要办一张健身卡，练出腹肌；我还要去海边，在可以看海的房子里度假。然后，我真的租了阳台朝南的房子，却根本没时间种花草；办了健身卡，总以要加班为名拖延；度假的时候，住在看海的房子里赶稿子。然后我说，干脆别折腾了，存够钱，我就辞职，争取40岁退休。于是我退了朝南阳台的房子，转让了健身卡，出门度假住快捷酒店，为提前退休拼命存钱。

两年后，我买了房子，成了房奴，提前退休的梦破灭了。并且随着30岁的到来，我开始对年龄产生焦虑感，害怕被社会抛弃，不再羡慕提前退休，而是羡慕那些70岁还在工作岗位上的人。

这次狗血的经历之后，我拒绝再回答"5年后，你的生活会有哪些改变"这样的问题。

改变是从当下开始的，如果当下没有改变，5年后也不会变得更好。我们经常会有一个误区，即大的改变才能拯救人生，其实不对，许多时候，是那些微小的改变，让我们越来越好。

~~~~02~~~~

一个单身女友住进了自己买的新房。当初买房的时候，信誓旦旦地说等到交房的时候，一定要嫁出去。但有人可以把嫁出去当成工作计划完成，有人就是不行，她属于后者。所以，她变成了一个住在崭新江景房里的怨妇。屋里杂乱不堪，家里冷锅冷灶，午夜时分还拉着朋友一起喝酒，不愿意回家。

我们去家居用品店，她非常喜欢一套床上用品，价格小贵，纠结半天，说算了，等有男朋友再说。"正因为没有男朋友，才更应该对自己好。你要不舍得，我买了送你。"我故意激她。她心一横，买了。第二天把床铺整齐，拍照发朋友圈，说为了对得起这套价值不菲的床品，以后要每天叠被子。

后来，她又养了一只加菲猫，下班就急急忙忙往家赶，以前觉得只有结婚才可以改变的事，竟然被一只小猫给改变了，朋友圈里各种晒猫照，配图是这样的文风：看到它那么从容淡定，我都不好意思抱怨生活。

原来，不是非要结婚才能培养一个人的家庭责任感。

~~~~03~~~~

人一旦从微小的改变里尝到甜头，就会明白，人生是由一分钟、一小时、一天累积而成的，所谓对自己负责，是对自己的每一分钟负责。

当你对当下不满意，不要想着三年后会好，五年后会好，结婚后会好，孩子长大会好，而是如何从下一分钟开始改善。不是完美的才叫幸福，也不是财务自由以后才有品质生活，快乐是我们向岁月讨来的，品质生活是我们与时间打架的结果。

或许这样努力过生活，离你心目中那个终极的、一切问题都被解决的理想生活有差距，可是真要浇一盆冷水给你，一切问题都被解决的不叫生活，叫终点。

生活的本质就是无数问题的累加，解决了一个，另外一个又会浮出水面，危机是永恒的，平静是暂时的。当你因为提高了工作效率，而提前一个小时下班；当你吃到了自己种的又小又甜的草莓；当你穿上了十年前的连衣裙，你离理想的生活已经近了一步又一步。

所以，不要问什么时候才能改变，什么时候才可以快乐，不要为理想的生活制订时间表，通往理想生活的路是从脚下开始的。

~~~~04~~~~

今早收到一位朋友的明信片，名为：是日天气。

他从2013年开始，尝试坚持拍

早晨型人更容易成功

□ [日] 中岛孝志

我的某位友人是经营者,他早晨到公司后的第一项工作,便是逐一观察员工的表情。

"为什么这么做呢?"我曾经问过他,他的回答颇为新颖独到。

"不吃早餐直接到公司的人,其表情没有神采;对凌乱的头发不加整理、头脑昏沉的人,上午没法指望他干活儿。我不想对这些人支付他们上半天的薪水。所以,总是暗中在奖金里予以扣除。"

结合每年两次的评审结果来看,头脑昏沉的员工其评价必定是较低的。社长根据经验积累起来的观人诀窍和被客观数据加以证明的人事审核结果居然惊人的一致!

是否为"早晨型人"和工作成果的评定是相互关联的。

的确,"早晨型人"能够更加出色地工作,所以评价结果自然较高。即使在高评价下保持默不作声,从结果上看也还是会被逐渐委以重任的。工作能培养人,人也会随着工作而逐渐成长。当然,收入和奖金也自然会随之水涨船高。

社长既然是这种类型,那就在这家公司里改变态度,成为"早晨型人"吧,头脑昏沉者是永远无法受到晋升机会的眷顾的。若能提早留意,薪酬也会增加,晋升空间也会更大,否则只能空留遗憾。

如果人们能够提前45分钟起床,就能够双目有神、头脑清晰,在工作中保持全速运转;如果能够有效利用这个"不被任何人打扰的45分钟",就能在工作、学习、投资、兴趣爱好、研究、体育、老人护理、孩子教育等诸多方面获得具有生产效率的实际利益。再说,早起会让人神清气爽且心情愉悦。

所以,我喜欢早晨。早晨的空气比起白天和夜晚更为清新。原因在于,从夜晚到早晨的这段时间,蒸发后的水蒸气在朝阳的沐浴下让空气得到了净化。

清爽的早晨也能让心灵平静稳定。以此为证,我们不也没有听说过早起的不良少年、早起的犯罪分子嘛。早起会让人拥有净化心灵的能量。正因如此,也有精神科医生努力让苦于忧郁症、心理疾病的患者转变为"早晨型人",并取得了成效。

早晨自然而然是积极向上的,没有人从早晨就心情沉重。

学生时代,我曾在备考学校做兼职,对失学考生劝诫最多的,也是让他们努力转变为"早晨型人"的生活模式。当时,深夜广播讲座在考生当中颇有人气,于是我就指导大家把内容录下来放在早晨听学。

原因是什么?习惯早晨学习是有利于考试的。希望大家关注考试的时间段,是从早晨到下午的时间。即使是夜校,考试也都是在白天。即使坚决主张"我是夜猫子",考试也不会因此而被调整至晚上进行。在这个时候,"夜晚型人"显然已经输给"早晨型人"了。

早晨仅仅提前45分钟起床,就能够让自己的评价提高,薪酬上涨,职务和工作的级别也不断上升。不仅如此,心情也会平和,生活也更加从容淡定。无论学习还是兴趣,抑或是投资,只要利用好早晨的时间,就可以做更多的事情。

至多是45分钟,然而也就是45分钟。只要早起45分钟,就能实现如此精彩的生活。希望诸位能够带着轻快的心情尝试着去做"早晨型人"。

摄每天早晨起床后的天空,2013年半途而废,2014年也是如此,2015年终于完成,于是把照片合辑,自费出了十二张一套的明信片。

他的梦想是成为一名自由摄影师,本职工作却是做水利工程,很忙,未婚,为钱着急,也为前途着急。然而,当他谈起这套明信片,眼睛闪闪发光,我知道他从中拥有了成就感,这件看上去无意义的事情让他非常快乐。

我们需要远大的目标激励前行,更需要在每一天的改变中,明白自己对于生活可以有所作为。

在生活的激流中,你不是顺流而下、满怀无奈,而是一个掌控者,可以掌握自己的情绪、自己的时间,那些微小的分分秒秒,因为你的掌控,而变成你的时间,你的生活,它们写着你的名字,因此独一无二,因此银光闪闪。

生活的悲剧不在于人们受到多少苦,而在于人们错过了什么。

人生就是一场赤脚与高跟鞋的较量

□椰子姑娘

毕业时，收拾寝室，无意中在床底下的最里面，找到了我人生中的第一双高跟鞋。

买这双鞋子的时候，我刚上大学不久。当时在商场里一眼就相中了它，左试右试，觉得35码有点儿小，但是36码又有点儿大。再三权衡之后，我决定买36码的鞋子。

第一次兴致勃勃地穿上属于自己的高跟鞋，是去和一位学长散步。那一天，我穿上高跟鞋，换上蓝色长裙，想象中的自己应该是长发飘飘、婀娜多姿的。然而，当我兴奋地走向学长，举起手准备优雅地说声"嗨"的时候，脚下一个不稳，顺势就是一趔趄，"嗨"出口就变成了"哎呀妈呀"。学长很绅士，扶了我一把，多亏了当时月黑风高，不然宝宝尴尬癌都要犯了。

我没有料到的是，这个趔趄是高跟鞋给我的第一个小小的下马威。我们散步仅仅五分钟之后，我那高跟鞋就开始作妖了，不仅脚后跟非常磨，而且因为高跟鞋有坡度，我每走一步，脚都会往前顶一下，五个脚指头就会和我的鞋子发生摩擦。毫不夸张地说，每一步都像走在刀尖上，那种痛，我到现在想起来都觉得心尖儿在颤。

散步十分钟之后，我已经坚持不住了，只有一个声音在我心底呐喊："我要坐下！"

所以，那天漫步林间的约会，就变成了坐在长椅上喂蚊子。之后，学长送我回宿舍，我就像一只跳梁小丑，龇牙咧嘴地一瘸一拐，其间夹杂着无数声"嘶……妈呀……"等语气助词。

从那之后，高跟鞋在我心里有了深重的阴影。它不再是美丽的代名词，而是受罪的别名。

有很长一段时间，我没有再尝试过高跟鞋。但是，每当看到有姑娘穿着高跟鞋健步如飞的时候，我心里还是止不住地羡慕：怎么人家穿得那么溜儿呢？

奇怪的同时，我也在暗暗观察。起初我觉得，是不是我买的鞋子不合脚，选的鞋子碰巧就磨脚。于是，我开始到处打听什么牌子的高跟鞋比较舒服，然后下血本买了几双广受好评的鞋子。

但是，没有什么用，不管是尖头的、圆头的、坡跟的、细跟的、贵的、便宜的，只要它是一双高跟鞋，哪怕就是一双小坡跟都磨脚，轻则磨出一个小泡，重则磨破皮。

难道是我的脚长得与众不同？于是我又开始观察那些穿高跟鞋走路如履平地的脚。不看不知道，这一看，我就发现，凡是穿高跟鞋走得好的姑娘，几乎每个人脚上都贴着几个创可贴，不然就是已经有了厚厚的茧子。

当我问一位姑娘："你这鞋子不磨脚吗？"她是这么回答我的："磨啊！磨也穿着，磨磨就好了！"

原来不是鞋子的问题，也不是脚的问题，是我的问题。

我想有穿上高跟鞋的身高，想要完美的小腿曲线，想要挺拔优雅的气质，我却忘记了，任何事情都是要付出代价的，当然也包括美丽！

人生就是一场赤脚与高跟鞋的较量，不是脚磨鞋，就是鞋磨脚。如果你在一开始磨破皮的时候就却步了，那美丽的高跟鞋就会跟上别人的脚；如果你能越挫越勇，不断尝试，最后你的脚上长出了茧子，所有美丽的高跟鞋就任君挑选了。

现在这个时代，已经不是"女为悦己者容"了，而是"女为悦己而容"。其实，一位姑娘并不会因为穿上高跟鞋而变得优雅，不穿就显得矬。气质来源于自信，我想穿就能穿，我可以随心意、随场合自如地切换我的着装，保持得体的仪态。

如今，我会耐心地挑选适合自己脚形的高跟鞋，虽然还是会买到磨脚的鞋子，但我已经不会将它束之高阁了。买后跟贴、半垫、脚趾袜、防磨膏，变着法儿地让那些我喜欢的鞋子合我的脚。

当我脚蹬自己喜欢的高跟鞋，穿上学士服，去参加毕业典礼，自信优雅地上台从院长手中接过我的毕业证时，我知道，这一场和高跟鞋的较量，我赢了！不只是外貌的成熟，更是内心的成长。

"叛逆"成就的世界名校之旅

□邹 青

谁的青春不叛逆？

但是有的人叛逆就能收到世界名校的offer。

叛逆不是让你跟师长对着干，而是坚持自己的梦想，尊重自己内心的想法，并朝着梦想勇往直前。

17岁的成都女孩文艺霖，最近同时被世界九所名校录取。这九所大学在国际上都是声名远播的。

文艺霖自小就与众不同。在一些老师的眼中，文艺霖简直就是"执拗"和"叛逆"的代名词。

老师教男生踢足球时，别的女孩子都安静地站在一旁观看，文艺霖却执拗地加入其中，和男生们踢得热火朝天。

教烘焙课时，别的女孩子做的都是小熊饼干、草莓慕斯这一类传统的甜点，文艺霖偏偏要将棉花糖夹在面粉里，做出的饼干连她自己都咽不下去。

高考复习阶段，同学们都一心扑在复习迎考上，文艺霖却放弃学了多年的法语，去自学英语托福，还考出115分的好成绩。

老师觉得文艺霖太叛逆，同学们也觉得她太另类，但是文艺霖却坚持做自己喜欢的事情。

她产生出国留学的念头，是源于一次去国外给中国学生当英语翻译的经历。在美国的纽爱华学校，她发现这里的老师不会告诉你该怎么做，而是提供工具给你，帮你创造条件，实现你的作品；不会过多干涉你的想法，给你资源、鼓励，帮助你成为想成为的那个人。她喜欢这种教育氛围，向往在这里读书学习，于是做出一个大胆的决定，要去世界名校留学。

然而，她的这个决定并没有得到老师和家长的认同和支持。因为她当时的英语成绩离托福及格线还有一大截的距离。

老师和家长一致认为，与其将时间浪费在留学申请上，不如多花些时间复习语数外，考一所国内的好大学。但是文艺霖偏不，还不断寻求机会去实现目标。

学校老师要出国访问美国七所知名中学，在微信上询问同学们：关于这七所名校，大家都有些什么问题想问？

文艺霖居然提出了这样的请求："能不能带我一起去？"没想到，这个请求最后居然通过了。

文艺霖完成梦寐以求的美国名校之行，大开眼界："这次访问对我的影响很深。它让我体会到，成功的教育不是让每个学生都考150分，而是让每个孩子都有机会追寻自己的兴趣爱好。"

回国之后，她更加积极地投入申读名校的准备中，利用课余时间自学五门美国大学的选修课。

别的同学每天都在埋头复习、准备高考，她还在默默备战托福考试，浏览美国高校的资讯；别的同学出国留学要么选择热门的商科，要么选择研究性的理科，她却选择了令人大跌眼镜的人类语言学；别的同学听从老师和家长的建议选择院校和专业，她只听从自己内心的声音，做她真正喜欢做的事情。

她除了凌晨四点爬起来看足球比赛，和原美国国家队门将、洛杉矶银河俱乐部总监Zach先生成为忘年交外，还自学了西班牙语。

她希望研究生去法国就读，毕业以后投身于最热爱的足球行业。

她先后接到九所世界名校的录取通知，令身边人颇感意外。

她说："坚持做自己喜欢的事，就一定成功。叛逆，并不是和大人对着干，而是做自己想做的事情。只要遵循自己的想法，尊重内心的声音，做我认为对的事情，即使叛逆，也能实现梦想。"

深海的鱼不必泅渡上岸

□ 既禾

1

高一快要结束的那段日子，文理分科的"重大抉择"也如约而至，"尖子生"云集的实验班自然而然成了"兵家必争之地"。我坐在靠窗的位置，佯装漫不经心的样子，眼睛却被盛夏的阳光灼得生疼。

小城的一中重理轻文，具体表现为尽量控制文科生的数量，以大规模舆论宣传和适度宏观调控相结合为手段。那段日子，学校郑重地开了两节课的全校大会，慷慨激昂地说着人生与未来，总结起来内容无非就是"文科报名多，录取少；理科报名少，录取多；文科就业难，理科就业面广"……但是文理分科，似乎与这些实验班的天之骄子全然无关，因为在他们自设的题目里，原本就只有理科这一个选项。

政治老师专门拿出一节复习课向大家传达"近几年的国家领导人有向文科转移的趋向"这一现实，一向不爱言语的历史老师也精辟地撂下一句"想领导世界就学文，想毁灭世界就学理"。每个文科老师都充分展示着自己的文科属性，可是所有极具诱惑力的说辞，最后都抵不上理科老师

一纸数据，详细到了本校文理科毕业生的本科升学率、就业率，乃至平均工资。

经过了一番热火朝天的前期准备，最终的统计表上，实验班报文科的人数寥寥无几。我借口忘记和家长商量，给自己多争取了一晚考虑的时间。

即便文理人数悬殊，教化学的班主任依旧在"循循善诱"，很快，零星几个选择文科的同学中，又有两人倒戈。没多久，班主任的声音在我身后传来，让我意外的是，那个物理成绩总是遥遥领先的许辰选择了文科。

"你的理化成绩那么好，不学理实在是可惜了。"班主任惋惜地叹了一口气，"真的想好了吗？这次只是初次统计，表格上交之前还是可以更改的。"

"嗯，老师，我学文。"后桌的男生许辰冷静地回答。

"你可要考虑好。你看，几乎全班都选了理科啊，二班也一样。两个实验班几乎没有几个人学文。"班主任没有放弃。

"只要还有站着的，就不叫全军覆没。"许辰一字一顿，掷地有声。

我把自己刚刚递给前桌的表格要了回来，在文科那一栏，一笔一画写下了自己的名字。

2

班主任没再说什么，她早在高一开学没多久就领教过许辰的固执和倔强。

那是期中考试后的第一堂班会，班主任例行点评完考试成绩，开始总结上个阶段大家的学习状态。说到"阅读课外书籍"这个话题，她把手里的几本近期没收的课外书在讲桌上拍得啪啪响，落在桌面的粉笔灰尘扬在空气中，掺杂着无处藏身的烦躁："作为实验班的学生，竟然有时间看这些'闲书'？就算你读完了一整套《红楼梦》，高考语文可以多得几分？"她边说边看向我，没错，那本最厚的《红楼梦》就是从我手里没收的。我在心里翻了无数个白眼，悄然低下了头。

懊恼间，听见身后有凳子挪动的声音，后桌男生的声音清朗地从斜上方传来："老师，如果有一天您的学生看《红楼梦》都是为了在高考中提分，那您这个班主任就可以转行制造机器人了。"说着，他径直走向门口，在经过班主任面前的时候停下脚步，恭恭敬敬地鞠了一躬："对不起，老师，您这样的班会我没办法忍着听完。"说完，他头也没回地走出了教室。

讲台上的班主任，一张严厉的脸白了又绿，绿了又黑，最终怒不可遏地摔门而出，一节班会课变成了自习。

那时，我只知道他的名字，以及他坐在我的后面。印象中，许辰就像壁花一样，静默在班级靠窗的座位上，如果不是在月考时凭借优异的成绩崭露头角，根本没有人会意识到他的存在。

关于"班会事件"，许辰坚决不肯道歉，他不觉得老师的言论是对的，更不觉得自己拒绝接受自己不喜欢的言论这一行为是错的。班主任大概也意识到自己的言辞偏激，最后也就不了了之。

风平浪静之后，许辰依旧是角

用马改造囚犯

□ 佟雨航

在美国纽约州，有一座名叫沃基尔的监狱，里面关押着数百名囚犯。由于监狱里的一些犯人脾气暴躁，常常因为一些鸡毛蒜皮的小事就开打，甚至与狱警发生冲突。为了改变现状，监狱长凯恩曾想了一些办法进行治理：严惩那些闹事的犯人，让他们蹲"小号"，派给他们最苦最累的活……但收效微乎其微。

于是他向全体狱警征集治理方法。狱警希洛说："我有办法——用马改造脾气暴躁的犯人。"希洛的父亲脾气非常暴躁，经常和邻里、同事发生冲突，被解雇后，到赛马场做养马的工作，在马厩很少与人接触，朝夕与马相伴，一段时间后，坏脾气竟大大改观……

听了希洛的讲述，凯恩虽然觉得有些荒唐，但决定试一试。随即，希洛与"退休良种马基金会"取得了联系，双方签订了协议：让狱中囚犯无薪水照料那些从前得过冠亚军的赛马。而后，希洛从狱中挑选出18名"刺头犯人"，让他们到"退休良种马基金会"去养马，每天负责喂马草料、为马洗澡、为马捉身上的寄生虫等事务。虽然这些囚犯曾经凭自己的身材与力气侵犯过不少受害者，但他们通过与退役赛马一段时间的相处，相当敬佩退役赛马，照料起来也相当有耐心。久而久之，他们身上的"刺"渐渐地就被磨掉了，与人相处时不再那么暴躁和易怒了。

莱恩是沃基尔监狱的一名杀人重犯，20年前因无法控制自己的脾气，开枪打死了自己的一名同事，被判25年有期徒刑。在监狱服刑期间，莱恩的坏脾气一点儿也没有改变，三天两头和其他犯人大打出手，数十次遭到狱警的严厉惩罚也不曾改变。但自从他被派去"养马"后，莱恩不仅坏脾气大大地改善了，出狱后还在赛马场找到了一份工作。面对采访，莱恩说，他最应该感谢那些赛马，是它们改变了他，它唤醒了他内心善良的一面。如今，美国司法部已把"用马改造囚犯"作为一项重点工程，在美国各州的多座监狱进行推广，并且取得了非常不错的效果。

落里的壁花，我看到过他在课间誊写《易经》练习书法，那一刻，觉得这真的是一个奇怪又充满个性的男生。

3

不长不短的暑假结束后，新学年到来了。我雄赳赳、气昂昂地踏入了文科班。不出所料，除了坐在窗边的许辰，其余几乎都是陌生的面孔。

我就这样地在全新的环境里开始了在文科班的学习。文科班的老师对课外书相对"宽容"很多，曾经偶尔被视为"不务正业"的写写画画也终于有了立足之地，这样的氛围让我感到格外舒服。在新的班级里，许辰和我之间隔着几个座位，我看向始终悄无声息读书的他，心里有些感激。

我俩可能由于分班前就曾是前后桌，分班之后也便少了些距离。偶尔经过许辰的位置时，我们也会三言两语随便聊聊。直到走近他的世界我才知道，这是个暗藏着许多才华的男生。当别的男生在操场上挥汗如雨时，他已写完了自己的第一本历史随笔；当别的男生热衷于各种热闹的网游时，他的书包里装着新买的《汉书》；当别的男生争先恐后地在某个女生面前出风头时，他正把家里收藏的典籍第二次翻开……他就像一个从历史中穿越而来的人，满身的书卷气，在青春的汗味与荷尔蒙气息中，那么与众不同。

只是，最初的沉默可能是由于彼此不熟悉，但一直的沉默往往会被视为疏离。

渐渐地，班里开始有了对许辰的议论，有人惊讶于他每天看"闲书"还能在功课上游刃有余；有人不屑地说："他不过是个只会读书的书呆子。"有人不无艳羡地说："他的桀骜不驯来自他的恃才傲物。"有人漫不经心地撇撇嘴："装什么装……"

你们又怎么知道呢？每次考试后，每个人都围着老师问丢分的原因和提分技巧，只有他静默在一旁，等人群散去，和历史老师探讨遥远的工业革命与文艺复兴背后的故事。我曾不经意地看到，那个一向不苟言笑的教历史课的老头儿，看向许辰的时候，眼睛总是亮的。

你们又怎么知道呢？当财经专业和管理专业一度成为文科的报考热门，许辰却最终选择了无人青睐的历史专业。他在我们的世界里悄无声息，却在他自己的世界里霸气称王，不可一世。那个埋首典籍的他，心里充满着他人无法感受到的安逸。

你们又怎么知道呢？许辰曾在某个光线温和的黄昏，神情坚定地说："就像是被扔进深海的鱼，在我不知道自己是鱼的时候，不游泳就会被淹死。所以我就要一直读书，读书对于我来说就是一场泅渡，我不想上岸，不想要多么帅气的成绩，只想向更深处游，看看比生命更远的地方有什么。仅此而已。"

是啊，深海的鱼不必泅渡上岸，阳光虽好，但对于它来说就是灼烧。永远好奇，永远求知，永远探索，才是属于他的深海，他的风生水起。

二十岁，告别自卑，拥抱更好的自己

□ Nico

-01-

在过去的二十多年光景里，我不止一次地咬着牙告诉自己：抬头挺胸，微笑，你不比任何人差。但几乎从未做到。

"错失机会"四个字，大概伴随着我的整个成长过程。小到竞选班级委员，大到和极好的工作机会失之交臂，甚至连跟男孩表达爱意的勇气都没有。

我知道这些失败甚至不是我自身的原因，但它们还是一如既往地发生了。到今天，二十多岁的我，仍然一无所有。但我深知，我必须要改变自己的心态。只有告别"自我怀疑"的消极人生态度，才有可能找回本该属于我的东西。

我出生在一个内陆三线小城市，父母都是老实巴交的上班族，从小就养成了艰苦朴素的好习惯，我也耳濡目染，缝缝补补又三年。

父母对我的愿望就是不求富贵，但求安稳。嫁一良人，儿孙满堂。

所以从很大程度上来讲，我潜在的自卑性格，是从成长环境中衍生而来。

我清楚地记得，想要新衣服的我，在苦苦哀求和软磨硬泡都无结果之后，披上姐姐的旧衣服，愤怒地冲出家门，踏上自行车绝尘而去。大冬天，我边骑车边哭，为什么别的女孩子都能轻易得到想要的东西，而我却不能？

今天提起此事，已经变成个笑话了。但妈妈仍然不卑不亢地说："生你，就是为了让你捡旧衣服的。"

再长大一些，我学会了"反抗"。我会偷偷溜回跟妈妈一起逛过的书店，找到那本心仪的《林肯传》，从储蓄罐里数出八枚攒了很久的钢镚，换那本渴望拥有的书，我把它捧在心口，嗅着香喷喷的纸张味道，任它在鼻尖萦绕。

童年时期就被灌输的固有模式，可能会伴随你的一生，并在你的成长过程中被不断强化。你能做的只有把自己变得更好。

孩子的自卑，大多数来自家庭环境。

今天，二十多岁的我，仍然能听到父母会说"太贵了"这样的话。"我很穷"的教育"理念"还未结束。

我知道老人家勤俭惯了，很难改变。我只能在心底微微一笑，然后低头默默努力。

希望有一天，可以给他们过上不考虑是否需要，只在乎是否想要的生活。

-02-

我曾无数次在自卑的心理暗示下，蹑手蹑脚，不敢迈出第一步。二十多岁的我，告别自卑，树立崭新的心态，拥抱更好的自己。

我曾暗示过自己一万次：你不行，你可能做不到。但是今天，我会说，没关系，试一试而已。即使做不到，我也不会后悔尝试过。

于是在朋友眼里，我成了一个爱"折腾"的女孩。

大学期间，我摆过夜市，被城管追了整整一条街；开过淘宝店，并自己拍照修图当客服；做了半年多的微商；前不久开始在简书写字，并开通了个人公众号。在此期间还顺便考下了驾照，考了个研。

他们看着我乐此不疲地尝试新鲜事物，过着不怎么"淡定"的日子。而我在这么多折腾的事情当中，不仅解决了我的基本生活问题，更收获了比经历本身更珍贵的东西。

我终于看了一场喜欢了15年的偶像的演唱会；我自己支付了整整一年的生活费，并在春节期间给父母和自己分别购置了新衣服；我尝试了新的领域，开阔了自己的眼界，接触到了更宽广的世界，手机和电脑不再只是重复播放韩剧的播放器。我甚至触碰到了很多人连想都不敢想的新世界。

即使我放弃了，我可以自信地说，我不后悔。

我很快乐，因为我勇于尝试。

二十岁，告别自卑，我拥有了更多优秀的品质：自信、勇敢、乐观、不轻易自我怀疑和自我否定。这些改变让我变得更加快乐，更加坚强。

-03-

朋友说，我佩服你说做就做的勇气。

可我明白，我折腾得这么明目张胆，也怕被人嘲笑一事无成。当自己没有天分的时候，我想只能靠天道酬勤了吧。

最开始在简书上写字的时候，我没有想过自己真的能坚持下去，也从没想过通过写字来获得什么。连续两篇文章被编辑拒绝之后，我意识到，自己可能真的不是写作这块料。虽然这么多年来，断断续续坚持读书，可我从没认真研究过写作这回事。面对如日中天的自媒体，我更是两眼一抹黑，什么都不懂。

可我没有就此放弃，我关注了五十多个大号，学习今天的写作模式，研究简书首页的爆文，再改进自己的缺点与不足。终于，我的第三篇文章《716周杰伦日：生命潦草，我不弯腰》，被简书首页收录，这对我这样的写作小白来说是个极大的鼓励！

突如其来的肯定令我激动不已，我下定决心开始了艰难的日更（每天更新一篇文章）生活。坚持到今天，已经整整四十天了。

写作的时候，我常被固有思维限制，为了寻找突破口，我开始了广泛阅读。从金庸到《诗经》，从肝胆相照到儿女情长。除了纸质版，我还在火车上、公交车上阅读电子版。随着视野不断扩大，渐渐地让自己跳出思维定式，写作的角度变得更多，情感更丰富。

我曾以为，好的文章就是一切。实则不然，比打开文档更难的比比皆是，精致排版和美图对于我这个技术盲来说，比登天还难。我在这方面花费的时间和精力，远远超过了看书和写字。还好我脸皮厚，向比我年龄小的圈内朋友，和已经是大神级别的作家老师刨根问底。我几乎使用了所有的编辑器和排版工具，硬生生地把自己从一个电脑盲逼成了技术宅。

天赋是奢侈品中的贵族，当天赋不足的时候，只有脚踏实地、勤勤恳恳才是治病良方。正因为我能力不足，才有了后天的不断学习和反思，争取做到勤能补拙。

所有的甘于平凡，往往都是缺乏意志力的表现。在今天这个物欲横流的社会，大多数人还是贪心的。只不过，人们往往选择容易实现的"贪婪"去兑现，比如吃顿好的、看场电影，而不是拖着疲惫的身体，再努力一把。

今天，我在现实中摸爬滚打，但依然向往诗与远方。

我渴望说走就走的旅行，但也永远记得一步一个脚印。

曾经的自卑，造就了我比同龄人更努力奋斗的人生；二十岁以后的我，拥抱了更美好的自己。

人生没有万事俱备，只有即刻启程。

你说话的方式毁了你的优势
□艾小羊

想想那些特别讨厌的人，你会发现，首先是他们说话的方式特别让人讨厌，而不一定真做了什么坏事。

很多时候，占了理的人，因为说话的方式别人接受不了，而成了过错方。做错了事，却完全不知道自己错了，这种情况其实很少。当失误发生时，我们会变得敏感、自卑，一边埋怨自己怎么这么笨，一边出于本能，希望抓住对方的失误，扳回一局或者挽回一点儿面子。

占据优势，却不会说话的人，正好给了失误方机会：瞧你什么态度？就冲你这态度，我这样对你也没错。真正能让别人承认自己错了，不是看你跳得多高、说得多难听，而是心平气和地找原因、说结论，不要把事情引入指责的怪圈。任何关系，一旦进入互相指责的怪圈，大家就会放弃成长，只争输赢。

为什么有人总是以不当的说话方式让自己处于劣势？除了少部分人是因为修养不够，更多的情况是他们忽略了人与人之间的心理距离。夫妻之间、父母之间，觉得怎么说话无所谓，也特别容易一开口就伤人。

距离感是人与人之间最宝贵的存在，成年人最重要的美德是边界意识。这个世界上，除自己之外的都是外人，应该遵循社交三原则：彼此尊重、理智对话、就事论事。

那么，怎样说话能够让你清晰地表达自己，让对方意识到错误，以后避免同样的失误？

第一，我们指出一个人的错误，绝不是为了让他无地自容，而是有所改进。那些因为意外而造成的小失误，一笑而过，对方会感念你的大度。

第二，问句，尤其反问，很容易造成居高临下的姿态。"你怎么能犯这种错误"与"我们来分析一下这次失误是怎么造成的"，前者会让对方立刻产生防备心，后者才会让他们启动反思模式。

第三，不要算老账，说你总是这样，或者你上次也是这样，算老账容易让对方产生挫败感。

当对方失误，你占据优势，根本不必再去证明自己有多正确。最后没变成神，反倒成了瘟神。指出他人失误，只有一个善意的出发点：就是增进团队成员的了解与和谐。应该把智慧放在探讨怎样可以做得更好，而不是把对方说成小丑。

你不是神，也会犯错，也反感他人的指责。请记住，当我们身边出现了他人，是为了彼此取暖，过得更好，而不是显得你比他高明。

青年励志馆 最怕你一事无成，还安慰自己尚且年轻。

想当舞蹈家的服装设计师

□张达明

1938年的冬天，一位16岁的英俊少年来到了法国首都巴黎，他雄心勃勃地要在这里实现自己的梦想：当一名让全世界的人都为他喝彩的舞蹈家。

但事情并不像少年想象的那样简单。在找工作的日子里，他几乎跑遍了全巴黎，可因为他没有别的特长，很难找到让他挣大钱的机会。在走投无路的情况下，他想起了自己跟父亲学的裁缝手艺，就极不情愿地去了一家裁缝店，但裁缝店老板却告诉他，店里并不缺少人手。他苦苦哀求老板收下他，老板说："收下你可以，但你的工资只能按学徒工的一半去计算，而且店里要经常加班，活儿很累的，你如果能答应这些条件，就留下来干吧。"

到了这一步，少年不想回家去，就硬着头皮答应了裁缝店老板的苛刻条件。

可两个月还没干完，少年就觉得难以忍受了，他不知这样干下去，什么时候才能实现自己的明星梦。他带着绝望的心情，冒昧地给当时人称"芭蕾音乐之父"的布德里教授写了一封信，把自己的苦闷告诉他，请求他无论如何帮帮自己。

信写好后，他又犹豫了，如果教授不理睬他，自己以后该怎么办呢？最后，他还是把信寄给了布德里教授，之后，每天焦急地等着教授的回信。

布德里教授是个非常平易近人的人，他很快就给少年回了信。教授在信中指出，学习舞蹈不仅仅需要极好的天赋，更重要的是需要金钱做后盾，如果你的家庭条件不是很好，就不要硬往这条路上挤了，那样，会毁了自己一生。

教授还对他说："如果你十分喜欢舞蹈这门艺术，可以先找一份适合自己的工作干，解决生存问题才是你目前最要紧的，等以后时机成熟了，再去学你热爱的舞蹈也不迟。"

虽然教授说得不错，但那毕竟是纸上谈兵，少年对前途仍然十分迷茫。

在一个夜晚，他独自去了一家酒吧借酒消愁，也就是这个夜晚，少年偶遇了一个人，她彻底改变了少年的命运。

正当少年喝得醉眼惺忪时，一个很绅士的中年男子偕夫人走了过来，盯着他一直在看，少年问那男子："我的样子一定很滑稽。是吗？"

少年哪里知道，这名男子是一位伯爵，他对少年的话并不反感，而是"呵呵"地笑着，说："孩子，你喝多了，还是回家去吧，你的父母一定在家等急了。"

少年很粗暴地拒绝了男子的好意，说："我没有家，我愿意喝多少，碍你什么事了呢？"

这时，伯爵的夫人走到少年跟前，好奇地摸着他身上的衣服，露出了赞叹的眼神，很有兴趣地问他："孩子，你身上的衣服是从哪里买来的，很时尚！"

少年答道："这样的衣服还用去买吗？我随手就做得来。"

伯爵夫人顿时发出惊讶的声音："孩子，如果这衣服是你自己设计和裁剪的，我可以肯定地说，用不了多久，你就会成为服装界的佼佼者，不仅可以家财万贯，而且会成为全世界都羡慕的人！"

伯爵夫人的话，使少年的酒意一下子全醒了。在夫人说完此番话的那一刻，少年猛然醒悟，他回味着夫人的话，觉得她说得太对了，他在想，其实最适合自己的事情，还是做裁缝，那不仅是自己最熟悉的行当，也能解决自己目前最紧迫的生存问题。

就在那一刻，少年决定：当一名优秀的裁缝，让自己亲手做的衣服，以自己的名字命名，让全世界的人都知道自己。

还有更让他惊喜的事情在后面呢，伯爵夫人问他："愿不愿意我来帮你介绍一家时装店呢，那可是全巴黎最有名的服装店哟。"

10年之后，当时那个狂热的少年舞蹈迷，已经摇身一变成了举世闻名的服装设计巨匠。他就是皮尔·卡丹。

当你在人生的十字路口即将迷失方向时，正确的办法是，选择你最熟悉的那条路一直走下去。

你明白，人的一生，既不是人们想象的那么好，也不是那么坏。

谁动了你的自尊

□ 陶瓷兔子

我被初中时最好的朋友疏远，不过是过了一个暑假的事情。

我并不知道如何得罪了她，苦思几周无果之后终于鼓起勇气去问，却被她带着莫测笑容的眼神扫过一眼后，说："没什么，你挺好的。"

你挺好的，我只是不想再和你一起玩了而已。我读懂了她藏在眉间眼角的潜台词。

有次，她在课间匆匆跑过来，找我们班的一个同学借书。那个女孩不在，我连忙把自己的书递出去给她，她并没伸手接过，而是拉住一位刚准备进来、她并不认识的女生，说："同学，你能不能把课本借我一下？"

"你就拿我的去嘛，我笔记记得可全了。"

"你学习好，你了不起行不行？"她恶狠狠地瞥了我一眼，拿着另外一本空空如也的课本，转身离开了。

目睹一切的班主任看我太过尴尬，就把我叫到一边安慰："她疏远你，只是为了保住自己的面子罢了，并不是你做错了什么。"

"可是，我又不是想跟她争，我们明明可以一起学习的。"我说。

"自卑的人总是习惯在别人身上找尊严。你还小，现在不明白，以后会懂的。"

小时候读《天龙八部》，觉得慕容复简直是书中的一大败笔。金庸先是虚张声势地忽悠了大半个江湖，又将朱碧双姝、四大家将狠狠渲染一番，用以衬托慕容公子的才貌无双。

而当慕容复真正出场之后，却不是被珍珑棋局弄得心神迷乱险些自杀，便是在万仙大会上败在了段誉手下，更是被萧峰（乔峰）像玩偶一样提起又重重摔下。从此他颜面全无，乃至自甘堕落到认段延庆为义父，手刃家将直至疯癫，只落得对着一群小孩子称帝耍威风。

我直到长大，才慢慢体会到这

一段的深意。

慕容复是《天龙八部》中最骄傲的人物，他文武全才、勤于律己、兢兢业业，比书中任何一个人都要努力、梦想明确、行动迅速。可他越是优秀，就越是自卑；越是自卑，就越是高傲。

他的优秀是一块遮羞布，遮住他并不丰厚的家底、并不高强的武功和并不现实的梦想，遮住他恐惧被别人窥到的千疮百孔。

所以，他看到段誉，明里是不屑，暗地是自卑。

段誉是大理名正言顺的王子，而他只不过是一个并不为人承认的落魄燕国皇族。他看到萧峰则是惭愧，二人的实力相差太远。萧峰靠自己的双手打出了"北乔峰"的名号，而慕容复所能倚仗的"慕容世家"早已成了一个不堪风吹雨打的烂摊子。

他的自卑让他放弃了"共赢"，太迫切需要通过他人的不堪来反衬自己的优秀和完美，和地位相当的人结交则会让这一原则面临极大的风险。

他的一生就这样栽在了自己可悲的伪自尊上。

为了这一点儿虚无的尊严，他宁愿俯就，也不愿与自己旗鼓相当的人结交；宁愿失败，也不愿被人靠近真实的自己；宁愿疯癫，也不愿意去面对自己是个彻头彻尾的失败者的现实。

没有自尊心的人固然可怕，可是有些人，却因为太过看重自尊，而最终失去自我。

他们太过敏感，性格又太过高傲，以至于不敢面对自己身上哪怕一丁点儿的不足，生怕被别人看到而受到嘲笑。

松浦弥太郎曾经写过一段有关自尊的话："聪明的人，努力的人，可以靠才华和勤奋达到某种程度的成功，但他们往往无法再上一层楼，此刻阻挡他们成长的，就是'自尊'。这种'自尊'很可能是我们为了保护自己，向人炫耀，打压对方而存在的铠甲，看似坚不可摧，实则不堪一击。"

与自己真正成长和进步的机会失之交臂，将另一半真实的自我深埋地下，从此戴着优越感的面具生活——这是多么得不偿失的一场交易。

当你觉得不再成长时，可以试着模仿别人

□ 马华兴

我们会被各种流行观点所左右，比如"做自己"。

你会从各种对名人的采访中看到、听到关于他们"做自己"的故事：张导为何能拍出名片，因为自己独到的眼光；索罗斯为何能在各种金融市场中屡屡得手，因为他独特的投资哲学；莫言为何能写出震撼人心的故事，因为他自己独特的写作风格……我们为此心向往之。于是乎，当从事一份职业、着手一个兴趣、开始一段学习时，把"做自己"当信仰的人就会不顾一切地找自己的魅力：这就是我自己的风格，这就是我的性格，我就这样。

但是，聪明的你会发现，这样很难行得通。

当一个客户跟我谈起他刚进入新企业而不知所措的焦虑时，我问了他一个八竿子打不着的问题。

"王菲在微博里秀了一张模仿邓丽君的照片，你看到了吗？"

"这跟我的工作有什么关系？"他的提问在我的意料之中。

"那张照片太像了，以至于网友们叫她王丽君。你知道我上中学的一段时间特爱听王菲的歌，她还专门出过一盘磁带，全是模仿邓丽君的歌。"我继续展开自己意识流的咨询。

"……"他已经完全蒙掉了。

"我想说的是，当你觉得不知所措，或者觉得不再成长时，你需要找个人模仿。"

这个诀窍非我发明，而是人类天生就有。回顾一下各位曾经的模仿对象：刚出生时叫的第一声"妈妈"是在模仿妈妈；这种对母亲的模仿一直持续到上小学，小学时开始模仿你喜欢的那个老师；进入青春期之后有了偶像，开始模仿追的那个明星。你会去学他带颤音的风格唱歌，你也会模仿电影里他的动作、表情和语言。一些人在第一份工作中之所以能迅速成长，是因为他找到了一个比他强，又经常在他身边的人做导师来模仿。

这让我想到了我第一份干了十几年的工作，工作的第一年我就"相中了"一个负责人，把他当作职业导师，这让我的很多处事能力迅速提升。

人类的学习从模仿中来。而当我们进入工作或转换工作时，外界过多的干扰导致我们遗忘了儿时沿袭下来的才干。

当我们来到了一家新公司、一个陌生的组织，两眼一抹黑，面临各种新问题：开会流程、邮件风格、PPT要求、工作内容……全都是新内容，在他们看来驾轻就熟，在你看来又面临新的磨合。此时，我们进入了一个新的迷茫期和成长期，不妨把模仿的绝技开启，先去相中一个职业导师做模仿对象。

这个模仿对象，首先得有魅力。你看中的那个人要么自信干练，要么学富五车，要么智慧深刻，反正无论怎样，他在这个组织里气场够足。

其次得跟你臭味相投。假如某天，你看到他在茶水间跟人聊天提到了某个民国大家，而你竟然也曾经深入研究过该大家的野史。你就会对这个职业导师有惺惺相惜之感，从而你跟他有了那么一点儿共同语言。

再次，最佳的方案是，他还会跟你经常在一起工作，如果是你的顶头上司或项目合作伙伴，那就是天赐的机会，吃定他。即便不能经常在一起工作，那你也可以尽量创造出在一起工作的机会，抓住每一个会议、每一次邮件、每一个可能的项目。

周星驰的《九品芝麻官》里详细描述了如何模仿的方法，那小子利用在妓院工作的大好时机，通过模仿老鸨骂仗，从而练就了一副好嘴皮子，终于咸鱼翻身，荣归故里。

如何模仿？只需要做到：

观察。观察是模仿的第一方法。你要观察你导师的一举手一投足、一言一行、一颦一笑。通过观察你就会明白：当遇到多个利益纠纷的邮件时，他是如何回复的，他写PPT的思路是什么样的，他在会议中是如何发起提问的，他是如何安排自己和团队工作的，他跟团队谈具体事情的语气如何、眼神如何、手势如何……

附体。当观察一段时间之后，当面对类似场合，你就会有"在这一刻灵魂附体"的感觉，写邮件时很像他的口吻，写PPT时比肩他的思路，会议沟通时调用他的语气、他的手势……整个过程是完全下意识的，以至于你会在一段时间里说的口头禅都跟你的职业导师一模一样。

继续观察，附体……这两个动作多次循环。之后，你就会成为×××第二。这时候，你就长成他的样子。

这不光适用于职场。

我的一个朋友奔奔，她已经连续300天抽出1个小时练习书法。即便到了今天，她依然在临摹，从柳公权到赵孟𬳽。假如你是"做自己"的信

变成一个自己喜欢的人

口 刘同

小时候，我想成为我爸，这样我能给自己很多钱。

后来我想成为班上最帅的那个人，因为他身处的那个世界我永远都不可能懂。

后来看电视剧，我想成为律师，觉得一个人哪怕长得不好看，只要口才好，也能显得特别威风。也曾想象过在机场和别人吵架的场景：对方吵着吵着开始夹杂英文，我依然坚持用中文和他吵。他看我不会英文，于是开始全部用英文。周围的人越来越多，突然我转换语言，轮流用英文、日文、法文、中文变着花样和他吵。

从懂事到现在，我一直喜欢做梦，很多梦都破碎了。比如学英语，我曾下过几百次决心要学好英语，什么方法都尝试过：背单词、背文章、上培训班……均半途而废。

所以我很害怕外国人向我问路，也很害怕出国。

有一次，我和一个英文较差的朋友去泰国。在商场里，我没有现金了，想找自动取款机，好不容易遇见一个本地人，我说道：

"一个盒子，机器，有很多钱，插卡进去，它会给你很多钱。"

我手舞足蹈说了半天，对方仍没有听懂。然后那个英文很差的朋友走过来说："ATM。"泰国人恍然大悟。

你越害怕一件事情，越用复杂的方式去解决它，但往往却解决不了。

我学了十年篮球，失败了；学过美术，失败了；学过英文，失败了。在失败的日子里，我又发现很多有各种特长的人都被人们所欣赏、所喜爱，我就更恐慌了——我这样一无是处的人，该如何面对未来？

我想成为的那些人，我都成为不了。我究竟要成为谁？

后来，有朋友对我说："先别想着成为远方的某个人，先成为你身边的某个人吧。如果你觉得一个朋友不错，就观察他身上哪一点令你欣赏，然后要求自己也那样去做。"

按照这样的方法，我发现有人的口头禅是："先别着急，让我想一想。"每当有人这么说的时候，我都觉得对方既可爱又沉稳，然后告诉自己，安静地想一想。嗯，掌握了新技能。

还有人在吵架的过程中会说："如果你是因为我说的某一句话而生气，我道歉，我原本的目的是……"这样的人我也喜欢。

渐渐地，你处事的方式开始变得像你喜欢的那些人，更重要的是，这样的处事方式让你的思考方式也开始变得不太一样，而世界也渐渐明晰起来。那时的你会突然明白：我们没有办法突然成为某个人，但我们能慢慢地变成一个自己喜欢的人。

常有大学生问我："同哥，我怎样才能成为一个成功的人？"

我们没法一下子成为一个成功的人，我们只能一点儿一点儿模仿自己喜欢的人，然后将这些改变组合在一起，就能成为一个自己喜欢的人。若你能客观地与世界相处，并且喜欢当下的自己，我相信周围一定有更多的人比你还要喜欢你。

仰者，你一定会为之抓狂而问："那你自己的书法风格在哪里？"但是，这就是学习书法的过程，她得把每个字、每张帖、自己喜欢的名家的笔法临摹多遍之后，才能灌注自己的一点儿小小的变化。

还是回到王菲。王菲能成为天后级明星，大家似乎都认为是因为她能"做自己"的风格。但是，如果真的关注王菲之前演唱风格的变化时，你会发现一些不同的线索。

王菲1985年出道，曾经换过一个更"香港"的名字王靖雯。出道到1994年，一直唱香港风格的歌曲，也确实在香港艺人中斩获颇丰，当年《容易受伤的女人》和《执迷不悔》也是在排行榜上停落多个星期的歌曲。这种状态的王菲，主要模仿的是港台流行唱腔，只能算是一线歌手，比之后所达到的"天后"级别却总是缺少点儿什么。

于是，在1994年，她改回王菲的名字，并因一曲《梦中人》奠定了日后的风格。这里，我们可以从其访谈中发现，她使用了更适合自己的咽音技术，从而一举突破港台唱腔，达到别人无法企及的位置。

而这首《梦中人》是翻唱的瑞典小红莓乐队（cranberry）的歌曲Dreams（《梦想》）如果你同时听这两首歌，会发现很清晰的模仿痕迹。这一次模仿，使得王菲找回了独特的自我，从而在后续的作品中产生出空灵的通透、光泽和缥缈。

模仿是进入陌生世界的通道，也是成为自己的契机。

真正的强者不是没有眼泪的人，而是含泪奔跑的人。

青年励志馆 *最怕你一事无成，还安慰自己尚且年轻。*

谁年轻的时候没当过"非主流"

□ 曾颖

从13岁开始，我就和衣服较起劲来，这种较劲，几乎贯穿了我的整个青春期，成为我青春岁月的主题词。

我永远记得自己第一次想要"由自己决定穿什么"的情景，此前的十多年里，我的衣服，要么是靠捡表哥们的，要么靠父母单位发的工作服，这是我们那个时代同龄人更新衣服的

主要方式。但这种方式在坚持了十三年之后，遭到崩溃式打击——那天，学校集会，我和同学在队列中小声说话被老师发现，老师尖厉地喊着我的名字，说："你穿件花衣服，在队列里晃来晃去，现眼啊？"

作为一名差生，这句呵斥只算得上是家常便饭中不起眼的一碟小菜，平时我也没少尝过。但是，今天他提了我的衣服，这是我最不愿被人提及的伤疤，因为这件衣服，是妈妈单位发的工作服，她为了让我能穿出门，特意将有些暗花的衣服染成黑色。但染料在无数次的清洗中渐渐褪掉，把我忌讳的"花"露了出来。而我，一直以一种侥幸的心态，期望大家"看不见，看不见"，但遗憾的是，人们不仅看得见，还因为一次小小的违纪，被老师血淋淋地点了出来。

那天晚上我哭了一夜，咬紧牙关向妈妈提出："今后我的衣服一定要自己选！"坚决不再接受他们强塞给我的任何衣服。

妈妈看着我凄惨的表情，想了想，就答应了，但约法三章：第一，

不许选奇装异服；第二，不许选太贵的衣服；第三，只许买耐脏的黑色或蓝色。

虽然限制很多，但相比于充当垃圾桶，无条件接受各种旧衣物，已算是前进了一大步，只要不被逼着穿那些被人取笑的淘汰产品，让我干什么都行。

但想法与现实并不一样。当我拿着妈妈交给我的15元钱跑到服装一条街去溜达时，我顿时感觉到理想与现实的差异。15元，这笔相当于妈妈四分之一月工资的"巨款"，在那条刚刚兴旺起来的小街上，就如同一粒盐掉进了水缸里，羸弱到可以忽略不计。而我走进那条现在回想起来已非常落伍的"初级阶段集市"，却如同阿里巴巴进了大盗们藏宝的山洞，各种闻所未闻见所未见的好东西，如飓风扫落叶一般，把一种巨大的"不满足感"冲入我心中，让我在大开眼界的同时，对自己的生活现状产生强烈不满。

照说，按当时的物价，我手中的钱买一件时兴的运动衫是没问题的，

但由于此前"欠账"太多，加之老师的一声棒喝，使我感觉自己缺太多太多的东西——外套、内衣、裤子、鞋子、帽子、书包、皮带……这些需求，像一群巨大而疯狂的饥饿野兽，而我口袋里那15元人民币，则像一只瑟瑟发抖的可怜小羊。我那时的惶惑与不满足感，是可以想象的。

当时还没什么名牌概念，最贵的西服，也不过七八十元，那时的服装制造商们，借着人们崇洋的心态，随意取些外国名字，便可以卖得风生水起。什么"加士拿""墨尔登""高尔夫"都成了服装名字，这些出自离香港最近的珠三角乡下裁缝们之手的挂着各种洋名的衣服，成为当时的潮流与时尚，香港的"港"字，成为当时潮男潮女们的名词，挂在各种渴望时尚的嘴边上。

那些衣服是我所买不起的。买不起，而硬要认同那个标准，就是一件痛苦的事。这时候，我们无师自通地学会了用阿Q的思维方式来解决所面对的困惑，将我们买不起的那些东西，都当成一种非我族类的丑东西，这种"吃不到葡萄就说酸"的心理，很巧妙地将"买不起"变成了"不屑要"，这不仅解决了我们心情上好受不好受的问题，更重要的是，在我们周围形成了一个小小的气场，一群境遇相近的人以强调某种共同特性而紧密地纽结在一起，而让单个的虚弱个体变成强大的群体。我们就是凭此用一大堆军挎书包打垮了班上刚刚冒头且有些不可一世的皮书包。

我的15元钱，最终依照这个原则，买了一件"公安的"衣服。所谓"公安的"，就是一种染成蓝色的"的确良"仿公安制服，这种化纤衣服现在已绝迹，但在当时绝对是半大小毛头们向往的一种装束，它拉开了我自主选择衣服的纠结旅程。

我家乡的"的确良"热，是被一个外国人给灭掉的。那是一个货真价实的外国人，金发碧眼，不知来自美国还是欧洲，是来帮县氮肥厂安装设备的，他每次出行，都会引起人们的倾巢围观，比春节追龙灯还热闹。和人们交往久了，他在一次聊天时提出

了自己的困惑："你们中国人，为什么上班时穿得好，而下班时穿得不好？"他所指的，是工人们上班时穿的劳动布衣服，下班时穿化纤衣服。在他看来，纯棉制作且越洗越白的劳动布，比起脆弱的"的确良"好。

这来自货真价实的外国人的意见，直接改变了小城人们的服装趣味。一时之间，劳动布工作服络绎出现在大街上。

对于越来越渴望受到人们关注的我们，远远不满足于把工作服原样穿上街，我们开始有了我们自己的标准——衣服一定要有旧的光感和质感，还要有熨帖时尚的样式。这恰是工作服所不具备的，工作服就是为了工作方便而做得宽松肥大，往我们瘦弱的身上一套，犹如竹子上套条麻袋，从上到下都写着"不靠谱"。因此，我们决定去找人帮忙改，但到服装店一问，工钱比买新衣服还贵，于是就决定自己动手改。那时，家家都有缝纫机，我曾帮母亲打过编织袋，于是就以熟手自居，壮着胆子拿新工作服开练，据说裤子更好改一些，就趁一个父母都不在家的下午，选一条无辜的新工作裤下手。

我的目标，是做一条外国人穿的牛仔裤。依我的观察，那裤子最大的特点便是"紧"，这还不容易吗？把裤子拆开，把每块零部件沿周边剪小一圈，再原样缝好就成了。我为自己的聪明，暗自激动了一回，殊不料我为这轻佻的小聪明，付出了惨重代价——我和我的这条裤子，成为所有同学怀旧时必提到的一个笑柄，一笑几十年，长盛不衰。

当我匆匆忙忙地把裤子连起来，就像拼好世界上最难的一幅拼图那样长长地出了一口气。仔细端详那条改后的工作裤，我相信这条裤子如果有妈的话，恐怕连它妈妈也认不出它来。两条粗细不匀的裤管，还长短不一；没有锁边的裤缝中毛茸茸地露出长短不一的线头；裤腰依旧很大，像只畸形的蝌蚪张着大嘴拖着两条病态的尾巴……

我被自己神奇的破坏力震惊了。但这还不算悲剧的结尾，它甚至连高潮都算不上。真正的高潮，是我居然打算以"特色"为理由，来安慰自己，并说服自己，艰难地换上它，走了出去。鼓励我这么干的，有如下几个理由：一、县里几个唱歌的年轻人，曾穿过撕掉袖子的衬衣在街上走；二、几个写诗的大哥哥，把膝盖处故意剪出个破洞；三、在重庆学美术的三哥，把一条裤腿剪下来套到头上，就成了一顶帽子。他们的这些杰作，不仅没受到派出所和居委会老太太的干涉，还因为"有特色""有个性"而在小毛头们那里迎来了阵阵的尖叫声和口哨声，这在当时就算是最牛的赞同了。

我和我的特色裤，没有那么好的运气。人们用一系列捶地喊肚痛的动作，击碎了我惴惴不安的侥幸。连最厚道的人，也都以一脸强忍的坏笑，同情地看着我……

那不是我最后一次与衣服较劲，但绝对是最糟的一次。正因为这个教训，我在刚参加工作的第一年，每月用九成以上的工资，拼命去买衣服，改变自己的装束，想以此，找回自己当初被那条变态裤子丢掉的脸，也想以服装的改变，向人们证明我与以往的不一样。这种心情，一直维持到结婚并当上爸爸之后……

成熟的标志是什么

□周国平

世上有一些东西，是你自己支配不了的，比如运气和机会、舆论和毁誉。那就不去管它们，顺其自然吧。

世上有一些东西，是你自己可以支配的，比如兴趣和志向、处世和做人。那就在这些方面好好地努力，至于努力的结果是什么，也顺其自然吧。

我们不妨去追求最好——最好的生活、最好的职业、最好的婚姻、最好的友谊，等等。但是，能否得到最好，取决于许多因素，不是光靠努力就能成功的。因此，如果我们尽了力，结果得到的不是最好，而是次好或次次好，我们也应该坦然地接受。人生原本就是有缺憾的，人生需要妥协。不肯妥协，和自己过不去，其实是一种痴愚，是对人生的无知。

人在年轻时会给自己设定许多目标，安排许多任务，入世是基本的倾向。中年以后，就应该多少有一点儿出世的心态了。所谓出世，并非纯然消极，而是与世间的事务和功利拉开一点儿距离，活得洒脱一些。

一个人的实力未必表现为在名利山上攀登，真有实力的人能支配自己的人生走向，适时地退出竞赛，省下时间来做自己喜欢做的事，享受生命的乐趣。

要有平常心。人到中年以后，也许在社会上取得了一点儿虚名浮利，这时候就应该牢记一无所有的从前。事实上，谁来到这个世界的时候不是一条普通的生命？有平常心的人，看己看人都能除去名利的伪饰。

在青年时期，人有虚荣心和野心是很正常的。成熟的标志是自我认识，认清了自己的天赋方向，于是外在的虚荣心和野心就会被内在的目标取代。

在这个世界上，一个人重感情就难免会软弱，求完美就难免有遗憾。也许，宽容自己的这一点儿软弱，我们就能坚持；接受人生的这一点儿遗憾，我们就能平静。

我已经厌倦那种永远深刻的灵魂，它是狭窄的无底洞，里面没有光亮，没有新鲜的空气，也没有玩笑和游戏。

博大的深刻不避肤浅。走出深刻，也是一种智慧。

青年励志馆 最怕你一事无成，还安慰自己尚且年轻。

我不聪明，但是我很努力

□戴帽子的鱼

童年的记忆不多，我只记得自己曾经非常笨。

笨到什么程度？小学学大于和小于符号，我怎么也弄不清楚两个符号的差别。我知道一个开口朝左，一个开口朝右，但就是分不清谁代表大谁代表小，常常搞混。

我的数学老师是个非常厉害的人，惩罚人的招数非常多，我们全班同学都怕他。我每次上课就跟坐电椅似的，只要他的眼神扫向我，我的椅子就跟通了电一样，电得我大汗淋漓。我上课时满脑子都在祈祷，老师千万不要点我回答问题，千万千万。那时感觉在众目睽睽之下答不出题来是一种耻辱，就如一盆脏水当头淋下。

而且，我也不敢问别人怎么区分大于和小于符号，因为对别人来说这似乎是很简单的事，我怕别人鄙视我太笨，笑话我。

好多次放学回家的路上，我的心中溢满悲哀和绝望，不断问自己怎么连这么简单的东西都学不会，是不是智障，是不是人生没有希望，是不是不配拥有美好的梦想。

按教学进度来说，这一章节因为很简单，所以很快就学完了，接下来的内容我学得很顺利。也许因为这一章实在太简单了，所以期中考试和期末考试都没怎么出相关的题目。那一学年的综合排名出来，我是全年级第三名。

没有人知道全年级第三名连大于和小于符号都分不清楚。只有我自己知道，我是一年以后才后知后觉地学会这两个符号，而且一辈子都忘不了学不会的痛苦和学会后的释然。

高中时，我旁边的旁边坐着一个非常用功的女生，长得很可爱，简直就像从日本动漫里走出来的人物。但她总戴着一副镜片厚厚的眼镜，不怎么爱打扮，每次下课也不出去玩，除了上厕所就是在座位上不停地做卷子。听说她每天也睡得很晚，可她的成绩永远都在中游晃荡。每次公布月考成绩的时候，我最关注的不是自己的，反而是她的，真心希望她能一下子提高上去，希望她能开怀一笑。可惊喜从来就没有发生过。

有一次考试后，我看见她哭了，摘下眼镜趴在桌子上无声地哭，肩膀耸动，没有人敢去安慰她，因为不知道该说些什么。说下次再努力吗？她努力得都快走火入魔了。说运气不好吗？那命运之神是不是从来就没有眷顾过她？她每次拼尽全力却都是得到同样的结果。大家正在犹豫的时候，倒是她很快恢复过来，吸了吸鼻子，用手背擦了擦眼泪，再戴上眼镜，又抿着唇继续做试卷。

大学的时候，我去给一名小学生做家教，辅导语数外。他一直不太认真，一会儿给我看他养的小乌龟，一会儿偷摸遥控飞机的控制器。他妈妈走进来吼他："你这么笨还不努力，以后可怎么办？"

他抬起小小的头，神情幼稚、理直气壮地说："我不是每件事都笨啊，我画画就很好啊。"他拿出他画的水墨荷花，比我画的还要好。

那一刻，我好想穿越时光回到我的小时候，告诉那个因为分不清大于和小于符号而倍感耻辱的自己："没关系，你还可以做其他事。"我也好想回到高中，告诉那个每次全力以赴、学习仍毫无起色的女孩："也许你不是很聪明，可你比那些第一名更让人佩服。"

聪明只是少数人的属性，如果你没有这种属性，可以成为一个真诚的人、正直的人、单纯的人、勤奋的人、美好的人……

这个世界，可不是单靠聪明就能撑起来的啊。

不砍掉心灵枝丫，阳光从何处而来

能真心喜好，把某种东西当成发展心灵的方法，并且义无反顾地坚持，一个人将会是最快乐的人。每个人都有属于自己的一片海，不要放弃看到海的机会，更不要给自己的人生提早下了定论。生活方式不止一种，重要的是你想成为什么样的人。

姑娘，谈恋爱并不能改变你的现状

□乱世佳人

昨天傍晚，小鱼突然在微信上跟我说："有时候会想，要不就找个男朋友吧，找个男朋友，就算没有轰轰烈烈、刻骨铭心的爱情，好歹也可以有细水长流的依靠与温柔。"

我问她为什么突然想要谈恋爱。

她说："我现在一个人待在宿舍，头痛、鼻塞，难以呼吸，浑身发热，吃不下饭。但没有人知道，也没有人放在心上。他们只在意我会不会把他们明天的活动搞砸，他们只在意这听来令人唏嘘不已。

但是，亲爱的，找到男朋友后一切就会改变吗？

不，不会。

恋爱也只是一种交际方式而已，它无法从根本上改变你的生活。物以类聚，人以群分，这条人际交往法则于恋爱中一样适用。你必须首先是一个独立的完整的人，才能遇到一个同样优秀的独立的他。若你自己是不完整的、没有安全感的、生活无法自理棉，按时做好的工作，下雨天提前收好的衣服被子，以及生病时还能撑着一个人去看病打针吃药的力气和理智。

毕竟一个人生活，才是生命最经常的状态。

爱情不能为你解决全部问题。

相反，谈恋爱是互相付出彼此扶持的过程，而不是单向的索取。不要任性地要求对方为你做好所有的事情，你要知道男朋友他也只是个地球

我能不能顺利地完成工作。没人在乎我有没有吃饭，也没人会想到问我是不是身体不舒服。我是那么希望有人能在第一时间发现我生病了，希望有人能在我难受不能去吃饭的时候不用我拜托就知道要给我带一点儿粥……"

看完她的回复我才恍然大悟，原来是因为这阵子感冒发烧无人照顾，希望得到关怀却无人给予，她才萌发了找个男朋友的想法。

以她的视角来看，似乎谈了恋爱，自己现在所面临的一切问题，就都迎刃而解了。

无独有偶，我的一个舍友也曾这么对我说过，被欺负的时候，受委屈的时候，生病的时候，被忽视的时候，一个人无所依靠的时候，她都在想，那个人到底什么时候才出现，她不想一直活得像个男人。

的，你能遇到的同样只是喜欢抱怨的需要女友安慰的犹豫不决的他。

醒醒吧，姑娘。

这世上没有专属于你的超人，阳光暖男也只是电视剧用来"吸粉"的角色设定而已。更多的时候，我们依旧是一个人生活，一个人勇敢面对生活所赐予的所有挑战，即使有了男朋友也是这样。

独立和坚强应该内化成你的精神内质，这与你是否单身无关。而所谓的独立与坚强，是你出远门总会自己带伞，很少再把自己淋湿；是你能控制自己的眼泪，很少再把自己感动哭；是你学会善待自己，照顾好自己；是你逐渐成为独立的个体，而不是将生活侥幸地寄托于外在的一切。

要记住，没有人一定会在雨夜接你，没有人一定会读懂你的心。即便是你男朋友。

你的安全感不能依靠于别人的照顾和疼爱，更不能依靠一段看似热烈的爱情和一个热恋中无微不至的男友。因为这些，是靠不住的。总有一天危房会坍塌的，不如早点儿离开。

亲爱的女孩，你的安全感应该来源于手机满格的电量，过马路时路口亮起的绿灯，出门随身携带的身份证、手机、钥匙，还有足够的现金和银行卡，包包里常备的纸巾和卫生人，不是偶像剧里那样，无所不能。即使你是需要被照顾的一方，也不要想着放肆、依赖，妄图霸占对方整个的心，以寻得自己想要的关心与安全感。

缺少独立和自由的爱情，对彼此都是一种束缚，只会压得人喘不过气。

无论遇到什么事情，都请你先想着、靠自己。做一个独立的优质的女生，不要一委屈就想着为什么没人照顾自己。

这世上没有人有义务帮你解决所有的难题，也没有人一定要承受你所有的任性和坏情绪。你必须让自己强大起来，强大到一个人也足以面对暴风雨的洗礼，才能成熟冷静地迎接属于你的爱情。而不是出于寂寞，出于无助，奢望一段感情带给你翻天覆地的改变。

要知道，你自己不努力，难题也不会因为爱情的出现而迎刃而解。

就如同我曾在知乎上看到过的一段话一样："谈恋爱是一件需要学习的事。它首先需要一个人调动自己的资源和能量去展现自己，去增加自己的吸引力，让别人觉得你可爱，你值得被爱。

"其次它还需要你在吸引他人之后，懂得经营关系，让彼此的感情不断深化与更新，保持关系的可持续发

重刑犯与流浪狗

□ 正经婶儿

曾经有一个故事,发生在流浪狗和重刑犯之间。

每个礼拜四的下午,陈钜龙会前往新竹监狱教导犯人训练流浪狗。

十多年前,陈钜龙在新竹市政府动物收容所工作。从小爱狗的他,每天的工作就是和流浪狗打交道。治病、喂药、安抚,直到有新的主人愿意来领养狗狗为止。但是收容所的能量也是有限的,长时间无人领养的流浪狗,按照规定,要被实施安乐死。

而实施安乐死的人,就是陈钜龙本人。大约给上百只流浪狗实施了安乐死,陈钜龙感受到了无法承受的精神压力。

他再也不想做这份反差极大的工作了。他决定了,他要用自己的方式来帮助流浪狗。他心里已经有一个想法,以领养代替购买,又以驯养来减少被弃养的可能性。再加上对生命教育的强调,整个是一个良性循环。

驯养师在台湾是个手艺活,是独门功夫,一直有严格的规矩——传子不传外人,所以厉害的驯狗师一般很少收徒。

但是陈钜龙不同,他不仅免费收徒弟,他还到各个机构培训学员。一个人的力量太有限,他要全社会都来重视这个问题。

他找到新竹监狱,说服监狱长,让犯人也加入这个驯化的队伍中来,监狱长同意了。

陈钜龙开始在监狱带徒弟,一带就是10年。而新竹监狱也成为整个台湾唯一一个监狱驯犬班。

一开始这些犯人是没有感情的,他们做这件事情就像是洗脸刷牙一样,没有灵魂,都是程序。最重要的是,他们也觉得自己是没有感情的。

除了陈钜龙之外,所有人都没有想到,一只流浪狗,遇上一个流浪人,产生了很奇妙的化学反应。

这些声称自己是冷血的、十恶不赦的、没盼头的重刑犯,训练狗狗都出奇认真。

经陈钜龙的点拨,在犯人的精心训练下,很多流浪狗都学会了十项全能,比家养的宠物狗还要身怀绝技。

关押犯小峰驯养的流浪狗名叫Villa,是一条台湾犬,因为出身低贱,被遗弃的概率很高。

"Villa刚来的时候是什么样子的?"

"刚来的时候哦,浑身是伤,有被虫子咬的,还有被车碾过之类的伤口,红红的,露着肉。"

和Villa待了一段时间,小峰自己也很吃惊,离开家这么多年,见了那么多打打杀杀的场面,自己居然是看到狗狗会喜悦,和狗狗分开会挂念,台风来了会担心,分别的时候,会流泪。

因为心里有很多恨,青春期的小峰出去吸毒和倒卖毒品,20岁时因为烟毒罪被捕入狱。"有点儿像我自己。小时候我也是在保育院长大,父母感情不好。在里面经常被人打,打到脸上都是瘀青,跟裤子一个颜色。"小峰抖抖裤子给人看,"因为肌肉组织坏死了,才会是这个颜色。"

流浪犬培训为宠物犬的时间是四个月。宠物犬并不属于监狱,也不属于羁押犯人本身。训练好的宠物犬就会被带回基地,接受普通人家的领养。走之前,很多犯人都会哭得像个小孩子。

陈钜龙向世人证明,即便是重刑犯也有向善的心,如果他们有这样的心,请社会不要拒绝他们,给他们一个机会。这世界上所有的际遇,都是上天给人的提醒,而不是惩罚。每个人都有一次改过自新的机会。若要人爱你,首先要变得可爱起来。

陈钜龙用10年的时间证明,无论好人还是坏人,上帝还是囚犯,在面对自己的遭遇和他人的不幸时,永远记得,爱才是唯一的救赎。

展。"所以,爱情是属于勇敢者的冒险,也是强者的游戏。

它不是你依赖别人的理由,也不是你推卸责任的借口,相反,一份成熟的爱情需要你付出更多的心力去维持,去经营,去呵护,才有可能长久。

最后,愿所有单身的姑娘都能成长为自己的超人,在最好的时刻遇到你的Mr.Right(如意郎君)。爱情不急,先让自己神采飞扬,再去遇到那个美好如诗的他。

过一种有审美的生活

□ 晚睡

有人在网上晒自己家的一日三餐，都是家常吃食，土豆、豆角、茄子，看起来虽然不够美观，但还是挺诱人的。只是这盛菜的器具，也忒寒酸了点儿，有塑料盆、搪瓷缸、小铝锅、不锈钢大碗，大大小小，参差不齐，已经消灭了一部分食欲。

去饭店吃饭，隔壁桌一对小两口带着老两口，儿子每点一个菜，就遭到当妈的反对："红烧肉48，也太贵了，猪肉才多钱一斤，有48在家里吃能吃好几顿。"反正就是这种逻辑，什么都不如在家里吃便宜实惠，最后儿子生气了，丢下菜单："都不合算，那干脆回家吃得了。"当妈的高兴了："我早就说回家吃，自己做才合算。"

情人节，同学想起老婆总抱怨自己不浪漫，就偷偷买了一束玫瑰送给老婆，老婆看都不看就扔到一边："你有钱烧的啊？"她觉得玫瑰当不得吃当不得喝，白浪费钱，第二天就凋谢了，还不如买点儿熟食更实惠呢。

家里有间旧房子常年出租，发现很多租客都有一种"不是我的房子我就往死了糟践"的心态，每次去收拾房子都发现房间又脏又乱，也不知道他们怎么过得下去。就算不是自己的房子，可还是自己每天住在里面呀，自己看着就不难受吗？用网上流行的那句话来说："房子是租来的，可是日子不是啊。"

只有其中一个租户，我收房租的时候去过一次，人家把瓷砖擦得雪亮，简单的几件家具全部罩着碎花的布巾，墙上贴了充满艺术气息的壁纸，整个房子马上就不一样了。我一激动，给免了几个月房租，不仅仅是因为他们改造了我的房子，还因为他们对待生活的态度令我感到钦佩。

我爷爷以前做过木匠，小时候很迷他用刨子刨木头，刨子所到之处木香泛起，白白的刨花卷曲成团，落在地上，像变魔术一样变出了一座小山。他还会做木质的小手枪，很多孩子都有，只有爷爷会在枪柄上刻一颗红五星，还染上色，因为这颗红五星的存在，这粗糙的小手枪顿时就不一样了。

记得小时候爸爸妈妈常带我们去看电影，我们一家人穿上最好看的衣服，手拉手从家里走到影院。我妈还给我和姐姐戴上平时舍不得戴的玻璃发卡，把额头的碎头发全都梳到后面去，两个小辫子上扎着小蝴蝶结。在温暖的黑暗中，只有屏幕上发出来的光亮中有闪动的人影，我们屏住呼吸，强抑感动的泪水，进入一个神秘的光影世界中。

直到现在，我依然记得当时所看的电影的名字。这种经历，锻造了我一生最初的审美情趣。

现在我偶尔也会买一些花插在花瓶中，即使它们明天就凋谢了，可这一刻的美丽仍然可以愉悦我的生命。我还会把礼物藏在家里，给老公和儿子一点儿惊喜。那是爸爸妈妈教会我的，即使再穷，再失败，也要学会偶尔脱离现实，享受一段精神世界，与美有关的时光。

经过爱，见过美，人就拥有一种强大和勇敢，能对抗世俗的粗糙。

章诒和在《往事并不如烟》这本书中，写到了康有为的女儿，康同璧母女的生活。即使在"文革"那样艰难的日子中，她们还是要按照老礼为章家送来一小盆长满花蕾的水仙。"每根花茎的部位套上五分宽的红纸圈。如果有四个花茎，那就并列着有四个红色纸圈。水仙自有春意，而这寸寸红，则带出了喜庆气氛。"

她们家买豆腐乳，要去特定的商店，用六个很漂亮的外国巧克力铁盒装着。康同璧的女儿罗仪凤还给章诒和演示捧着盒子也要挺拔走路。"她捧起装着铁盒的布袋，昂首挺胸地沿着餐桌走了一圈。那神态、那姿势，那表情，活像是手托银盘穿梭于巴黎酒店菜馆的女侍，神采飞扬。"

章诒和按照罗仪凤所说"心里想着快乐的事"，一路上精神抖擞地买回了豆腐乳，她突然明白了一件事，原来贵族的气质就是："'坐销岁月于幽忧困菀之下'而生趣未失，尽其可能地保留审美的人生态度和精致的生活艺术。"

章诒和的父亲章伯钧与章乃器这对老友在人生中的最后一次会晤就是在康家，章伯钧穿的是一身老旧的中式丝绸衣裤，唯恐走在街上，目标太大，被人认出来惹麻烦，而章乃器穿的是洁白的西式衬衫、灰色毛衣和西装裤，外罩藏蓝呢子大衣。章诒和问他："章伯伯，你怎么还是一副首长的样子？"章乃器举着烟斗对章诒和说："这不是首长的样子，这是人的样子。"

即使在政治的阴霾中，末日的钟声已经敲响，他依然要活成人的样子。而人是什么样子，就是高贵的、坦荡的、真诚的、美丽的。

美食与美衣全都能拯救人于沮丧

不要期望雪中送炭

□刘 同

制片人龙哥给我发来了几首歌词，说"你看看怎样"。我只是喜欢听歌，没有旋律不明白歌词的好坏，但起码这首歌词让我看到少年微妙的心理，有几句话让我觉得很戳心。

只是我有些疑惑。我问龙哥，词还可以，但写歌词之前难道不应该和我们商量一下应该朝哪个方向吗？

龙哥说："刚开始我不认识写词的人，对方知道我是制片人，然后就通过微信加了我，一连发了五六首和电影相关的词。"

哦？我很好奇："他是谁？"

龙哥说："后来我打听了一下，才知道他是我们剧组的场务，小祝。"

场务是剧组工作最辛苦的工种之一，搬各种道具，维护各种场景。比如提早到现场搭脚手架，比如要分流拦截路上的行人不让镜头穿帮。这样一份工作很辛苦，凌晨起床，一直不会闲着，收工吃完饭立刻就要睡觉。

小祝就是剧组的场务之一，1989年出生的小伙子，化学专业，因为喜欢这一行所以第一次做场务。平时喜欢写写画画，拍摄《谁的青春不迷茫》的时候，受到几十位青茫班同学的感染，想起了自己的高中生活，然后回去就写了好几首词，目的只是为自己第一部参与的电影留下纪念。

突然想起一件事。一年多前有位年轻的女演员朋友跟周围的朋友抱怨公司不捧她，她问大家该怎么办。说实话，站在我的角度，工作这些年见过那么多的艺人，还真不是愿意捧谁，谁就能红的。不是因为捧一个人没用，而是那些人都没有任何优点值得被捧。

这位年轻的女演员朋友也是一样。

比美貌，她根本不算是绝色。比身材，她运动了几天就再也不去健身房了。比演技，她老看各种美剧从不读书，除了焦虑看不到任何思考的痕迹。

在没有人帮你之前，难道不应该自己帮自己吗？如果真的做了也没有人理，起码是尽力了。最怕就是自己不尽力，总等着上天来恩赐。

说着说着扯远了。

制片人龙哥说场务小祝在那么忙的工作之余还写歌词，所有人听完之后都很感动和佩服。不是因为他的歌词写得有多鬼斧神工，而是他在他的岗位上认真工作，但是依然怀揣着梦想，不放弃。

要一个人生活不麻木，能有感受，不难。要一个人把自己的感受表达出来，不难。要把自己感受形成文字来表达，不难。把文字形成有些内容有些节奏感有些韵脚的歌词，也许也不算太难。写了一首再写一首再写一首，难吗？也许也不难。把自己写好的歌词鼓起勇气交给自己的领导的领导的领导，也许也不难。

但所有的不难+不难+不难+不难+不难，加在一起挺难的。

有时候我们做很多事情不是为了结果。写词不是为了要被征用，读书不是为了要证明自己，跑步不是为了要拿冠军，坚持不是为了要获得肯定。

我们做很多事是为了过程，一个让自己变得更好的过程。

我问同事："小祝在剧组的工作做得好吗？"同事说："每天很晚收工的时候，小祝都会和其他场务组的兄弟站在每层楼梯口给大家用手机光打灯。"

青茫班的同学说："平时在现场，看到他们站着。同学们就会拿凳子给他们坐。他们都不愿意。说站着就是工作。"

写这篇文章不是因为小祝有多好，而是在这个快速又容易丢失自我的年代，我们可以接受别人的锦上添花，但最好不要寄希望于别人对我们雪中送炭。

希望我们都能自己找到炭，也都能给自己织一张可添花的锦。

之中，一个人专注于审美的过程，就是纳悦自己，滋养身心的过程。这个过程妙不可言。

木心先生说，没有审美力是绝症，知识也救不了。现在很多人穷，往往穷的不是物质，而是精神。没有精气神，没有恰当的审美，生活剥露出最务实、最粗俗的一面，越来越追求实用化的背后，就是越来越平庸，越来越枯萎。

要想活出人的样子，就要捡起曾经被遗落的审美。别管有钱没钱，都要偶尔穿得漂漂亮亮的去公园，听一场音乐会，享受一次在饭店吃饭的服务，优雅是一种姿态和专注，是以精神的丰盛来对抗现实的束缚。

生活需要惊喜，也需要逃离，从鸡毛蒜皮的物质世界，暂时逃离到精神的天堂中。哪怕明天依然什么改变都没有，你赢了这一天，也是胜利者。

"喜欢"和"需求",才是坚持梦想的原动力

□ 陶瓷兔子

当年做实习记者时,采访过一位创业成功、名利双收的师兄。

采访比想象之中要顺利,原本预约了两个小时的采访,时间到了之后他主动说:"你们要是不着急,就再留一会儿,等我开一个会,然后一起去吃个晚饭?好久没听到学校的事了,感觉自己一下子又年轻了几岁。"

我们欣然应允,他离开之后我和前辈在会客室里一边等着,一边整理采访稿。前辈一拍脑门,问我:"你有没有觉得这个报道缺点儿什么?"

"人家都知无不言、言无不尽了,还缺什么?"

"他逆袭的故事啊,成功的心路历程,奋斗史,得到的和放弃的,有关他个人的一切,鸡汤的、狗血的都行。"

晚饭茶过三巡之后,我鼓起勇气问出前辈教我的问题:"你这一路走来,有什么背后的故事可以分享的吗?"

他挑挑眉:"你们这些孩子,就是故事听得太多,以为照着别人的故事给自己打打鸡血就能成功了?"我语塞,倒是他看出我的尴尬,补充一句:"如果你答应我不把它写进报道,我倒是不介意讲给你听。"

刚毕业的时候他进了一家小私企,虽然职位低工资少,但好歹图个安稳,谁知道刚满一年,公司就因为收购失败导致现金流短缺,员工每个月能领到的,是只有平时三分之一的工资以及一张签着老板名字的白条。

他是在连续领了五个月白条的时候决定辞职的,父母、亲戚、朋友、所有人都在反对。

让他下决心的,是一个普通的午后。

他女友工作的地方离家近,为了省钱,每天中午都会回家做饭,并给他送上一份,从不重样的两荤一素,在他的薪水陡然少了大半之后,依然没有任何变化。

他在她营造的温柔错觉里,也一度以为自己还能撑得起一个家,直到他有天忘了东西回去取,才发现她做给他吃的菜,就真的只有那么一点点。

菜汤和残渣还盛在巴掌大的盘子里,而她正在拿着馒头蘸着那些汤汁吃,吃得很香。

"我从来没有觉得自己那么失败过,看到别人开着豪车,没有这样觉得,看着别人买洋房别墅一掷千金,我也没这么觉得。只有那一刻。"

他正是从那一天,决定要自己创业的。

没想过有一天能做到盈利百万,只想让她过上能好好吃一顿晚饭的生活。

没有启动资本,就觍着脸拿着商业计划书去找好友、亲戚、同学借钱,被一次又一次质疑、拒绝,甚至辱骂。

没有员工,他一个人做着一个公司的活儿,每天只睡三个小时,靠着楼下商场的免费咖啡提神,厚着脸皮应对服务员惊异又鄙视的眼神。

"当年我拿着这么大一个水壶去接咖啡,做贼似的,连我都鄙视自己。"他比画了一个军用水壶的形状,苦笑一声。

"我从来都不讲自己的成功故事,倒不是因为见不得人,而是因为,听故事的所有人都不是我。"

他这样说。

"光谈成功的光鲜时刻,自然是人人想要,可很少有人真的舍得让自己付出相应的代价,太多的人嫌苦,嫌累,嫌创业初期看人脸色巴结奉承丢人现眼,但是对于真正急切地想要出人头地的人,这点儿事根本就算不上什么困难。"

我们想要成功,想要博学,想要被喜欢,我们想要有很多的爱和很多的钱。

至少我们以为自己是渴望的,可是我们却懒得为自己的渴望付出一丝一毫,讨厌屈就,也讨厌枯燥,讨厌虚与委蛇,讨厌示弱,讨厌加班,也讨厌重复。

那些说着"今天已经健身两小时了,吃块黑森林安抚一下自己吧"的人,总是为自己丝毫没有下降的体重痛心疾首。

那些说"今天加班好累,就不看书了吧"的人,每到年终也总会为自己差了一大截的阅读计划懊丧不已。

那些说"本来应该做三个备选方案的,但是最近太忙了"的人,在年终得不到加薪升职而愤愤不平。

我曾经很想不通,为什么有些困难对一些人来说易如反掌,对另外一些人却重如泰山。

后来慢慢明白,浮于表面的欲望和扎根在心中的渴望,所激发的力量真的是不一样的。

一个人无法管住自己的嘴,无法控制自己的腿,无法左右自己的心,并不是因为德行有亏或是智商有缺,

不砍掉心灵枝丫，阳光从何处而来

做个很酷很酷的短发姑娘

□ 顾 鲸

从小到大，我差不多一直保持同一个发型。区别就是及耳或者及脖子。

故事从小学二年级说起，明明人家那个时候还是个娇滴滴的萌妹子。之所以成为糙女汉，我觉得都应该怪我妈。

二年级时，我家母后欺我年纪小，骗我说长发会把身上所有的营养都吸走，以后会长不高、长不漂亮、长不出牙齿。

剪刀一起一落，头发一挥一洒，从此以后和长发飘飘say goodbye（说再见），变成了一朵屹立在万众麻花辫女生中，一眼就望穿的冬菇头。

导致后来老师想不起我名字时，就大喊："那边的那个小冬菇，回答一下这个问题。"

回首往事再看如今，我觉得这剪的不仅仅是我的长发，还掐断了我变成一个温柔细腻软妹子的道路。

从此成为一个自己扛水上楼，换灯泡，拧瓶盖，和男生踢足球，掰手腕以及成了酒肉朋友的辛酸血泪女汉子！

我念的初中有个规定，女生一律得剪短发，发尾不得碰到校服衣领。而且定期检查！

这正合了我妈的心意，她觉得我是个学生，就应该苦哈哈地学习学习，只要学不死就往死里学的那种，抹杀我一切除了学习以外的兴趣爱好。

每次剪发我感觉理发师都和我有血海深仇，人家说理发师是人类头发的建筑师，那我每次遇到的不是修楼梯的，就是修草坪的。

我觉得这都是孽！

小学没好好保养护理头发，现在的头发只要一起床就成了满头弹簧，最最最令人痛苦难言的就是，北风那个吹，我头发就嚣张起来了，张牙舞爪简直就是不把我的脑袋放在眼里，尽情地在我头上作威作福。

高中终于可以留长发了，本以为只要能过我母上大人那一关，长发飘飘就能被我拾回来了，可是在我睡觉的时候，她化身为容嬷嬷把我留到及肩的长发一把剪断！

其实到后来，我渐渐发现了短发也没那么不好，和我同宿舍的女生，洗完头总抱怨长头发不容易干，冬天特容易感冒；她们还说因为长，所以还老掉头发，堵住下水口；她们更头疼每到冬天梳头，噼里啪啦的静电和浪费的梳头时间。

想想我头发揉一揉甩一甩十分钟就能干，感冒什么的从来不会是因为头发。

再想想它顽强不屈，我用几十秒就能梳好，省了我不少事儿。

想到这些，我简直幸福得不要不要的，头一回觉得我妈的决定是对的。

短发虽断绝了我高中时期一切和雄性生物有暧昧的关系，却给了我干净方便的高中生涯，让我能静下心来好好沉寂于学习，让我在高三期间，每天省下了十多分钟的洗头和梳头时间。

不是所有少女都需要长发飘飘，裙摆飞扬。做个短发及耳，衬衫牛仔的女孩也可以很漂亮，而且特别酷。

短发的姑娘们，大胆地剪吧，别纠结着心上人喜不喜欢短发女孩，只要你喜欢短发，就一直保持你特立独行的倔强和勇气，终究会有个人喜欢你的特别。

我们是很酷很酷的短发姑娘，拥有晴好风景里独一无二的青春。

而是因为那个你以为自己渴望着的东西，其实根本就没那么想要罢了。

教条没用，鸡汤没用，鸡血也无法长久。

只有"喜欢"和"需求"，才是生活最好的老师。

面对自己既不喜欢又不需要的事，是很难尽全力争取的。

那努力只流于表面，像是跟生活的一场赌气，那坚持只浅尝辄止，像是对这无聊节奏的挑衅。

决定做一件事情前，咬牙坚持着把自己弄得辛苦又狼狈之前，不妨先问问自己吧：

对于这件事，我到底是喜欢还是需要呢？

喜欢到什么程度？又是生活中怎样的必要？

我愿意为它放弃什么，又想通过它争取什么？

欲戴皇冠，必承其重。

你愿意为它付出多大的代价，才有资格期冀多少回报。

生活原本沉闷，但跑起来就有风

口 王鑫

我原本有交流障碍症，曾经严重到几乎没有办法直视跟我交谈的人，怎么改变它呢？我买了张北京地图到天安门广场，给人指路。我被很多人驱赶，甚至有些人认为我头脑有问题，但这是一个很科学的方法，你要在最短的时间内获得对方的信任，让他相信你不是骗子，并且把他想要去的地方，干脆、明确地告诉他。一个星期之后，我可以正视跟我交谈的人。

对着镜子自问，你到底爱什么

我找工作时四处碰壁，一度失去信心，但我又找到了一个办法，那就是我去关注所有的招聘信息，不管我能不能做都去应聘，一到周末，我每天有十几场应聘，刚开始一鞠躬汗就下来，到后来坐在那儿口沫横飞，再后来我能把面试官看羞了。

这样，我很自然进入一家企业。那时我经常给父母打电话，我妈说，其实你是可以回来的；我爸说，你要腿勤腰软。这两句话让我受益匪浅，所有的事我都做得很认真，不管这些事跟我有没有关系。

人们老说，你要做擅长的事，我觉得这是错的，如果做擅长的事情，我为什么要千里迢迢来到北京？我可以在老家娶妻生子，开枝散叶，如果运气好还能当个中层干部。所以，去做不擅长的事吧，肯学就会做，做赔了也没关系，老板会给你买单。

作为一个人，首先要明白自己要做什么，要让睡着的人生醒过来。所以我对自己说，给未来做一个规划。当我有这个想法的时候，其实我的忧虑就开始了。从一个城市到另外一个城市，可能有更多的不安全感，我会担心很多事情，担心有一天失业，担心有一天不能够温饱，担心有一天心爱的人离我而去，担心有一天我被迫回到我原来那个城市的时候，我无法面对我身边的朋友和同学，如果就那样混吃等死下去，会不会30岁以后还拿着简历到处投？

我深夜站在北京的天桥上，看着车流滚滚自惭形秽：这就是我，一事无成，庸庸碌碌，每天早上地铁吞吐60万人，我就是其中一个，没有脸、没有思想。

后来我说改变吧，一定要改变。于是我尝试着去了解一些我不清楚的东西。我在30岁的时候对着镜子刮胡子，突然想问自己一个问题，你到底爱什么？其实我真的是只有一个答案，我爱电影，真的爱电影。我会在我吃不饱饭的时候买盗版光盘，虽然这样是不对的，但是我看了更多的电影，去了解很多有关电影的知识。像个傻子一样，往那个遥不可及的方向前进，即便有一天我倒在途中，没关系。

从改变自己开始，和这个社会相处

确定了目标和方向之后，我紧接着就遇到一件很尴尬的事情，怎么向目标前进？这让我很忧郁，当时住在一个很旧的小区，每天晚上下班之后把自己喂饱，然后夜深人静的时候失眠，就下楼在小区里散步，以致那个时候小区里的野猫和野狗都认识我。

有一天我跟朋友吃饭，喝了很多酒，然后我宣布说，我要做一名电影导演，以后我的电影首映的时候，在场的谁谁谁，都要陪我脱光上衣，站在那里唱《好汉歌》，我会把它作为一个非常好的环节。

宿醉后的第二天，我问朋友，昨天发生了什么事情？他说你想当导演。我说，这我知道，但好像还有其他的。他说，其他的就是我们如果不把你拉住的话，你就要把那饭馆玻璃缸里养的牛蛙生吃了。

从那时起，我决定从做编剧开始，听了很多老师的课，却发现自己听不明白。我也去认真地研究了一下理论，但发现都不适合我。我跟大家分享一下，做编剧确实挺难，我开始自己写东西，后来给人当枪手，不署名我也心甘情愿，至少这让我进入这个行业并且活下来了。

在拍《人在囧途》的时候，我是以资方副总和项目总监的身份进入的。当初起《人在囧途》这个名字的时候，我觉得自己还挺牛的，因为电影最初的名字叫《爱回家》，后来改成《回家爱》，那实在太差劲了，我就根据小时候看过的一个电视剧《人在旅途》，改了个名。

就在我扬扬得意的时候，院线的老大告诉我说，就凭你这个名字，你以后就不要混电影圈了。我说为什么啊？名字起得挺好的呀。他说，买票

用游戏管理犯人

□ 江上吹箫

美国的一座监狱有段时间秩序混乱，犯人间矛盾频发，甚至有人袭击狱警。监狱长制定了更严苛的管理制度，但效果不佳。一名新上岗的狱警找到监狱长，自信地说："只需要每天给犯人30分钟来玩游戏，我就能解决这个问题。"监狱长听完狱警的解释，决定让他试试。

狱警将囚犯分成每组12个人，两两搭档"解手链"。游戏规则是：囚犯如果合作，可得3分；对立只能得1分；如果有人先骗搭档合作再反戈的则可得5分，而搭档只能得0分。每次游戏的结果都会登记下来。因为这个结果直接影响犯人的减刑考核，所以犯人参与的积极性很高。

半个月后，狱警公布结果：那些经常"被搭档骗"的犯人居然分数最高，常欺骗搭档的犯人分数则很低。这些"聪明人"，最初能得高分但时间一长，就无人肯跟他合作；而常被骗的犯人因为不要心机，其他人都愿意与其长期合作。见到这个结果，犯人此后都能好好配合，不仅在游戏过程中，还表现在监狱生活中。监狱的秩序也随之变好。

犯人做的是游戏，接受的却是心理教育。它提醒每个人，使诈必定失败，唯有合作才有和谐，唯有共生才有共赢。

的时候，怎么打出这个"囧"？

当时的输入法确实打不出这个字，我觉得这世界都塌掉了。买票打不出来，海报打不出来，再加上电影临上映前，整个宣传团队集体辞职了，当时我哭得跟刘备似的，我说别走啊，我立军令状啊，立投名状啊，这个片子如果不过三千万的话，我就引咎辞职。

最终很多困难都熬过来了，你不能要求这个社会来适应你，那就从自己开始变。

我特别喜欢一句话，叫作生活本来太沉闷，但跑起来就有风。当自己和随波逐流抗衡的时候，发现最渺小的就是自己，只有努力往前走，一步两步三步。终于今年，我自己的电影就要跟大家见面了。我来北京近10年，最绝望时想从天桥跳下去，经历了众叛亲离，经历了被侮辱和嘲笑，但我都挺过来了，我相信很多人是可以经受这些的。

人生不怕慢，只怕站

有一天，我妈无限忧伤地坐在我身边，拉着我的手说："孩子，北京的房价太贵了，你可怎么办哪？"其实她说的意思我明白，就是我的家庭帮不上我。我就安慰她，房价涨得再快，也没人出息长得快。后来我把所有问题都解决了之后，把这件事当笑话跟我妈讲，我说，那个时候我心里也挺长草的。

让我印象深刻的还有，当初我们在举办《人在囧途》首映礼的时候，拷贝放反了。这个事情简直是天塌地陷。片子上映之后，首周的票房只有十万块，我们想了很多办法，最终让它成为当年的一匹黑马。

当不顺的事情发生之后，你要想办法去改变，认真地去调整自己，在其中找到乐趣。我觉得这就是一个最好的方法，永远不要等，永远不要停留下来，路途很艰难，但要一直往前走。其实转身和回头都很简单，我可以回到宁夏，或者进一家企业，就这样放弃我的电影梦想。生活总会经历迷茫和焦虑，它们时刻充斥在我们身边，但是别把它当回事，让自己忙起来，去看书，去跟朋友谈天说地，去看一些比自己更强的人的经历。往前走，别回头。

我们在经历着各种各样的变化，但是我们永远比它变得更快，当变化来的时候，我们利用好它，让自己前进。

我爸因病去世前，他用家乡话说了一句话，他说不怕慢就怕站。人慢了没关系，一步一步往前走吧，但是别站住。生命就像陀螺，我们必须一鞭子一鞭子去抽打它，让生命高速旋转。如果你停下来，你就不知道滚到哪个角落了。所以我们得把自己武装起来，用力地活下去，去做任何你想做的事情，慢慢地，你就会找到一个答案。

我记得那时候我用了一个月的工资给父亲买了部山寨手机，装了一首歌叫《草原之夜》，放在他枕头边上，因为我父亲是骑兵。他和母亲一起支援大三线，到了国家的边陲，直到退休。他躺在那儿意识不清，偶尔清晰偶尔糊涂，但我放这首歌的时候，他眼泪就下来了。他清醒的时候跟我说，男人要有责任感，照顾好妈妈。他跟我说，你要喜欢一件事情，你就把它做完。

我躲在走廊哭的时候就在想，人生没什么好抱怨的，我总能做自己想做的事情。做个愿意改变自己的傻子，一直往前走，人生就是不怕慢，就怕站。

如果可以，我想抱抱曾经的自己

□ 张亚凌

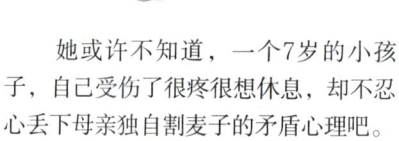

如果可以，我想回到7岁时的那个夏日。

我不想说天气有多热，连经常跟在我屁股后面蹦来跳去的虎子都趴在地上不停地吐着舌头，任我怎么拉怎么扯，就是装作赖皮般一动不动。7岁的我拎着镰刀，跟着母亲去收麦子。

母亲的胳膊一划拉，就揽住了几行麦子，一镰刀下去，都放倒了，脚一挑，就是一堆，割得很快。我只割两行，也只能一行一行、一小把一小把地割。

很快，我就被母亲远远地甩在了后面。因为想赶上母亲，我心里一着急，手底下就出错了。

一镰刀下去，没割到麦子，倒割破了自己的鞋面，还有脚背，疼得我龇牙咧嘴。脱了鞋袜，一道血口子。我没有喊没有叫，像母亲平常处理伤口那样，抓了一点儿土，在手里捻得细细的，然后撒在流血不止的伤口上。看着母亲正忙着，我将袜子塞进兜里，忍着疼，继续往前赶，只是比刚进地时割得更慢了。

母亲性急，她似乎已经听到了"噼里啪啦"的麦穗在炸裂时发出的声音，头也不回地催促着我："快点儿，手底下快点儿！"母亲打了个来回，到了我的跟前，见我绷着脸慢吞吞的，就踹了我一脚，说了句"没听见麦子都炸开了"，然后继续弯腰猛割。

母亲知道天气很热，热得人直流汗，却不晓得汗水流到伤口里的疼。

那天临近傍晚，母亲照例拉我到池塘边冲洗，我死活不下水，她这才瞅见了我那只没穿袜子的脚，还有脚背上的伤。"没事，都结痂了，两天就好了。"母亲的语气很轻松，就像受伤的是别人家的孩子。

她或许不知道，一个7岁的小孩子，自己受伤了很疼很想休息，却不忍心丢下母亲独自割麦子的矛盾心理吧。

如果可以，我想回到过去，抱抱那个小孩儿。我的脸颊会轻轻地贴在她的小脸蛋上，说："好样的，你真是个乖孩子。"

如果可以，我想回到10岁那年。

那时我上小学三年级，考试没考好，很伤心，老师在表扬别的孩子时，我感觉就像在批评我。母亲从没问过我的学习成绩——农活多得让她都没时间直起腰来，她哪会关心这些"闲事"？可我却不敢直视母亲的目光，似乎她什么都知道。

那时，如果没记错，应该是一块橡皮2分钱、一支铅笔5分钱、一个本子8分钱。家里是不会经常给我钱买学习用具的，可是我必须努力。也许是贫穷出智慧吧，我想到了电池里的炭棒。

那时电池也是稀罕的东西，家里带电的就只有一个手电筒，还舍不得经常用，怕费电。但我还是在亲戚家找到了一节废电池，砸开，取出炭棒，如此我便拥有了一支可以长久使用的"笔"。

学校的操场是我的"练习本"，炭棒是"笔"，反反复复地写，边写边背。起先，一些孩子像看怪物一样看着我：又学不好，干吗还"装模作样"地学习？我才不在乎别人的目光，只知道自己该好好写、好好背，边写边背。背了，会了，继续写，就当练字吧。后来就有人开始学我了，用瓦片、用木棒……谁在乎用什么呢？反正学习就是了。

就这样，脑子并不灵光的我，渐渐地向优秀生靠拢。

如果可以，我想回到过去，抱抱那个小姑娘。我会在她耳边轻声告诉她："自己想办法拉自己一把，谁都会像你一样变得优秀。"

如果可以，我想回到14岁那年。

那时我已经上初中二年级了，养成了写日记的习惯，作文写得挺不错。只是，我不是一个长得清爽且讨人喜欢的孩子，或者说，我总是绷着原本就很黑的脸，很少露出笑容。

那一年的语文老师很奇怪，每次讲评作文，都会先说一句"这次作文写得好的有某某、某某等"，然后把某某的作文当范文读，最后总说一句"时间有限，其他的就不读了"。我从来没被点名表扬过，作文自然也没被读过。而翻开作文本，评语、分数跟作文"写得好"的某某往往都差不多。我一直在"等"里面，这让我既欣慰又窝火。而在初一，我的作文总被前一任语文老师当范文读。

那一年，每次上作文课，对于我而言都是一场折磨，恨不得将头深深地埋进课桌斗里。而当握起笔时，我又告诉自己要认认真真写出最好的作文。

后来，全县举办了一次中学生作文比赛，我是全县唯一的一等奖，也是我们学校唯一获奖的人。领完奖回来，学校又召开了一次师生大会，让我在大会上读自己的获奖作文。读着读着，我的声音哽咽了。下面的掌声响了起来，他们一定认为我是声情并茂。那一刻，我终于将自己从作文讲评课上的那个沉重的"等"里面解救了出来。

如果可以，我想回到过去，抱抱那个女孩。我会揽着她的肩膀说："你真棒，走过了泥泞与黑暗！"

如果可以，我想回到18岁那年，抱抱那个在别人都已酣然入睡时，却依旧点着蜡烛勤奋学习的少女，没有那股拼劲，她怎么会在千军万马过独木桥的高考中顺利地跨进大学的校门？

用心拾掇自己

□ 王举芳

浮躁年代，用心去做一件事情，是一种幸福。

大学毕业后，学室内设计的他跨界做了一名木作匠人，他痴迷那些历经沧海桑田而还具有倔强顽强生命力的木头。

他是一个有思想的木匠。那些只为满足顾客而进行设计创作的木制作品无法表达他内心真实的想法，他觉得木头应该是自由的，木材本身的特质美感应该被得到尊重。在不破坏木头天然质感的基础上加以创新，不模仿不复制，剔除匠气，这样所制作出来的木艺作品才能和谐地融入任何环境空间，这才是一个木作匠人的本心。

看着残旧的木头在自己的手里重新焕发生机，让他欣喜不已。没事的时候，他总去废旧木材市场逛逛，买回那些经过岁月洗礼的老木材，在那些风雨打磨出的独有的纹理基础上进行设计制作，别有意趣和风味。这令他更醉心于自己的木作研究中。

他常忙中偷闲，带着家人去郊外感受大自然的清净，在庭院中种花养草，或者约三五好友，谈笑间尽情享受一份"竹雨松风琴韵，烟茶梧月书声"的闲情雅致。他觉得没有生活情调的人，设计出的作品也会枯燥乏味。

他说木匠活儿也是一种修行，能修身养性，让人不再心气浮躁，找到回归自然和本真的情怀。

用心的人，有美丽的人生。

她出生在农村，家里人祖祖辈辈都是地地道道的农民，家族里从没有人走出过闭塞的小山村，更没有人懂得艺术设计，而她，如此迷恋艺术造型。

18岁，她勇敢地走出了山村，在别人充满疑问、羡慕的目光里。

人地生疏，她很茫然，不知道到哪里才能找到自己喜欢的艺术。为了生存，她在一个风景区，当了一名负责某个景点介绍的导游。

她买了设计造型方面的书，随身带着，在没有游客来景点的时候，反复读着，仔细揣摩着。有人说摄影对学习艺术造型设计有帮助，买不起相机，她就用手机拍风景或者自拍，练习对光和构图的掌握。

忙完一天的工作回到宿舍，别人都出去吃喝玩乐，她不去；别人把闲暇时光用来发朋友圈、刷微博，她安静地待在一角，看着手机里的照片进行创作。

一个偶然的机会，一名游客看到她设计的造型，建议她参加一个"中国风"的设计大赛，她觉得自己还没有达到参赛的资格。游客鼓励她试试，并为她搜集了有关比赛的资料和联系方式。

抱着试试看的心态，她把自己的设计稿按照地址投寄了出去，忐忑着，期待着。不期待获奖，只期望能有一个回复，给她指出一点儿不足。数天，没有任何音信，她有些心灰意冷了。她怀疑自己不是做设计的料。

那是个细雨飘飞的天气，游客很少，她走在细雨中，任密密的雨丝淋湿了她的衣裳。同事说领导有事找她，让她去一下。在办公室里，有两个陌生人。领导介绍说这两位是"中国风"大赛的工作人员，来通知她去领奖。原来，她投寄设计稿的时候，只留了单位地址，没有留下电话等其他联系方式。

"你的设计稿用色大胆、色彩丰富，比如红，红得那么浓烈，震慑人心；黑，黑得冷峻，直抵骨髓。不管哪一种颜色，在你的笔下都熠熠生辉，焕颜重生。这十分可贵。"听了这些话，她高兴极了。

虽然只获得了优秀奖，但从此坚定了她做好设计造型的决心和信心。

现在，她已是资深专业造型设计师。她说人要时刻保持着乐观的态度和坚持向上的姿态，掌控好自己的生活节奏，用心拾掇自己，时光便会为你雕刻出美丽人生。任由岁月来去积淀沉厚，也难掩住你的光芒。

谁动了我的少女时代

□ 杨熹文

第一次看欧美校园电影的时候，深深地被国外高中生的装扮所震撼，十五六岁的女孩子，披着一头长发，可以化淡妆可以穿短裙，放学后坐在男友的汽车里去兜风，不必只花时间在自习室。后来在电视上看到日本高中的新闻，看着那些穿着校服裙子的女孩子，也不由得心生羡慕，她们露出纤细的脚踝，头发别着粉红的发卡，可以抽得出时间给暗恋的人做便当，也可以准备情人节巧克力。再后来出国，真的遇见美国人、日本人、泰国人，讨论到校园时代的时候，才发现，大家十六七岁的青春时代，快乐似乎是唯一的主题，没有什么成功的概念。而我作为一个典型的中国大陆女孩子，却在这场有关青春的对话里成了一个哑巴，因为除了那些写不完的习题册和模拟题，我实在想不起自己经历过什么少女时代。

我十六岁入读高中时，就读的这所省重点高中，学校秉持着非常严肃的教育理念。校长在开学典礼的那一天就明确地宣布，"我们学校实行军事化管理"，于是我们把一套墨绿色的军装当成校服，就这样穿了整三年。有的时候提早放学回家，路上会遇到别的学校的学生，他们一副交头接耳憋住笑的模样，不用听就知道是在嘲笑我们的校服。当时觉得自卑无比，恨不得把头埋进口袋里，然而现在想一想，他们的校服也好不到哪里去。那时中国绝大部分的高中校服，都是一身肥大的运动装，把青春那么好的曲线遮盖得严严实实。起风的时候，人人的校服裤子兜着风，像一面面滑稽的旗帜，除了那一张细嫩的脸蛋，你看不到有关青春的什么痕迹。

我读书时一直是个非常普通的少女，我微胖，懂事，用功读书。我的世界简单纯净，每天家和学校两点一线，放学准时回家，无须操心家务，饭菜水果零食都由爸妈去安排，周末在家中写作业复习功课，几乎从没有和朋友去逛街或看电影。爸妈非常注重我的学业，记忆中爸因为我没有完成作业而差点儿扔掉我正在发着短信的手机，妈也有过觉得我不够优秀而唉声叹气的时刻。他们时常吵架，家中的气压总是低沉，我不懂大人的世界为什么有那么多问题要靠吵架来解决，只能讨好般地努力，希望爸妈至少可以不用去为我烦恼。所以在我十六七岁的时候，生活里最糟糕的事情就是把试卷考砸，我的肩上只有升学的压力，单一，却沉重，有很多次我为了难看的分数而在课堂上大哭，它让我有了过度的好胜心，还有不该有的嫉妒心。我把我的青春过得难看，又或者我从未拥有过青春。

所以可想而知，当我在看《我的少女时代》的时候，尽管几度大哭大笑，却没办法让这些情节和我的青春产生任何共鸣。我常常和曾经一同读书的朋友开玩笑，台湾校园电影中，满足少女时代的因素是这样的：班草，暗恋，娃娃音，而在我的现实生活中，毁掉我的少女时代的因素却是这样的：军装校服，班主任和东北话。

我的整个高中，如今回忆起来，都觉得自己一路都在小跑，高一时学校教高二的课程，高二时读高三的课程，而整个高三，更是把自己埋在题海战术里。我的书包重到九公斤，眼睛近视到五百多度，我的额头上是上火的青春痘，身上贴着爸妈滋补过度的脂肪。学校像是一间巨大的监狱，MP3（一种能播放音乐文件的播放器）是禁止的，手机是禁止的，我们进校门要鞠九十度的躬，女生不能披长发，不能留刘海儿，更不能用发卡。我们的班主任会在自习课偷偷在后门的小窗口监察，我们每周至少会进行三次模拟考试，我们的黑板上每一天都更新着"距高考还有××天"的字样。

就像《我的少女时代》里说的那样，我们的初恋，注定会输给像陶敏敏那样的女孩，在我们普通人的高中生活里，连青春都只属于像"陶敏敏"那样漂亮的女孩子。我记得当年的班花，会收到男孩子的情书，会巧妙地把自己新扎的耳洞遮住，躲过校领导的检查，她所拥有的生活，是我无法调成的频道。对于普通的我来说，我一度觉得，如果成绩不理想，那我在接下来的人生里就一定会成为一个非常失败的人。所以我非常害怕，高三那一整年，十八岁的我，早晨五点钟起床背英文单词，晚上做数学模拟卷到十二点。这样的青春里，充满疲倦，缺少热爱，没有激情，一直在努力，却不知道为什么要这么努力。

于是这样的三年，再回首时，发现自己怀念的，除了一起放学回家的朋友，剩下的就只有门口午饭时水泄不通的小吃一条街。那里才是能够安慰我孤独的好去处，午休的四十分钟，一块钱十串的豆腐皮，三块钱一大碗分量十足的豆芽炒面，两块钱一小盒的寿司还配了辣酱，甜甜的西安担担面和炸鸡柳、烤玉米，甘梅地瓜，珍珠奶茶……我总能在拥挤的小摊前迅速找到美食，用狼吞虎咽的方式去表达我对生活的热爱。

十年过去，看到《我的少女时代》这样一部祭奠青春的电影，丑丑的女主角和坏小子成为朋友，在电影的结尾，坏小子带女主角去练习溜冰。

坏小子说："告诉你不要摔倒的秘诀是什么。"

女主角："什么？"

坏小子："不要怕摔倒。"

女主角张开双臂，有一瞬间的滑行是畅快的，结果还是不小心摔倒了，坏小子跑到她前面，看着她的眼睛说："最惨就是摔倒而已，要知道你为什么来这里。"

这大概是对青春最好的总结，青春就是无怨无悔地摔倒，为了喜欢的人，为了喜欢的事，受了伤也不觉得可惜和难过。我总是觉得，和我同龄的中国女孩子，我们的人生中都缺失了一个非常重要的部分，就是少女时代。我们拼命地读书，拼命地超越别人，却在长大后发现，那一年为了复习功课而错过的演唱会，为了试卷上粗心丢失的一分而难过地痛哭，其实并没有对我们现在的人生造成多么大的影响。

我和高中大部分同学的感情并不深厚，前几天看到朋友圈才知道当年一同读书的男同学结了婚，班草作为伴郎出了镜，胖把他一部分精神气都带走了，他坐在相机前礼貌地笑，像是一个快要步入中年的大叔。我少女时代最后的一点儿浪漫残留，也终于消散在了岁月里。

我想，我如今能做的，就是不断地提醒自己，如果有一天我有了孩子，第一件事就是要告诉她："孩子，如果有一天我变成让你失望的大人，和别人的妈妈一样逼你弹琴，写字，考试成为第一名，请你自己千万记得，你会长大，你会拥有一段美妙的青春，尽情地去做你爱的事，去爱你爱的人，别怕摔跤，别怕受伤，别怕失败，因为人啊，从来都不会千篇一律地长大。"

你无法做到最完美

□ 张君燕

20世纪初，霍华德·休斯在美国出生。小时候的休斯孤僻、害羞，不喜欢与人交往，因此也很讨厌上学。但受父亲的影响，休斯从小就很喜欢动手发明一些小东西，11岁时，休斯就会自己组装收音机，还鼓捣了一个无线电台。后来，休斯发明了助动自行车，之后，兴奋的休斯开始尝试拼装摩托车。

休斯很有天赋，再加上他聪明、勤奋，一段时间之后，一辆拼装摩托车就初步成型了。接下来，休斯又认真地对各个部分进行完善。父亲看了休斯拼装的摩托车后，啧啧称赞："这辆拼装摩托车比我见过的很多其他拼装的都好，可以上路了吧？""不，还不行。"休斯开心地笑着说，"还有一些地方需要改进，我要把它做得最好，最完美！"看着休斯兴奋的表情，父亲想说什么，最终却没有开口。

最后，所有的零件和部位都检查过后，准备正式上路时，休斯又停下了。"现在这辆摩托车看起来似乎有点儿笨重，能不能把它改得更轻巧、灵动一点儿呢？"休斯对自己提出了更高的要求。于是，休斯决定用一块薄了8毫米的钢板来替换原有的钢板，尽管这有可能对摩托车的安全性和稳固性产生影响，但休斯告诉自己"这样也许能更完美呢"。

正式上路那天，朋友们对休斯的摩托车都赞不绝口。然而，在试行快要结束时，突然听到"咔嚓"一声，摩托车的大架断裂了，幸好此时车速已经减慢，休斯并未受到伤害。

"追求完美没有错，但想要各个功能都最完美化是不可能的。因为追求最大马力和使用最薄钢板本身就是一件矛盾的事情，根本不可能达到统一。所以，这次失败是难以避免的。"父亲拍着坐在地上灰头土脸的休斯，意味深长地说。后来，休斯一直记着父亲的教导，直到1932年成立休斯飞机公司，成功研制出了F1型新式飞机。

"你以为完美的更高一级是最完美吗？不，你无法做到最完美，也永远没有最完美。而完美的更高一级是保有缺憾。那些看得见的缺憾才能在一定程度上保障我们的安全。"老年时的霍华德·休斯笑着这样告诉孩子们。

成长的第一课

□达达令

小学三年级的时候，我们班上的数学老师是个女老师。她的脾气很暴躁，我之所以对她印象这么深刻，是因为后来我再也没有见过这么情绪化的老师。

她每次走进教室，脸都是阴沉沉的，我们都不敢说话，也不敢乱动。她很喜欢强调我们的成绩不好让她很没有面子，进而演变成一些琐碎的人身攻击，比如说："小明，你的脑子是不是猪脑子？""小丽，你是吃饱了撑着打嗝把自己上周刚学的公式都吐出来了吗？"

我有一次在家里无意间跟我父母说起了这个女老师，我妈没怎么放在心上，倒是我爸留意了。他问了我一些事情，然后突然问了我一句："你害怕这个数学老师吗？"

"我是有些害怕她。"我有些讶异，又补充说，"可是这种害怕不是见到电视剧里的坏人的那种害怕，而是每次这个老师走进教室来，我就很不开心（那个时候我还不知道'压抑'这个词）。"我爸问："那你是否想过怎么去克服这种害怕吗？"我茫然地摇了摇头。

几天后我放学回到家，发现家里多了一块黑板。我爸跟我说："以后你每天放学回来的第一件事情不要先写作业，你自己一个人用这块黑板讲课，假装你是你们的数学老师，她是怎么讲课、怎么发脾气的，你都一一学下来。"

于是我就照做了。话说我当年还真是有表演欲的孩子啊，我每天放学回到家里，会马上在阳台上摆上几只小凳子，假装这些都是我的学生。

我拿着粉笔在黑板上写今天数学老师教的功课，假模假样地发脾气："你为什么连这道题都不会写？还有那谁，你连题目都没看清楚就开始抄别人的答案了，你眼睛瞎了啊！"

我模仿数学老师骂人，学得很像，而且每次"骂完学生"我都觉得很爽。我觉得自己并不是真的讨厌这个学生，而是因为他这一次的行为实在太笨了。

一段时间之后，更神奇的事情发生了，我的数学成绩有了巨大的进步，我从被老师嫌弃的学生变成了被宠爱的学生。对于小孩子来说，如果受到了老师的赏识，那么他会希望自己变得更好，于是良性循环的状态就出来了。

后来，因为我爸工作调动，我们全家搬到了另外一个地方，我也就转学了。收拾行李时，我爸问我："现在还害怕那个数学老师吗？"我说："不害怕了。"

我爸问："是因为你转学了可以不再见她的原因吗？"我说："不是，我发现老师生气的原因是我们班上的同学学习成绩不好，但后来我的学习成绩提高了，她就对我好起来了。于是我在心里觉得，她发脾气肯定不是针对我，我就没那么紧张了。"

我又补充说："当我自己扮演老师的角色时，虽然是对着一堆小凳子讲课，但如果它们的功课不好的话，我一定也会心烦的，所以，我好像有点儿同情这位老师了呢。"

这时候我爸告诉我，当初我说起这位数学老师的状况，他一开始也很担心，但是因为家里没有条件，暂时没有办法帮我换班或者转学，所以他才给我买了一块小黑板，让我自己扮演老师的角色，让我自己去体会老师的情绪。

我爸说："你后来的数学成绩提高了，是因为你把精力集中于课堂知识本身，而不再停留在数学老师发脾气的那些情绪里。也就是说，当你感到害怕的时候，不要放大它，而要把自己的精力转移到另外一件事情上。当你的注意力分散后，你就没那么紧张了，对不对？"我点点头。

我爸继续说："你现在有点儿同情那个数学老师，是因为你通过模仿她的角色，体会到了她不容易的地方。当你面对一个让你害怕的人的时候，你可以试着站在他的立场去考虑一下，他为什么会这么做。"

"比如你的数学老师因为你们的成绩太差，她会很没面子。没面子就会影响别人对她的评价，影响她评职称，影响她的收入，然后影响她的生活水平……这些事情一连串下来，你会发现她即使生气，也并不是针对你们学生本身，而是害怕她自己的生活过得不好，对不对？"

这一次，我茫然地点了点头。虽然我不太明白我爸说的道理是什么意思，但他至少帮我梳理了恐惧的根源。很多年以后，我回忆起那个午后我爸跟我讲的这一番话，我才意识到，这应该是我人生中第一次建立了一套克服恐惧的思路。

生活中避免不了难题，有难题就容易产生恐惧心理。既然恐惧无法逃避，那就想办法解决。通过转换角色站在对方的立场，转移注意力，继而理解他这么做的出发点，这样可以减轻过度的恐惧感。这是我成长里的第一课：接受恐惧，继而克服恐惧。

舒适的架势走不了远路

□谢月贤

昨天听一位专门给大老板开车的私家司机说,奔驰汽车里的座位实在太舒服,舒服到一坐上去就想睡觉。我以为司机这话是在夸奖奔驰汽车拥有绝对优越的功能(甚至是在有意炫耀),可司机接下来的话却完全不是这个意思。

司机说,因为座位太过舒适了,所以第一次载老板到外地去开得特别辛苦。为什么呢?因为舒适,开不到一两个钟头就想睡觉。那时车里的老板已经昏然入睡,车里就只剩下昏昏欲睡的他开着奔驰,窗户又开不了,怕睡熟的老板着了凉。而且奔驰汽车开起来几乎没有颠簸感,车子的惯性又很好。开着开着没有感觉到什么,一看仪表盘才知道时速已达180公里。这样一种状态让他不得不努力地提醒自己,强打起百分之百的精神小心开车。可开着开着,睡魔又一次来袭……

经过这次之后,私家司机以后凡是载老板到外地总会买上一包口香糖,让自己一路上不断嚼着,以免睡去。

最后私家司机感叹说:"开着奔驰走长途,还不如开一辆一路不断发出声响的小货车好,这样至少可以保证自己不会睡着。"这话引得在座诸位哈哈大笑。

我却没有笑,是呀,过于舒适便走不了太长的路,只有适度的颠簸与不适才能使得一个人的精神状态处于清醒之中。

开汽车是这个道理,而人生何尝不是这样的呢?一个人只有遭遇必要的挫折与困顿,才能提升、扩充、警醒自己,从而走出比一般人更长、更远的路来。而一个人一辈子如果都过得过于舒服、过于顺风顺水的话,便难有斗志,极容易处于昏昏欲睡的萎靡之中。

这个世界是公平的,只有吃到生活颠簸之苦的人才能精神饱满地走出很长的人生之路;而一点儿苦都没有吃到(或吃不了)的人则注定只能在不断叫醒自己与精神萎靡的痛苦博弈之中耗尽人生。舒适的架势走不了远路,只适合让人昏昏欲睡。

女神雕像的背后

□陈荣生

早在2400年以前,希腊雕刻家菲狄亚斯在为雅典卫城雕刻雅典娜雕像时,就坚持以高标准进行雕刻。

一天,他正在雕像脑后凿刻辫子的时候,一位旁观者说:"这座雕像摆在100英尺(约30米)高处,背面是一堵大理石墙。有谁会知道你在她脑后凿刻了什么呢?"

菲狄亚斯回答:"我会知道。"这是完美主义呢,还是浪费时间?或者,这是对自己作品的骄傲使然?

也许是因为艺术作品的寿命往往都会长于艺术家的寿命,所以创作者才会倾向于追求绝对完美。1884年,弗雷德里克·奥古斯特·巴尔托迪完成了高152英尺(约46米)的自由女神像时,没有飞机或直升机可以用来在空中检查其细节。两年后,该女神像作为法国人民赠送的礼物被安置在纽约港,以纪念美国独立100周年。然而,许多年之后,当直升机近距离从其头顶飞过时,整个神像的全貌一览无遗,从地面上看不到的女神像的发型和皇冠,无论哪个部位,每一个细节,雕刻家都是精心完成的。

做事,不是给他人看的。别人看不到的细节,自己可以看到。所以,别人看不到的细节,也要做到完美,这就是成功者所具备的基本素质。

衣冠取人

□ 连 岳

有个朋友，亿万富豪，但穿得像个捡垃圾的，聊天时愤愤不平地说，某天，有个新客户来谈事，开始颇看不起自己，后来通过谈话，知道真实身份，姿态才放尊重。

我说，当然啦，有修养、见识多的人，开始应该隐藏住对你的轻视，人都有看走眼的时候，别因为这失误让自己难堪。

但是，重点来了。人的大脑很珍贵，运行也消耗能量，碰到的每件事都仔细推演，得出最合理的结论，那么，它就会过载，你甚至连一个最简单的决定也做不了，寸步难行。

在简单的事情上，大脑选择偷懒，直接借用大多数接受的成见，不浪费大脑的功能。

衣冠取人，就是常被借用的成见之一。这个词是贬义，常用来形容庸俗之人的势利眼，只看外表，不看内在。甚至有人反其道而行之，故意穿得破破烂烂，最后展示实力，让势利小人赔笑脸。

这么做有意思吗？一点儿意思都没有。你把精力放在教育"势利小人"身上，你是有多闲？而且，无论你怎么教育，大脑的运行规律是不变的，一千年一万年以后，人还是习惯衣冠取人。

正确的做法是，尊重"衣冠取人"这个规律，它害你吗？没有，它只是要求你穿得清爽体面一点儿。

我们每天见的人，很多都是临终见面，即意味着一生再也不见第二次了，这些陌生人给你几秒钟、几十秒钟，或者长达几分钟的关注，你不是应该感谢他们给机会吗？面试者、顾客、服务生、潜在的合作伙伴、未来的朋友，甚至是可能的配偶，我不能以最好的样子出现在你面前，是我失误，不是你势利。

要求他人花数倍数十倍的时间了解你的思想和实力，你为什么认为自己这么重要？别人的时间就不值钱？

衣冠取人并没有要求你一小年轻也全身名牌，你穿得整洁和得体，就给人好印象，也不需要品位多高，男生的话，西装、衬衫、领带；衬衫，牛仔裤；T恤、牛仔裤。几乎可以包打天下了。

还记得年轻时很穷，只有几件衬衫，但我老婆经常得意地回忆，就是在那时，你每天出门时，我也保证你的衬衫是刚换的、是刚烫的——是的，贫穷的青年时光，不一定是苦涩的，当时有甜蜜的态度，可能就是甜蜜的。她现在给我买衣服，再贵都不眨眼，经常买到我要摁住她：别一次买这么多。但最常想起的画面，还是她二十多岁时，给我烫那几件衬衫的身影。

我爱一个人，一定希望他穿得清爽，让人凭衣冠就喜欢他；我爱自己，也一定希望自己穿得清爽。

我要穿得干净、得体，甚至有品位，这不是简单的事，它将引发一系列的自律：

你得及时洗衣服。所以，你变得勤快了。

你得早起。要求衣服干净的人，一定会要求自己干净，出门前洗个澡是必须的。

你将变得慷慨。衣服只求保温蔽体的功能，脏点儿、破点儿都没关系，功能仍在。它得体现一个人的尊严和形象，你就不会在衣服上吝啬，你也不会在家人的衣服上吝啬。

你学会浪费，淘汰不想穿的衣服，即使是新的，也顺理成章。

你学会尊重专业。是的，你自己买块布，踩踩缝纫机，也能搞出一件衣服，但是相信我，专业人士，同样一块布做的衣服，比你贵一百倍，并没有欺负你。

你的审美必然提升。你琢磨怎么得体时，审美就开始进化了。

你必然在意自己的身材。身材走形了，穿衣服不容易好看，这点会逼你去健身，逼你在饮食上节制。

你看，一个人若是始终衣着干净得体，怎么会是表象呢？它宣告了一个健康得体的系统在后面支撑，这样的人，给他尊重，高看他一眼，怎么会错呢。

结论是：衣冠取人这成见，不仅不应反感，反而应该顺应。

暗恋要有礼貌

□猪小浅

那是兵荒马乱的高三。

我和其他大多数人一样，整天顶着黑眼圈，埋头于题海。

有天课间，我正被一道数学题弄得心烦意乱，却突然听到同桌说，周延下个礼拜要去美国。

她说这句话的时候，像说明天要月考一样平常，我却趴在桌上，难以抑制地哭了起来。

周延并非多耀眼的男生，只不过他在我的眼里，一切都刚刚好。从眉毛到鼻眼，从发型到身高，全好看得恰到好处，也可爱得恰到好处。少一分乏味，多一分腻味。

不过很可惜，我和周延来自不同的世界。

谁说年少的喜欢可以单纯到不理会世俗？周延家底殷实，父母都是高知，他从小看到的世界就比我的广阔。这些，让我在他面前自惭形秽，只能将那份喜欢藏在心底。即便同班两年，我和周延也几乎没有过任何交流。

那时，只要能远远看着周延，再枯燥的学习生活，也是活泼泼、亮堂堂的模样。而现在，他前往地球的另一端，我很难控制住心底的悲伤。

闺密安慰我说，没关系，你可以像《初恋这件小事》里的小水那样，在接下来的日子奋发图强，努力让自己变得更好，然后在最好的时光和周延重逢。

闺密却忘了，生活不是电影。

很多的久别重逢，都不过是物是人非。所以，即便闺密将未来说成了一朵花，我还是难过了很长一段时间，缓不过神来。

周延去了美国后，有一天，我看到他在班上的QQ（即时通信聊天软件）群里说，好怀念小城桂花糕的味道。

有同学打趣他说：活该，谁让你非要漂洋过海？周延也不恼，在群里留了个地址，附上一句话和一个可爱的表情：改天谁有空，给我寄块桂花糕呗。

我毫不犹豫地拿起纸笔，在草稿纸上，记下了那个地址。

当时的我只有一个念头：无论如何，要让周延吃上桂花糕，缓解他的乡愁。

关于怎样才能将东西寄到地球另一端，我一无所知。

为了不被家里人怀疑，我只好去找旁人打听。弄明白费用及流程后，我有些沮丧。因为要想给周延寄桂花糕，我至少得攒够四百块钱。

四百块钱对那时的我来说，是个巨大的数字。除了父母给的零花钱，我还偷偷帮校外那家文具店拉生意，总算凑够了所有的费用。

去邮局那天，犹豫了很久，我还是没有用自己的真实姓名。

不久，终于看到周延在群里说：哈哈，没想到，真有人给我寄桂花糕呢，只是某某是谁？我们班好像没这个人吧？

这话刚说完，马上有人起哄说，肯定是暗恋你的呗。

一群人七嘴八舌议论开来。

后来，我看到周延说：虽然不知道你是谁，但还是非常谢谢你。

我隐身在群里，心里既高兴又失落。高兴的是，我终于满足了周延的愿望。失落的是，即便是那样的时刻，我也没勇气承认，寄桂花糕的那个人是我。

很多年后，我和周延终于在聚会上重逢。

即便我很努力，也还是没有优秀到足够和他相配。有些东西，与生俱来，并不是努力就能改变其中的格局。就像有些距离，永远难以逾越。

所以，我和周延之间永远隔着时差，他的白天是我的黑夜。

自始至终，周延都不知道，我就是那个花三百块钱，给他寄一百块钱桂花糕的，傻傻暗恋他的女孩。我在他的记忆里，只不过是旧时光里一个平凡的女同学，仅此而已。

有人在歌词里写：暗恋是一种礼貌，暗地里盖一座城堡。当你喜欢的那个人，你永远不可能靠近的时候，不如就将那份小小的喜欢，打包封存，藏在旧时光里。对你喜欢的那个人来说，这是一种礼貌。

不打扰，是我们最初的温柔。

青年励志馆 最怕你一事无成，还安慰自己尚且年轻。

安于低调是自信

□冯骥才

在媒体和网络的时代，一个人只有高调才会叫人看见、叫人知道、叫人关注。

高调必须强势，不怕攻击，反过来愈被攻击愈受关注，愈成为一时舆论的主角，干出点儿什么都会热销；高调不仅风光，还带来名利双赢，所以有人选择高调。

但高调也会使人上瘾，高调的人往往离不开高调，像吸烟饮酒愈好愈降不下来，降下来就难受。可是媒体和网络都是一过性的，滚动式的，喜新厌旧的。任何人都很难总站在高音区里边，所以必须不断折腾、炒作、造势、生事，才能持续高调。

有人以为高调是一种成功，其实不然。高调只是这个时代的一种活法。当然，每个人都有权选择自己的活法，选择什么都无可厚非。

于是，另一些人就去选择另一种活法——低调。

这种人不喜欢一举一动都被人关注，一言一语也被人议论，不喜欢人前显贵，更不喜欢被"狗仔队"追逐，被粉丝死死纠缠与围困，被曝光得一丝不挂；他们明白在商品和消费的社会里，高调存在的代价是被商品化和被消费。这样，心甘情愿低调的人就没人认识，不为人所知，但他们反而能踏踏实实做自己喜欢的事，充分地享受和咀嚼日子，活得平心静气，安稳又踏实。你问他怎么这么低调，他会一笑而已；就像自己爱一个人，需要对别人说明吗？所以说：

低调为了生活在自己的世界里，高调为了生活在别人的世界里。

文化也是一样，也有高调的文化和低调的文化。

首先，商业文化就必须是高调的，只有高调才会热卖热销，低调谁知道谁去买？然而热销的东西不可能总热销，它迟早会被更新鲜更时髦的东西取代。所以说，时尚是商业文化的宠儿。在市场上最成功的是时尚商品。人说时尚是造势造出来的，里边有大量五光十色的泡沫，但商品文化不怕泡沫，因为它只求当时的商业效应，一时的震撼与强势，不求持久的魅力。

故而，另一种追求持久生命魅力的纯文化很难在当今时代大红大紫，可是它也不会为大红大紫而放弃一己的追求。它甘于寂寞，因为它确信这种文化的价值与意义。

我很尊敬我的一些同行的作家。在市场称霸的社会中，恐怕作家是最沉得住气的一群人。他们平日不知躲在什么地方，很少伸头探脑，有时一两年不见，看似在人间蒸发了，却忽然把一本十几万或几十万字厚重的书拿了出来；他们笔尖触动的生活与人性之深，文字创造力之强，令人吃惊。待到人们去品读去议论，他们又不声不响扎到什么地方去了。唯其这样才能写出真正洞悉社会人生的作品来。

作家天生是低调的。他们生活在社会深深的皱褶里，也生活在自己的心灵与性情里，所以看得见黑暗中的光线和阳光中的阴影，以及大地深处的痛点。他们天生不是做明星的材料，不会经营自己只会营造笔下的人物；任何思想者都是这样：把自己放在低调里，是为了让思想真正成为一种时代的高调。

享受一下低调吧——低调的宁静、踏实、深邃与隽永。低调不是被边缘被遗忘，更不是无能。相反只有自信才能做到低调和安于低调。

年少的期许在明媚中结果

□桥边红药

因为穿上校服后，我将裙子撑得圆滚滚的，语文老师想来想去，还是将演讲稿从我手中拿去，递给了高高瘦瘦的梁静。她细长的胳膊从我面前伸过，匀称又好看。

但再好看，考第一名的也不是她。

我低下头又嘟嘟嘴，从办公室出来。五月的风渐热，吹得我的裙摆摇摇晃晃。那些细直的穿着白色丝袜的小腿，在裙摆下显得优雅又含蓄，而我连走路都会磨破裤子的大腿，此刻已经将裤子挤得没有缝隙，张扬又别扭地堆在一起。

那时候还没有"微胖"这个词语，同学们的评价直接得如同凛冽的西北风，"胖成那样还想去演讲""一个胖墩一个坑"……我扭过头装作没听见，但那些声音依然如同蚂蚁，一个个爬进我的心里，啃噬着我的自尊。

我直起腰，钻进食堂，要了米线、白吉馍、猪肉腰花，大口吃饭，大口喝汤。我曾经见到别人生气时因哽咽而难以吃饭，以为那已经是忍无可忍，到后来才明白，真正的生气是暴饮暴食，因为连味觉都跟着一起失效了。

那场演讲比赛，语气平平的梁静轻而易举地拿下一等奖，她细挑的身体裹在校服里煞是好看，眉眼间一举一动都得体恰当，因为瘦，她的五官仿佛格外舒坦，使得每一个细胞都在尖叫、呐喊着胜利的喜悦。

喜欢吃鱼，就不要怕刺

□ 巫小诗

好朋友在一家不错的公司上班，最近有些疲惫，她在犹豫要不要走。

我说，走啊。

她说，可我挺喜欢这里的，平台大，能学到东西，上升空间也不错。

我说，那就不走咯。

她说，嗯，但又有些辛苦，赚的也不如小公司多。

我嘻嘻一笑，突然想起小时候我问过母亲的问题："鱼真好吃，但是鱼刺太麻烦了，有没有那种鱼，光有肉没有刺的？"

当然没有。

工作也一样啊，想要平台好、技能高、晋升空间大，又想要事少钱多，这跟想吃到一条只长肉不长刺的鱼是一样的心态。

鱼刺卡喉，我受过不少折腾，喝醋是家常便饭，也尝试过猥琐抠吐，碰上顽固的鱼刺，还去过医院的口腔科请镊子出山，可这样依旧没有阻碍我吃鱼的步伐。

我超爱吃鱼，尤其是麻辣水煮鱼，它不仅好吃，还能吃很久，可以吃鱼肉，可以吃藏在下面的榨菜，红红的汤可以用来泡饭，凉了结成冻也好吃，隔天还能用鱼汤煮面。

喜欢吃鱼，就不要怕刺啊，毕竟跟一口口的美味相比，偶尔卡刺根本

算不了什么。

如果公司很好，只是有些辛苦，那这样的缺点，充其量只能算是小小的鱼刺，喜欢这份工作的话，是能对鱼刺一笑了之。

假如鱼刺般的辛苦让你觉得无法坚持，那大概是因为，你并不喜欢这份工作吧，毕竟，热爱是可以驱赶疲惫的。

室友暗恋一个男生很久，每次谈到他，都一脸痴情，我明明坐在二十多岁的她的对面，却会误以为自己回到了中学的课堂。

她小心翼翼、厚着脸皮地靠近对方，为他放弃了一些机会和梦想，这种痴狂，让她仿佛有种懵懂的中学生模样。

可最近室友不太开心，她陆续发现了对方身上的缺点，她开始反思，到底该不该继续喜欢这个人。

我不知道，因为我不是她。

我只知道，有些缺点是鱼刺，有些缺点是刀子，有人会因为鱼有刺而拒绝吃鱼，也有人会因为满腔热爱而不怕死。

喜欢一个人，就不要害怕他的缺点。

喜欢一份工作，就不要畏惧它的辛苦。

所有的喜欢都是这样，所有的喜欢都不要害怕。

茫茫人海，滚滚红尘，能遇上一个喜欢的人，一件喜欢的事，真的太难得了，卡在喉咙的鱼刺可以拿出，错过的风景也许再难弥补。

全校都在盛传瘦瘦的梁静举手投足间的优雅，可没有一个人知道原本那个机会属于胖胖的我。大概在那一刻，我忽然想到了减肥，是矫情而又坚定的想象——下一次如果是我站在演讲台上呢？

后来，早上的馒头夹菜，我选择只吃一个馒头，即使肚子饿得咕咕叫，也只是多加了一个鸡蛋；体育课上不再坐在看台上聊天了，我绕着操场跑了一圈又一圈，他们笑我的肉抖得精彩又卖力；每天晚上钩着床边的栏杆，呼哧呼哧做100个仰卧起坐……他们觉得我大概是疯了，可我做得最疯狂的梦，就是站在演讲台上，娉娉婷婷又侃侃而谈。

梁静在某个早晨穿了一条米黄色的长裙，腰间的带子系成蝴蝶结，走起路来有着翩翩起舞的美。她的手里拿了一本《宋词》，整个人连带着温润起来。我停下脚步，心却跟着飞，旁边的同学打趣："要想穿上那条裙子，你得拿下二尺的腰围。"

可我明白，绝不仅仅是二尺的腰围。

我把卷子改了又改，笔记写了又写，跑去图书馆借了《诗经》《世界哲学史》，看《红楼梦》时画了一整张关系图。

有人说，你的小腿好像变细了，脖子上的横肉也少了，脸蛋貌似看着也光滑了，可我还是不敢放肆地吃肉。有人说，你的作文写得真不错，答题也很快，简直就是一个"小百科"，可我读书的劲头还是不能懈怠。有人说，你笑起来眼睛闪亮，嘴角弯弯，灵动得像只小鹿，我知道练习瑜伽的强度要一如既往。

不知不觉，我穿上校服也开始有宽大的裙摆，腰间得改了再收紧一点儿，可我已不是当年那个穿校服的年龄。庆幸的是，在以后的日子里，有得体合适的衣服来衬托我生活的宽度。从我现在的瘦削里，能够看到这些年我读过的书、走过的路，还有减掉的肉。

于是，我知道有一种美，不是表面的瘦，而是骨子里旺盛的储备，在你的一举一动、一颦一笑间流露。感谢这么多年，我一直在和胖较劲。

青年励志馆 最怕你一事无成，还安慰自己尚且年轻

迷茫时，就去寻找生活的乐趣

□李健

人在青年时代容易迷茫，但迷茫是自我认知的开始。我在上中学的时候，基本没有太多的想法，真正迷茫是在我上了清华大学之后，那时我才开始寻找真正属于自己的乐趣——唱歌。但寻找乐趣的途中充满疑惑与困顿。刚上大学时，我考虑过出国，也畅想着异域生活的蓝图，但后来我发现，在清华大学这样高手如云的地方，人的天赋差距很大，出国不是我唯一的选择，而且光靠努力不是完全有用的。因此，每当我感到迷茫或遇到挫折时，我总会找一些我所拥有的其他东西来安慰自己，比如唱歌，可能对于当时的我来说，没有什么比唱歌更合适了。在享受乐趣的同时，我还认识了一些校园歌星和一些"野生"的音乐家，这让我很欣喜。

但我上大学时也怀疑过自己，写这么多歌有什么用呢？但后来恰恰是这些作品逐渐给了我自信。我在迷茫中不断探寻着乐趣，逐渐找到了属于自己的生活方式。所以，每个人都要拥有自己热爱的生活、拥有很多乐趣，热爱生活从而寻找乐趣，拥有了乐趣从而热爱生活，其实二者是相辅相成的。

在我的乐趣成为我的职业之前，我在政府机关工作了几年，那时候的很多苦闷都是通过弹琴和锻炼身体等业余爱好消除的。但当乐趣真的成为职业——我成为歌手后，也有一段所谓的沉默期。当时很多人为我担忧，但我拥有自我安慰的方法，生活里的小乐趣消减了我的压力，是我最好的支撑。如果没有这些乐趣，沉默期的我可能愁苦又焦虑，不会有做音乐所需要的纯粹和专注，也许很难沉下心来写歌。

想起当年，我和卢庚戌弹琴时，他问我："李健，你若有钱你想干什么？"我说我有了钱会去秀水街买衣服，买高领毛衣和皮靴，我还要买CD（激光唱片）机——这些幻想带给我很多快乐。后来我有了听众，我幻想着开巡回演唱会。当这些幻想实现的时候，就是生活的馈赠。

可以说，我的乐趣一直是我的支撑。我曾经在一个四合院里住了五年，我受够了北京的冬天，但生活里的小乐趣能够帮我驱走寒意。比方说，我弄了一个小锅炉，研究一下锅炉的运作方式；再研究一下水泵，看看如何将水泵放在水管里。这些东西看似无聊，但在研究的过程中，屋子渐渐暖和起来，寒意渐渐消散，北京的冬天似乎也有些美好了。在最冷的时候，我也会写一些抵御寒冷的歌曲，我写过一首歌叫《温暖》。多年以后很多人问我为什么会写这首歌，原因非常简单，因为我住的地方太冷了，温暖是我当时的渴求。所以说，真正的智慧源于生活，生活艺术家是真正的艺术家。

在这个大时代里，个人的生命显得非常短暂，所以个人对生活的经营显得尤为重要。我想每个人真正的乐趣并不会太多，但要看重它，要用心经营和付出，尽量把它培养成更大的乐趣。我一直都看重自己的乐趣，可能也是因为自己一直悉心地经营这个乐趣，我才成为一名歌手吧。

我们都会羡慕那些把自己的生活经营得有滋有味的人，在我看来，这些人都有着青春的状态和属于自己的乐趣，因为即使他们深陷困境，他们所拥有的青春状态和对乐趣的探寻都会减轻他们所经历的苦痛。有人可能会认为，年龄的增长会磨灭这样的状态与乐趣。我曾唱过《当你老了》，在我看来其实老了并不可怕，可怕的是老无所依——精神上没有了依靠。

我还赖在青春里不走，因为只有在青春里才能体会到乐趣。借用凯鲁亚克的一句话来说，便是："愿我们永远年轻，永远热泪盈眶。"

浮躁是最大的失败

□姚秦川

德国著名作曲家、钢琴演奏家舒曼从5岁便学习钢琴，7岁开始学习作曲。在他19岁的时候，母亲让他拜一位著名钢琴家为师，继续学习。刚开始上课时，舒曼还能用心听讲。几节课之后，舒曼便觉得老师讲的东西太"小儿科"，不仅和自己此前学到的没有太大区别，有的甚至是自己早已熟练掌握的曲子。时间一长，舒曼开始听得心不在焉。

有一天，他对老师说："你教的所有曲子，我都能娴熟地演奏出来，所以，我认为自己可以出师

穷养与富养的不同人生

□闫 红

我成长于一个重男轻女之风颇为严重的中原小城，我家里人算是好的了，奈何对于一个中等人家的无知孩童，爱攀比的、容易产生匮乏感的点，往往是在别人眼中细枝末节的小事。

我比较的对象是我的弟弟。我爸兄弟俩，我大伯生了八个闺女，加上我，在我弟出生之前，家族中已有九个女孩。即使他们主观上想一视同仁，客观上仍然不免有所倾斜。

在这个场景中，我是懂事的，将来一定是有出息的好孩子；我弟是恃宠而骄的，将来一定无法无天。然而，命运如此诡异，事实上，我弟后来无论是个人生活质量，还是对家庭做出的贡献，都比我要高。

因为从小自甘弱势，我安全感极差，永远量入为出，一个朋友曾经对我说，你买衣服的过程，追求的是"买的快乐"，表面上看，你买得很划算，但花的钱并不少，也没有提升你的衣着水平。你没有听说过"便宜东西买不起"这句话吗？

不幸的是，我不只买衣服犯这种错误，买房子也是。2002年，我手里的钱在中档小区买套110平方米的房子，够付四成首付，然后可以公积金贷款；如果再买大一点儿的话，就只能付三成，无法使用公积金贷款。我想也没想就选了第一种方案。住进去后才知道，在这个小区里，小户型位置都是最差的，真是悔不当初。

我弟到2006年才买房子，那时候房价涨得吓人。他毫不犹豫地选了一个高档小区最贵的楼层。

然后，房价一拨一拨上涨，我的房子地段一般，位置不好，涨得极慢；我弟的房子收益很快就超过我那套。而且，因为我不愿意贷款，又不喜欢跟人借钱，装修时把以前的小房子卖了，后来那房子翻了好几倍，我自以为精明的小算计，反而让财产缩水。

对于性价比的过分重视，也影响了我事业上的选择。

我弟打小就有商业头脑。一开始，他开了一个小影楼，赚钱虽然不多，却远超工薪阶层。但我弟东拼西凑了一笔钱，又开个大影楼。谁知，开业后生意萧瑟，入不敷出。我弟却有一种"千金散尽还复来"的笃定，他把住房抵押出去，又开了第三家店。坚持了几个月之后，新开的店渐渐有了盈利，发展到现在，已有了一百多家连锁加盟店。如今，他对父母的回报，也是不计成本的。带老爸看病，陪老妈体检，带着他们满世界旅游。很多时候，我做不到那么慷慨。他活得比我更平衡，想到什么就去做，从不会患得患失。谁能想到，当初他对自己略带任性的爱，家人对他过分的宠溺，会有这样的一个结果。

我们提倡匮乏教育，要让孩子知道父母的辛苦，要学会精打细算，但精细是过程，不是目的，过度的精细会让我们把工夫全耽误在精细的路程上，那就得不偿失了。

不久前，我和好友去旅游，在酒店里，她口渴了，想喝标价50元的矿泉水。她说，我看出你不赞成，但我很想喝。我说，我本来不赞成，但转念一想，如果你在咖啡馆点50元的咖啡，我一定没有意见。而实际上这瓶矿泉水对你的意义更大，我不反对咖啡而反对矿泉水是没有道理的。

摆脱过于注重性价比的困扰，先从小事做起吧。2016年，我下了一个决心，以后买衣服，付款前不看价签。如果贵了，就少买两件；要对家人和朋友的关爱，少一点儿衡量，只是从心所愿。总之，我希望，40岁之后，做每件事之前，能用60岁的眼光打量一下，希望60岁的自己不至于回忆起40岁没买的那件缎面袍子，而怅然不已。

了。"老师微笑着说："既然这样，那我也不再勉强。你走之前，我打算弹一支曲子送给你。"

第二天一大早，舒曼来到老师的房门前。不过，老师并没有让他进去，而是嘱咐他站在门外用心倾听。随后传来一阵激昂的钢琴声，整支曲子弹奏得如行云流水，热情奔放。舒曼打心眼儿里承认，老师弹奏得确实比自己要出色许多。

演奏完毕后，舒曼进去一看，坐在钢琴前面的竟然不是老师，而是他的师兄。看到师兄弹奏得如此出色却依然跟在老师身边学习，自己才略学皮毛就开始骄傲自满，舒曼一下子明白了老师的良苦用心。从那之后，舒曼摒弃了浮躁的毛病，也虚心跟随老师学习，最终成名。

敢于直面负能量，才是真的正能量

□ 慕容素衣

自从有了朋友圈，突然发现身边朋友一个个都是励志高手，每天不是在转发马云、乔布斯的成功故事，就是在写一些鸡血满满的个人金句，每个人都积极向上，每个人都乐观开朗，不是过上了成功幸福的生活，就是走在通往成功幸福的路上。

这里面也有例外，比如说小M，新认识的一个朋友，就是个特别坦诚的姑娘。她的朋友圈十分率性，在上司那里受了气，就吐槽说工作不愉快，碰上个梅雨天气，

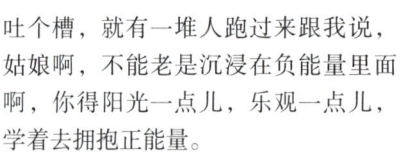

也能抒发下伤春悲秋的小伤感。看小M的朋友圈，感觉就像喝多了鸡汤，终于能喝到杯原汁原味的清茶了，有甘甜，也有苦涩，让人觉得在这些零零碎碎的小情绪背后，是一个活生生五味俱全的人。

这样围观了一阵，有一天，我赫然发觉，已经好久没看到小M更新朋友圈状态了，最近的一条还停留在两个月前，我忍不住给她发微信，半开玩笑地问她：妹妹，你是不是把我屏蔽了啊？

她连忙辩解：没有啊。

我追问：那怎么看不到你新发的状态了啊？

她发过来一个委屈的表情，说自己已经停止更新朋友圈了啊。

我吃了一惊：为什么啊？

她说：别提了，每次只要我稍微吐个槽，就有一堆人跑过来跟我说，姑娘啊，不能老是沉浸在负能量里面啊，你得阳光一点儿，乐观一点儿，学着去拥抱正能量。

"那这样还能发些什么呢，都得像他们一样去煲鸡汤吗？"这样的事多了几次，小M觉得特别没意思，干脆就懒得发朋友圈了。

我想鼓励小M"勇敢地做自己"，犹豫了很久却没敢说出口，因为不仅是她，还有我，以及许许多多的人都怯于在朋友圈里展示真实的自己。每次累了、病了或者是心里有点儿负面情绪，写好了一条朋友圈，考虑到最后还是删掉了，免得给别人造成不好的印象。想想看，谁担当得起"老是传播负能量"的罪名？

也许你会说我想太多了，事实上，朋友圈活跃着太多坚持只吸收正能量的人了。你稍微发发牢骚，就会有人指责你太过负能量，你要多吐了几次槽，没准就被不少人拉黑了。身边有相熟的人告诉我说，她一看有人在朋友圈散播负能量，就把这人直接屏蔽了，真是令我吃了一惊。在我看来，这样包容不了负能量的正能量，也未免太脆弱太不堪一击了。

朋友圈就别提了，早已沦为正能量鸡汤大本营。鸡汤喝多了，难免有点儿腻。令我吃惊的是，连更为开放多元的微博上，也有一群人哭着喊着要正能量。比方说，发生了一件社会公共安全事件，如天津爆炸事件，只要有人流露出追究和指责的口吻，这个时候，就会有成千上万的网友扑过来手撕博主，说你心理阴暗，斥责你在国难当头的时候仍然不知道传播下正能量。

更有甚者，为了不看到这些血淋淋的新闻，干脆选择逃离微博，这样的话，他终于可以不再接收任何和负能量有关的消息了，以后就待在永远宁静美好的朋友圈里好了。

越来越多的人，像逃避瘟疫一样逃避着负能量，恨不得和所有负面情绪、负面新闻都隔绝开来。负能量对于他们来说如同洪水猛兽一样可怕，成了万恶之首、万病之源，他们唯恐沾上这样的言行，总是费尽心思地营造出一种"我很好""国家很好""世界和人民都很好"的现象来。

问题是，谁的生活都不是朋友圈。在朋友圈里，你可以把自己的生活粉饰得光鲜明媚，把自己的内心伪装得无比强大，但你在现实中遭遇的那些心酸、涌起的那些委屈，并不会随之而消除。我们没办法像PS一张照片那样去PS我们的人生，人生就像一枚拥有两面的硬币，有高潮就会有低谷，有成功就会有失意，你想要拥抱光明的那一面，就必须要学会直面黑暗的那一面。如果一味地逃避，那些负面情绪只会累积得越来越多，直至压垮你的神经。

给负能量一个表达的出口吧，允许自己发发牢骚，流流眼泪，允许自己偶尔脆弱，偶尔伤感。如果你不能做到真实地裸露内心，至少你可以选择包容他人的真实。

负能量如果直接抒发出来，其实并没有那么可怕。很多伟大的文学作品，用现在的观点来看，都是满满负能量的产品。屈原的《离骚》很有名吧，其实离骚就是牢骚，遥想两千多年前，满头白发的屈原走在汨罗江畔，指天画地大发牢骚，一个渔夫劝他说，你这样不行啊，大家都喝醉了，你就不能跟着喝醉吗？大家都在

发扬正能量,你就不能跟着发扬下吗?

屈原负气地拒绝了渔夫的建议,最后还抱着石头沉江了,够负能量了吧?

结果,他留下了不朽的辞赋。两千多年后我们读《离骚》,仍然会情怀激荡,受到美和不屈的感召,感谢屈原坚持散播他的负能量。

还有李白,简直就是古往今来传播负能量的第一人,堪称负能量大王:

他一不高兴,就袖子一挥,"人生在世不称意,明朝散发弄扁舟";

他当御用文人一受上司的气,就发誓赌咒说,"安能摧眉折腰事权贵,使我不得开心颜";

他和女朋友闹了矛盾,就写诗以朱买臣自比,指责女朋友不懂识货,"会稽愚妇轻买臣,余亦辞家西入秦";

他在政治上受了点儿挫折,就心生不平,吐槽说,"行路难,行路难,多歧路,今安在";

他一失意,就觉得全世界老子最惨,"抽刀断水水更流,举杯消愁愁更愁";

他一苦闷,就认为老天都亏待了自己,"大道如青天,我独不得出";

……

如果搁在今天,朋友圈出现个李白这样的吐槽高手,估计早就被屏蔽了,家长会怪他教坏小孩子,官员会恨他带坏老百姓。都说牢骚满腹会断肠,可李白呢,连吐槽也吐得逸兴遄飞,高兴时欲上青天揽明月,难过时举杯消愁愁更愁,愁也愁得痛快,悲也悲得洒脱,物来则应,过去不留,诗人的心永远如同明月般光辉灿烂,不染一丝尘垢。

所以说面对各种负面情绪时,不妨学习下李白的态度,该发牢骚时就发发牢骚,发完后该干吗干吗,不一味逃避,也别过分沉溺。人生是不完美的,世界也是不完美的,与经过修饰的完美相比,我更喜欢真实的不完美。真正的正能量,是认清了生活的种种不完美,仍然热爱生活,是敢于直面惨淡真相和淋漓鲜血,却依旧抱有改变世界的勇气。

对于那些口口声声宣称只需要正能量的人,我只想说一句,你的偏执、狭隘和选择性视听,原本就是一种负能量,好吗?

真正的原谅

□姚秦川

有一年,发明家爱迪生和他的助手们制作了一个电灯泡,那是他们辛辛苦苦工作了一天一夜后的劳动成果。

由于要做后续实验,爱迪生便嘱咐一名刚刚来实验室的年轻学徒,将这个灯泡拿到楼上的另一间实验室里。知道这个电灯泡倾注了许多人的心血,这名学徒一点儿也不敢大意。他小心翼翼地从爱迪生手里接过灯泡,非常谨慎地一步一步朝楼上走去,生怕自己一不小心,就将手里的这个新鲜玩意儿滑落在地。

然而,学徒越是这样想,心里就越发紧张,手也跟着禁不住哆嗦起来。当他好不容易走到楼梯顶端时,最怕的事情还是发生了:由于他过于紧张,灯泡一瞬间从手中滑落,掉在地上摔了个粉碎。

许多人都认为这个学徒闯了大祸,他一定逃不过爱迪生的惩罚。然而,当爱迪生得知此事后,并没有责备这名学徒,反而安慰了他几句,让他不必过于自责。

过了几天,爱迪生和助手们又花了一天一夜的时间,制作出了另一个电灯泡。完成后,还得有人把它送到楼上去。当时,有几个人自告奋勇要完成这一任务,不过,爱迪生却微笑着拒绝了,转而将电灯泡交给了之前惹了大祸的那名学徒。这一次,这个学徒没有再让爱迪生失望,而是安安稳稳地把灯泡拿到了楼上。

事后,有人不解地问爱迪生:"这名学徒之前犯过错误,你原谅他就够了,何必再把灯泡交给他来拿呢,万一又摔到地上怎么办?"

爱迪生微微一笑,然后一字一句地回答道:"真正原谅一个人,一方面是允许他犯错;另一方面,更需要再给对方一次展示自己的机会。要记住,原谅并不是光靠嘴巴说出来的,而是要用实际行动做出来的,这才是作为一个老师应有的智慧和宽容。"

泡咖啡馆不是装文艺

□戚瀚文

经过某个咖啡馆，我们总能看到里面很多顾客并非只是在喝咖啡，他们或煞有介事地急敲键盘码字，或聚精会神地看书……这时，你会不会想：为什么有人喜欢窝在咖啡馆工作，难道是装文艺青年？

如果你这样想，就大错特错了。从表面看，一杯香醇的咖啡、一碟精致的点心、暖暖的灯光、舒适的沙发、免费的宽带，还有人为你端茶倒水，如此幽雅的情调，的确比较符合文艺青年的喜好。不过，最新科学研究揭示了这种表象背后的本质。

空间距离感

每个人都是一座孤岛，需要独处的空间，却又与熙熙攘攘的大千世界有着"剪不断，理还乱"的联系。咖啡馆在私人空间和公共空间之间微妙地取得了一种平衡，这是一种恰到好处的距离感。这里人很多，却彼此独立；环境并非绝对安静，却也不喧闹。人们置身于一个充满人的环境，却无须过问任何一个人，在这里可以一心做自己的事情。

安全存在感

人们内心深处最本质的需求是跟自己所处的世界建立联系，以确认之间的存在。如果脱离了联系，人们就会产生一种不安全感。比起寂静无声，一定程度隔离在外的喧闹才是更真实、更自然的状态。

在咖啡馆里，人们看到各式各样的人进进出出，看到窗外世界的忙碌运转和川流不息，时刻都能感受到自己的存在，并与世界发生着联系，这种感觉比独处更让人感到舒适。

白噪声状态

研究表明，太过死寂的环境会阻碍人们的灵感，而适当的噪声可以激发人的创意。太安静的时候，人们很难专注，并且会有一种紧张感。伊利诺伊大学香槟分校的研究报告指出：如果环境中有大约70分贝的白噪声，可以提高人们的抽象思维能力。而大多咖啡馆里的白噪声恰恰都在70分贝左右。

大脑的助力咖啡

看书、工作是脑力劳动，感觉劳累时需要"补补脑"。咖啡恰好起到了这个作用，它能振奋大脑，提高人们的思考和记忆。如果手边有一杯香醇的咖啡，时不时小呷一口，既适时适度缓解了疲劳，又有些名副其实的小资情调，这种惬意真是妙不可言。

拒绝懒惰

一方面，同样是开着电脑接通网络看书、工作，在家里，人们就会情不自禁地扑向自己柔软的床。长期下去，很可能会把生活和工作搞得一团糟。而在咖啡馆里，工作和生活彻底分开，人们就会高度集中于工作领域；另一方面，去咖啡馆坐着，意味着已经付出了经济成本，因为至少要点一杯咖啡才说得过去吧？"不亏本"的心理动机时刻提醒人们好歹要把咖啡钱挣回来。于是，人们就很自觉地全神贯注在读书或工作上，而把惰性踢到了九霄云外。

社交仪式感

统计发现，需要进行高强度封闭工作的人群，只占工作人群总数的20%，而80%的人所从事的工作是半专业半社交类的。

咖啡馆是一个安全舒适的公共场所，相比在公司，人们在咖啡馆不用那么拘谨，少了正襟危坐的隔阂感。很多人说醉翁之意不在酒，而泡咖啡馆意不在咖啡，而在那股氛围。其实，这种氛围就是仪式感，只不过那种仪式感，在有些读书少或者从来没有切身感受过的人看来，就成了装腔作势。

因而，越来越多的人爱上泡在咖啡馆码字或者学习，这并不是装文艺。即使少数不爱读书的人，只要走进咖啡馆，也会情不自禁捧起书本或小册子，立刻感受到这种氛围的妙处。

打动人心的"泰式广告"

□张广智

一段在泰国拍摄的视频在脸谱网上走红：一家书店的老板每天开门营业时，总会发现门前躺着一个脏兮兮的流浪汉。由于担心他妨碍自己做生意，书店老板对他又是泼水又是打骂，想将他赶走，可第二天流浪汉还是会来。

终于有一天，流浪汉没有出现。书店老板大为不解，他想到店门前装有

无所不知的人为什么会一事无成

□ 毛羽立

我的大学生活非常丰富，我总是很忙，社团，恋爱，交友，上网，学习，开店，整天上蹿下跳。我可以在自己的名字前面加上一长串的形容词。

跟朋友们吃饭，我吐槽学业："学建筑就是苦，上回交图我熬了整整一星期的夜。上节课老师把我的方案改得面目全非，这节课你猜怎么着？他都不认识自己改的方案了，还让我再改！别的专业的同学还老不理解我们，觉得我们闲！你去画个图试试看？……唉，不说了，我得赶紧回去突击方案了。"

在同学面前，我吐槽社团："新来的小孩儿什么都不会，还牛得不得了，就这还不让说呢！我们刚来的时候哪敢这样？学校也不靠谱，布置个任务也不提前说……唉，不说了，我得开会去了。"

在社团的友人面前，我吐槽男朋友："我那么忙，他还老让我生气；我每次跟他倾诉一些事，他都不能理解；我不高兴了他非但不哄我，居然比我还不爽，最后还得我哄他……唉，不说了，我跟他吃饭去了啊。"

在宿舍的"卧谈会"上，我吐槽开淘宝店："那帮极品买家就知道占小便宜，上回一个买家给我一个差评，非得讹我50块钱，我在电话里都快哭了，还得给她赔笑脸……唉，不说了，明天要发的货我还没打包呢。"

每次吐槽，我得到的是大家的包容、理解，甚至是赞赏和崇拜：学建筑肯定分数很高吧，将来能赚大钱吧？你还参加社团，经常去国外交流，还上过电视？好羡慕你，这么年轻就去过那么多国家。我看过你做的那些海报和宣传单，真棒！你拍的照片也很好看。你这么有经商头脑，是遗传你爹吧？年轻的时候就是要多谈几次恋爱体验一下，唉，我就特别宅，都没什么人追！

我越发自我感觉良好，相信自己是一个精力充沛、能力超群、聪明过人的年轻人，也确实有很多人被我给唬住了，觉得我挺厉害的。

但现在，我充分意识到当年的我是什么样：建筑学院里最会唱歌的，朋友圈里谈过最多次恋爱的，淘宝店主里学历最高的，同年级里年龄最小的，同龄人里去过最多国家的，游客里最会拍照的……而当我在合唱团里比唱歌，跟别的淘宝店主比成交额，在同学中比绩点，在摄影论坛比拍照水平，那我真的什么都不算。

当周围听我说话、给我鼓掌的人渐渐离去，剩下我一个人面对自己时，我才惊醒了，我问自己：我活得这么热闹，到底得到了什么？

我意识到了一个可怕的事实：就好比每个人都有一块种了人参的地，别人每个坑都挖10米，我聪明，会使巧劲儿，挖了3米就能顺势把人参给起出来。别人继续挖的时候，我就转而挖别的人参去了。我当时没发现，别人的人参都是全须全尾的，而我的都有一小半儿断在地里了。更要命的是，别人地下的坑有10米，几年过去，早就成了一口井；而我的坑太浅，依然是个坑而已。

为什么很多事作为爱好可以做得很好，一旦变成职业你就没那么喜欢了？因为作为兴趣，你只要付出30%的努力，做到70%就已经很好了；而作为职业，你必须付出150%的努力，来达到100%。

我喜欢现在的自己，现在的我接受了人生的设定：面子和里子，你只能先要一个；真正"什么都知道"的人，反而更懂得自己的无知。人生没有投机取巧的路，脚印多深，只有你自己清楚。

监控摄像头，于是调来视频查看究竟。结果发现，这个流浪汉在书店门前过夜时，两个贼想撬开书店的门偷东西，流浪汉上前制止，被这两个恼羞成怒的家伙用刀捅死了。

看到这里，书店老板泪流满面。这时画面上打出字幕："有些事实，是你的眼睛看不到的。"

接着画面一转，出现了几款监控摄像头。这段时长5分25秒的视频并非为了单纯讲述一个感人的故事，实际上，它是一则监控摄像头的广告。据美国《大西洋月刊》报道，自上传后短短一个星期，该广告已在社交网站吸引了近千万次的点击。

这只是泰国让人印象深刻的广告之一。泰式广告中，甚少使用明星，大多是平凡人物演绎平民生活，关注人文关怀、社会大爱和亲情友情等。这种接地气的平民化路线拉近了广告与普通百姓的距离，辅以引人入胜的剧情，更容易引起观者的共鸣。

糖是甜的，盐是咸的

□ [日] 松下幸之助

我70多岁时，经常有人邀请我去演讲，而且每次都让我给年轻人讲讲自己从小所吃的苦。

我自己倒不觉得曾吃过多少苦，受过多少累，有过多少难熬的日子。

六十多年前，我在店里当伙计。记得当时我才九岁，读小学四年级。那年秋天，家里穷得实在揭不开锅了，我不得不出去找点儿活儿干，免得全家都挨饿。因此，小学还没读完。

父亲介绍我去了大阪的一家店铺当伙计。母亲送我到当时刚建成的纪之川车站，让我独自搭火车去。她很担心，哭着拜托邻座的人："这孩子自己一个人到大阪去，路上还请您多关照啊。"

看着母亲悲伤的神情，我很难过，但生来第一次坐火车的新鲜感又让我兴奋不已。总之，当时的心情很复杂，可以说是悲喜交加。那是我人生的第一次真正意义上的离别，因此，直到现在我还清楚地记得那个日子——11月23日，我十岁生日的四天前。

不久，火车启动了，不断变化的沿途风景吸引了我的注意力，很快就让我忘掉了离开母亲的悲伤。到了大阪的难波车站，我兴冲冲地下了车，首先映入眼帘的是一排排人力车——它们是我对大阪的第一印象。随后，我来到了船场——位于大阪中心，是商业和金融的中心区域，自古以"经商者之圣地"而闻名——火盆店，就这样开始了自己的打工生涯。十岁，一个人离家外出当伙计——现在大家可能觉得难以置信，但在六十年前，这样的事一点儿都不稀奇。那个时候，我虽然年龄小，但年龄小有年龄小的事情可做，我当时的工作就是给人带小孩儿。

刚开始，每天晚上睡觉时，我都忍不住哭得稀里哗啦的。我在家排行老小，之前一直是母亲抱着我睡觉的。现在忽然跑到大阪来当伙计，一个人睡在火盆店的二楼，每到晚上自然就格外想念母亲温暖的怀抱。就这样大约过了两个星期，眼泪都流干了。有一天，店铺老板让我过去一下——我到现在都清楚地记得，那天是12月15日——他递给我5钱白铜币，说："给，这是你的工钱。"

我吓了一跳。在那之前，我每次向父母要零花钱时，他们都会给我1文钱的开孔铜币。1文钱能买两颗糖——这是我下午的点心。而5钱白铜币（相当于50枚1文钱铜币），我是从来没见过的。我没想到自己竟然能拿这么多工钱。这笔对当时的我而言堪称"巨款"的工钱是我人生的第一桶金。晚上睡觉前，我都会拿出来数一数，然后压在枕头下，半夜醒来再去摸一摸，确认还在才能继续安心入睡。

人的欲望真是不可思议的东西。自从领到5钱白铜币之后，我就没怎么哭鼻子了。我想要赚更多的钱，这个欲望让我逐渐淡忘了离家的痛苦。因此，除了带小孩儿，我还兼做打杂——擦火盆。那是一种带木框的火盆，需要先用砂纸磨，再用木贼草擦，非常费劲。

冬天时，我的手被磨破了，伤口又红又肿，早上擦地板时水渗进伤口，那种痛对于一个十岁的孩子来说，似乎有些残忍。不过，对于在贫困中长大的我来说，这些活儿都不算什么。

当时，有位一起干活儿的大哥总是满口怨言，不是伙食差就是活儿太重，但我从不抱怨。因为我知道，想要赚更多的钱，就必须拼命干活儿，而抱怨，只会浪费我的时间，消磨我的斗志。那时虽然小，但我已有了这样的觉悟，这对我以后的成长有着重要的意义。

后来，我转到自行车店继续当伙计，前后大约做了六年。这家店主要经营自行车销售和修理业务。那时自行车可是个很稀罕的玩意儿，刚开始普及，价格也不便宜。

那六年，我完全没有休息日，夏天5点钟就要起床，冬天则可以多睡半小时，5点半再起床，一年只放两次假——过年和盂兰盆节（农历七月十五日前后举行的祭祀祖先的佛教仪式）。不过，因为当时这是常态，周围人也都这样，所以没有人觉得这是不合理的。我也认为这是理所当然的。所以，我每天早早起来打扫店铺、洒水、修理自行车，倒也不觉得有多苦多累。

时隔将近六十年后的今天，每年春季，新学期开始，从小学生到大学生，一个个都穿着新衣服，顶着带有闪闪发亮的校徽的帽子，兴高采烈地向学校走去——每当我看见这样的情形，就会忽然想起自己当伙计的日子。

对于小学中途辍学去当伙计的我而言，"学校""学生"这样的词汇有着巨大的吸引力。自行车店对面的那户人家有个和我一般大的男孩——冬天的早上，当我一边向冻得通红的手呵着气，一边用扫帚和冷水清扫店门口时，对面的男孩扔下一句"我走啦"就兴冲冲地上学去了。我停下来，看着他开心的背影，不由得轻轻叹了口气，心中的羡慕之情无以言表，"想去上学"的愿望在我心中就像一团火，变得无比强烈，烧得我很难受。每每这种时候，我就会安慰自己："我和他身份不同，再怎么想也是没用的。唉，死了这条心吧。"然后用冰冷刺骨的水把抹布洗净、拧干，继续干自己的活儿。与其漫无边际地空想，不如实实在在地擦地，至

那些因爱美而"吃土"的女孩

□ 小绿桑

最近,我跟表妹学会了一个新词:吃土。

这个词最早出自漫画,后来被cosplay(指利用服装、饰品、道具以及化妆来扮演动漫作品、游戏中的角色)界大神用于自比,形容购置装备太多,穷得只能"吃土"。再后来,推及购物狂群体:买得太多,下月只能"吃土"。形容一种冲动消费现象。

表妹打小不起眼,送去香港做交换生一年后,倒出落成一副美女模样。我仔细端详,发现原来她学会了化妆。据她"招供",一放假就喜欢泡在化妆品柜台试用各种产品。香港女人不化妆不出门,耳濡目染,她也掌握了这项技术,颜色搭配、遮瑕打底、阴影高光,样样精通。

她因会买东西而滋生出一股优越感,来我家做客,瞄了一眼梳妆台,露出不屑的神情,"谁还用这些啊,你out(落伍)了,现在最红的牌子是×××"。表妹爱在微博和朋友圈晒战利品,东西被放在洁白的羊毛皮垫上,精心布光,拍出一张精致的图片,再用晒物软件标记出品牌和价格,最后不忘以"吃土"作为结尾,引起小伙伴们的赞美。我顺着与她互动的几个少女的微博点进去,几乎都是晒物党和剁手族,买、晒、"吃土",是她们生活的全部。

现在购物狂已更名为"吃土少女",她们大多生在20世纪90年代,一个从不知贫瘠滋味的年代,家庭环境小康以上,父母的不懈奋斗确保她们不会真的"吃土"。

"吃土"少女可分为三个阶段,初级阶段是单纯满足物质需要,缺什么买什么,虽然不排除冲动购物,但有一个大概规划,喜欢在购物节消费,基本只需要"吃"一个月的土就可以缓解;中级阶段追寻潮流单品,对每年的限量版要第一时间拥有,最容易在年底"吃土";高级阶段就是购物的手根本停不下来,无论限量与否,只要看见超值的"白菜",她们都不肯错过,365天天天"吃土"。

"吃土"少女通常给自己一种心理暗示:下个月不要买了。她们并非白富美,买了是要还的。购物完毕,"吃土"少女怀有愧疚之心,说不定还会给父母打个电话嘘寒问暖。这份愧疚在收到货物的那一刻被遗忘,然后又随着购物账单到来被激发,反反复复。

"吃土"少女的生活周期并非以星期计算,而是以"种草"、做功课、下单、收到快递的流程计算。购物变成了一种日常的机械性的重复。她们对细节敏感,却缺乏甄别能力,永远找不到最适合自己的东西,而是不停找借口尝试。她们没有长性,很难把一个东西用完,总是在新鲜劲过后又开始琢磨新的东西。她们乐于分享购物心得,写几千字的试用攻略,积极回答网友问题,只为得到一声赞扬。

她们擅长做功课,把大学考四六级的劲拿来研究购物,试用报告、搜差价、算返券、看评价,一个环节也不能少,在这种"精心"钻研下,她们肯定能买到性价比高的商品,而这让她们沾沾自喜,自以为获取一种实惠。"吃土"其实是"剁手"的退化版,她们不认为购物会受到惩罚,只要在下个月节衣缩食,就能将疯狂购物合理化,谁叫她们拥有追逐美的权利?真要"吃土"了,她们就采取一种拆东墙补西墙的策略,信用卡套现。"吃土"永远是她们疯狂购物时的安慰剂。

我能感受到表妹从自卑到自得的一种巨大心理反弹,可这与学识无关,是靠金钱堆积起来的虚幻。和白富美已经变成天王嫂、学习好的进了华尔街相比,"吃土"少女们除了有一柜子快要过期的商品和一肚子土以外,还剩下什么?

少后者能领工钱。就是这种朴素的想法,支撑着我一直脚踏实地地工作。

后来我对电器产生了兴趣,就进入一家电灯公司当实习工,逐渐成为一名合格的电工。结婚后,我决定自己创业,生产电器。在这个过程中,我算是饱尝了人间的辛酸,但回过头去想想,当伙计的那六年是非常宝贵的,尽管那六年我一直重复地干着几乎没有多少技术含量的活儿,但我很清楚,那就是我的工作,是需要我认真对待、努力实践的工作。这个觉悟影响了我一生,让我无论做什么,都能百分百地去投入、去实践,而不是空想或者抱怨。

糖是甜的,盐是咸的——这谁都知道,但并不是通过讨论、思考才知道的。想知道甜咸的滋味,首先要自己尝一尝。"体验"的重要性就在这里。就算一个人每天都去上游泳课,上了很多年,对游泳的要领掌握得很到位,却从来没有实践过,那么,当你把他丢进水里时,估计他仍然会"咕咚咕咚"地灌一肚子水吧。而看看当今社会,像这样缺乏实际体验而空发议论的人实在是太多了。

每年春暖花开的时节,学生们换上新衣服,精神焕发,令人欣慰;与此同时,毕业离校的大学生们背上行囊,各奔前程。每每见此情景,我总是忍不住想:加油吧,年轻人!

你讲了那么多道理，我好像都不大信

□罗振宇

有一份商学院的招生简章摆在你的桌面上，负责招生的人告诉你：有大量数据证明，读过商学院的人比没读过商学院的人，在退休时财产总额平均要高出40万元以上。就是说，你今天交给我10万元，30年后至少能收获40万元。那请问，你是读商学院，还是不读商学院呢？

按照商学院的这个因果关系来看，似乎是很划算，应该去读。但是如果用经济学的思维方法来看，就未必是这么回事了。

经济学中有一个非常简单的概念——成本。

它是什么意思呢？就是一顿免费的午餐摆在你面前，即使别人不图你的任何东西，甚至说只要你来吃这顿午餐，就再倒贴给你1000元，你也是有成本的，你一定要放弃一些什么东西，才能获得这个东西。

我们再回头来看那道商学院留下的算术题：现在花10万元学费，30年之后，你会比没读商学院的人多40万元存款。请问，划算不划算呢？

经济学思维告诉你，根本就不能这么想问题。如果我省下这10万元，又省下了这几年的时间，我有没有可能去做一些其他的尝试？比如说去旅游，比如说跟一个工艺美术大师学一门手艺，比如……30年后，我会不会拥有比这40万元更多的东西呢？

我们一定要跳出别人给我们设计好的因果论的框框去想问题。在这里，我讲讲我的两个生存信条：

第一个，我坚决不相信一切人告诉我的狭窄的因果论。

我还记得电影《致青春》中有这样一个情节：朱小北因为打架被学校开除了。那天，我是陪爸妈一起去看的，我听见我爸在那儿嘬牙花子："哎呀，好可惜。被学校开除的话，这辈子就完了。"但是，后来怎么样呢？电影里，朱小北开了家培训公司，成了教育家。

天无绝人之路，每一个狭窄的因果关系的旁边，都有无穷无尽的其他选择。所以，不管你是用权威、拿人类经验，还是拿道德立场为要挟，跟我讲一个固定的因果关系，我都会用一个自由主义者的批判精神告诉你：我好像不大信，或者说你给我更多的理由，我才信。

第二个，用自己能够认同的因果关系，来把握自己的决策。

如果我什么都不信，我不就是一个杠头吗？那我还怎么生存，还怎么跟别人交往？我会变成一个情商特别低的人。所以，我不能这样生活，我是追求生存，而且生存得舒服的人。

在做具体决策时，就要把真理忘掉。比如说，有一次录像时我得了咽炎，嗓子疼得说不出话，我使劲儿吃药，中药、西药都吃。我不信中医，是因为我不信它那套因果方法，并不是说所有的中药都一定没用，所以我在生病时，管它是什么药，只要有可能帮我解决当下难题的，我就照单全收。所以说，人在具体做决策的时候，不能死心眼。

我们要做的是，不断提高自己的理性程度和分辨能力，扩大知识面，建立以自我为主导的人生决策能力，然后在每一个选择的关头，用自己能够认同的因果关系，来把握自己的决策。

既不信因果，每一步决策又依据因果，这不是自相矛盾吗？

如果你还这么问，那我就送你两句话好了。

第一句话是亚里士多德说的：一个智者的目标不是追求幸福，而是尽其可能地避免不幸。无论你信不信因果，有些不幸你都无法避免。那我们能做的就是避免不幸，不断地提高自己的认知能力，避免自己变成一个糊涂的人，尽可能清醒地思考和明智地行动，这就是每一个人命中注定能够做到的极限。

第二句话是爱默生讲的：一个人在集体中，容易按别人的想法思考；在孤独的时候，就容易按自己的想法思考。

而我，即使身处集体中，仍然不会被那些虚妄的、假设的、不靠谱的、所谓的因果关系绑架，我还能按照自己认定的那种虽然是虚妄的、不靠谱的因果关系来思考，这就算赢了。

与其迷茫彷徨，不如去闯

　　失败和成功是孪生兄弟，看似失败，未必不是成功。在坚强的意志和聪慧的头脑面前，生活不会有太多欺骗。即便有，凭靠生命的顽强也完全有可能改变这一切。那些杀不死你的，终将让你变得更强。有时传奇似无来处，细看却总有因由。

你配得上更好的人生

□ 沈嘉柯

2016年的夏天,我应邀参加别克的分享会。

作为一个20世纪80年代出生的人,当时我第一个出场,登台讲了自己的成长,我用十年时间去准备,登上了中国影响力作家文学贡献榜,出了很多畅销书。

我创办的新媒体虽然刚刚起步,但已经一年营收百万。我所有的努力,是为了一个梦想,让自己有积累,可以去过自己想要的生活。

其实我当时讲得特别轻松,驾轻就熟,因为我的这些经历,被《读者》这样的亚洲销量第一的杂志全文刊登了。

按道理,我已经衣食无忧,拥有了声名和不错的收入,继续这样生活下去就行了。

不知道为什么,眼看着网络大时代来临,曾经在报刊工作多年的我,做过主编的我,心里开始蠢蠢欲动。都说传统媒体衰败,新媒体崛起,是否我这样的老家伙落后于时代了?

我有点儿郁闷。我跟我的朋友,合伙创办了新媒体品牌娱乐天天说,我们再战江湖,没日没夜地挖掘热点,我们邀请黄晓明、郑元畅、霍建华等明星为读者念祝福语和贺词。

我们各自发挥所长,有的写影评,有的写人物专访,有的写行业观察。一年时间,我们就成了营收百万的大号。

我想这事对我来说,最大的收获是,一个人拥有的专业能力,从来不会过时。

我结束了自己的分享,坐在观众席上休息,后来听到了他的故事。

他是一个生于20世纪70年代的人。他也是我们本地音乐广播电台的主持人,我第一次见到他,是在一场音乐选秀比赛上。

我一直以为他就是那种人生开挂的典型,毕业于一所传统的师范类名校,轻轻松松到了挺好的传媒单位。

广播电台历史上有多么受欢迎,我是亲身经历过的。再加上他主持风格特别幽默,功力扎实,所以很容易成了大腕,属于理所当然的高收入群体。

隔了几年之后,我们再次碰头,就是在分享会上,

他最后一个演讲,说了他自己活生生的青春故事,颠覆了我对他所有的印象。

虽然我们是两代人,我却找到了鲜明又深刻的共鸣。

大学时代,他渴望进入传媒工作。但是一直没有机会。学生时代特别穷,喜欢的音乐卡带,都要徘徊好久,因为没钱,舍不得买。

他第一次赚到几百块酬劳的时候,欣喜若狂。毕业以后真正入了行,当他在电视上有了自己的节目之后,有一次经过天桥,有一个路人转过身来,冲着他大喊了一声,哎哟,你不是那个谁谁吗?

他心情万分激动,期待这个观众喊出自己的名字。

结果那个路人说,你就是那个阿星吧!

他是阿喆。

这要是用动漫的形式来表达,他脑袋上方应该飞过去一群乌鸦。

当时他还年轻,不服气。总有一天,他要让观众都准确地记住他。

新世纪迎来新的时代,网络繁荣,传统媒体,从纸媒到电台,都面临着巨大的危机。他也遭遇了人生中的低落期,上完夜班,回家路上看着万家灯火,他心中觉得,真的不甘心就这样平淡到老。

他开始策划各种活动,主动出击。在中国最长的那条步行街上,创造了音乐电台透明直播间。

他从主持人跨界到创业。省台只批了300万,他全盘构思策划创办长江电波兄妹公司。对于这个类型的企业来说,这是非常有限的资金。

他不服输的性格再次帮了他,没有条件自己创造条件,想方设法也要做好事情。

就这么一路走过来,承办了各种很棒的表演活动。他负责公司的诸多事情,创业型公司需要摸索道路,还要亲力亲为。但他一点儿也没耽误主持工作。

那个曾经为几百块钱主持费欣喜若狂的小青年,如今一次出场费至少五位数。

他的演讲结束语是,事情就要先去做,有了问题再解决。人总要折腾,最怕的是什么都不做。

我惊讶地张大了嘴巴。一个人到了中年,依然怀着赤诚的热情,这太难得了。我太佩服他了。

我曾经做过记者,采访过各种各样的人。遇到这样的人,这样的故事,还是特别感动。

真正喜欢做事情的人,眼睛里都有光。

我特别熟悉那种光,绝对骗不了人。因为曾经也有前辈说,在我的眼睛里看见过光芒。

如果把时光倒推回去,十六岁那年的我,遇到今时今日的我,应该会觉得非常陌生。那个孤傲内向的少年,想象不到未来要经历多少的挫败,消化多少痛苦,然后在浩瀚的世界上,学会温柔,变得聪明,掌握力量。

我在学生时代,就以散文随笔、杂文评论,登上了中国几乎所有的大报名刊。后来我发现,凭借这些稿费收入,我养活了自己,还能给家里父母钱,我觉得很快乐,也很有成就感。那时候,我才十八九岁。这种感

你之所以平庸，就输在一个细节

□ 肖 卓

一次和几个朋友一起吃饭，席间有一个民政局工作的人，几句寒暄之后就聊开了。

民政局那人忽然问我姓什么，家里是哪个市的。

我如实告知。

他问我是不是某某县，某某镇的。

天哪，居然猜对了！

我说："大师，请收下我的膝盖！你是不是算命的？还收徒弟不？"

"大师"怡然一笑，说："算命那都是骗人的。我只不过是根据你这个市的姓氏分布和你的口音辨别出来的。"

一个市有几百个姓氏，然后有十几个县，那么多镇。他都可以了然于胸，真是奇人！

后来听朋友介绍说他是民政局的明星人物，不仅业务熟练还知识渊博，很多领导都喜欢他。当今还有这样的高人，真是不可思议！

我们大部分都是平平庸庸、碌碌无为之人。我们总以这样或那样的借口敷衍自己，局限在自己的精神世界里面，然后安慰自己说平凡可贵。

其实你就是平庸，只是你不愿意承认罢了！

看过很多动漫电影，我只钟爱宫崎骏的。如果你看过他的手稿，你就知道他是如何拒绝平庸，打磨电影里每一个细节。

印象最深的是《借东西的小人》，妈妈的厨房用具非常精致，爸爸从人类那里借来的胶布、螺丝刀、灯泡、纽扣等数不清的细微之处，让你感动不已。

只有对生命充满敬畏并时刻追求卓越的人，才能雕琢出如此令人动容的作品！

我以前的公司，招聘了一个前台，她每天无所事事，主要就是接几个电话，然后在电脑上面逛网店。

老板看到她如此不尽如人意的表现，就把她辞退了。

临走的时候，她说："我只是一个前台啊，不就是接几个电话吗，根本没有什么事啊。"

后来又招聘了一个小姑娘做前台，公司全体上下都比较忙，就没有管她。

她上班第一天就自己制作了一个登记表，记录每天出入的人员和来往电话。

她还整理了公司的快递单、出差人员的车票、住宿票据等，并且做出了详细的电子表格和台账数据资料。根据这些数据，做出了一份详细的分析报告。

不到五天的时间，就对公司的运作流程和核心技术知识轻车熟路。

以上的这些我们都没有安排她，都是她自己主动去学习和做的。

所有的人都对她赞不绝口，她现在已经成了独当一面的部门经理。

一个前台的职位，两个人的表现相差却如此之大。

很多年轻人，二十几岁的年纪，纵情于短暂的物质愉悦，没有长者洞明世事的睿智，失去了幼年天真无邪的清澈，学不到步步策谋心机爆表，又不敢勇往直前无所畏惧，那还拼什么？

罗兰说："只有一种英雄主义，就是在认清生活真相之后依然热爱生活。"我们只有挥刀斩断自己体内生根发芽的懒惰，专注于自己喜欢的事情，持续恒久地坚持，发现更大的世界，才能像英雄一样发出耀眼的光辉。

一件事，一辈子，专注的极致，注定伟大。

觉，我非常享受。

别人玩耍的时候，我在稿纸上窸窸窣窣地奋笔疾书。我用稿费给自己买了电脑，从此进入了写作这个古老的行业。

曾有过漫长的低潮沉默。有一天，我独自坐在台阶上，看着深夜的月亮，悲伤良久。我接受自己的沮丧哀伤，也会珍藏这种哀伤。当我从中走出来的时候，我情愿自己成为做事勇猛、内心平和的人。

年少的我不知道自己会走到什么样的境地，我只是模模糊糊地觉得，我愿意为自己想要的东西，付出努力去得到，拥有更好的人生。

甚至这个"更好的人生"，也不再由别人来定义，而是我自己说了算。

我想要热血沸腾，热泪盈眶的时候，我就去做这样的事情。哪怕昏天黑地每天工作十六个小时累得像条狗。

我想要内心安定，我也有资本回到自己一个人的王国当中。写不需要任何人赞美的诗，视功名为粪土。

你对自己那么凶狠，世界才对你稍露温柔。这看起来很不公平，但也无所谓。你踏遍山河，一路修行，成为强大的人，从此自己对自己温柔。

我们成长于不同年代，我们的故事，当你读到了，也就属于你了。为你提供人生的参照。

不管你从哪里出发，都得出发。就像所有的河流都流向海。你配得上更好的人生。

人和人的差距，远不止一个好运

□沐沐

01

几年前我读本科时，一个学长在国际竞赛中获得了全球第一名的好成绩，灵感来自《机器人总动员》中瓦力将垃圾压缩成块，提出了将城市垃圾再利用做成方块建筑材料的理念。学长也因为这个重量级奖项拿到了米兰理工的入学邀请。

一位学弟在竞赛书上看到学长的方案，随口说："这些我也想得到，只是晚生了几年，没他的运气！"

当年学长获奖后自己也说有运气的成分，但是其他人缺的，不只是运气。

如果你是建筑学系的学生，《机器人总动员》你看过了，城市垃圾再利用你也知道，英语你也学了好多年，甚至有人考过了雅思或者GRE（美国研究生入学考试）。

但是，当竞赛的海报挂在系办门口时，有很多同学路过：有些人看一眼觉得跟自己没有关系；有些人觉得全英文表达太难；有些人报名了，方案做到一半放弃了；有些人好像完成任务一样提交了一份自己都不满意的作品。

本科毕业以后跟学长有过项目上的合作，那种勤奋而认真的态度和对于建筑理想执着的追求，不是一般人可以做到的。

我离职回学校读书时，学长发给我的鼓励是：无论在哪里，一定要努力，要坚持理想，有一天你付出的努力都会变成好运回来找你。

02

毕业那年我找工作的时候，向表哥的同学H姐姐请教经验。H姐姐是那一年单位招收的唯一一个本科生，而且到了单位最好的一个所。表哥介绍她时有一句话："她运气可好了，做什么都很顺利。"

跟H姐姐聊天，她说："当时面试，只是带了我大学期间的几本手稿，《建筑空间组合论》那本书里的所有插图和一叠速写，面试的几个领导人轮流看了我的手稿，院长直接说，你的踏实、勤奋和几年来的进步都在这里反映得很清楚，我们需要你这样的员工。"

"哪里有白捡的运气。我不是一个有天赋的人，之前没有绘画基础，在大一时我就看到了和其他同学的差距。于是开始坚持画速写。那时候老师讲空间，推荐了《建筑空间组合论》，我就把这本书看烂了，每一个图都画了好几遍。"

后来在H姐姐家看到她的那个手稿，我一点儿都不惊讶这几本手稿何以打动面试官。图的旁边配上自己的理解。有小插图，也有空间的特点分析。

H姐姐问我，那天如果院长不在场，不知道其他人会不会做出同样的选择。我想，就算院长不在，其他人也会做出同样的选择。因为H姐姐比人多的，不只是运气。

《建筑空间组合论》基本上每个建筑系学生手上都有一本，有人甚至没有完整地看过一遍；速写和手绘，建筑系学生都曾热爱过也痛恨过。但是没有人坚持几年如一日画建筑速写；对空间的理解和把握，都知道是建筑师做设计的灵魂所在，没有几个学生会长年累月地琢磨这玩意儿。

H姐姐说的运气，是踏实，是勤奋，还有做事认真的态度，不懂就钻研，不熟就多练，不会就努力学习。

03

还记得我大学时坐火车回家，邻座一个人说是贾平凹的同乡，小时候跟贾平凹一起玩泥巴的，然后满脸不屑地说："小时候他还没有我学习好，作文也没我写得好，后来运气好被人发现了捧红了，我就是没那运气！"

我跟爸爸说起这件事，爸爸笑笑说："那种心态就好比大家一起在路上走，有人突然搭车走了一样。随后他们的差距越拉越大，就会有人以为自己缺的只是一辆顺风车。"

我们看到别人的成功，赞扬他们的时候，他们会说是运气好。那些好像很轻松，又把事情做得很好的人，我们真的以为是运气好，或者是天赋，而忘记了如果没有努力做支撑，运气和天赋，是没有意义的。

事实上，好运背后，都是坚持不懈的努力。天才背后，都是辛勤抛洒的汗水。职业网球运动员小威在战胜拉德万斯卡后说："我不知道这是不是运气，我不相信运气，我只相信努力。"

很多人的"尚未成功"，欠缺的不仅仅是一个好运，还有足以支撑好运的努力。如果不努力，运气就算来了，也还是会悄悄溜走的。

与其迷茫彷徨，不如去闯

命运夺不走追求梦想的初心

□ 李静

他是合格的赛车手，获得了国际赛车执照；他也是欧洲拉力锦标赛波兰站比赛的选手，成功挤进排名的上位圈；他更是2014年欧洲漂移之王赛车比赛的车手，取得了不俗的成绩。然而，骄人成绩的背后，驾驭赛车的却是他的双脚。

1987年，他出生于波兰。从小受哥哥的影响，他渐渐迷上了赛车，也梦想着长大后可以成为一名职业赛车手。他跟着哥哥去看赛车比赛，学习操控赛车。第一次作为赛车手驾驭赛车在赛道上奔驰时，他的心也随着飞扬，这更加坚定了他的梦想。

就在他按照既定的目标一步步前行时，一场猝不及防的意外毁了他原本明丽的未来。

20岁那年的一天，他和哥哥约好去看一场赛车比赛，可时间快到了，学校举办的运动会还在如火如荼地进行。等他参加完长跑比赛后，都没等到颁奖仪式，就和老师请假，急匆匆地去和哥哥会合。

路上，他不停地安慰自己，哥哥好不容易订到的票绝不可能浪费，只要他开得再快点儿，马上就可以到了。他只顾加速，全然不顾信号灯，就在通过一个路口时，他违规地猛冲了出去，与一辆大货车相撞。

醒来时，他很庆幸自己的生命还在。可下一秒，他却发现生不如死。为了保住生命，他被迫失去了双臂。就在那一瞬，他的梦想也戛然而止。

他终日眼神空洞地望着天花板，不敢再想起与赛车有关的一切。就这样让自己沉沦，在日复一日中，他也慢慢失去了生活的勇气。

一天，邻居家的小男孩在院子里把玩一个收音机，无意中触碰到了音量键，刺耳的声音毫无保留地将一条新闻灌进他的耳朵里。内容是一个马拉松选手在比赛途中小腿抽筋，他本来是夺冠的有力竞争者，可这突发的意外让他不得不与奖牌失之交臂。听到这儿，他不禁轻轻叹了口气，感叹命运的无常。令他没想到的是，这条新闻并未结束，马拉松选手在明知失败的情况下，仍然没有放弃，而是忍着疼痛奔跑到了终点。

他心中早已熄灭的梦想的火焰在这一刻重燃，他陡然发现，马拉松选手可以放弃奖牌，但绝不会放弃奔跑到终点，而他虽然失去了双臂，但命运夺不走他追求梦想的初心。

他开始训练自己的双脚，让它代替双手，使他能独立完成生活中的琐事。在一次次失败又一次次的坚持下，他的双脚被训练得越发灵活，他的生活也恢复了有条不紊。

搁浅的梦想就在那时被重拾，他要凭借自己的双脚去驾驭赛车。这看似不可能的事，竟在他的不懈努力下，一点点实现。他学会了用脚操控赛车上的各种按钮和装置，也习惯了用双脚控制方向盘。

三年后，他可以游刃有余地用脚驾驭赛车，并获得了国际赛车执照。那一刻，他的坚持和不放弃，终于让梦想璀璨绽放。

在车技日臻成熟后，他参加了欧洲拉力锦标赛波兰站的比赛，并成功挤进排名的上位圈。这一成绩使他信心倍增，决定向着更高的目标迈进，他要练习需要赛车手不停地换挡和手刹的漂移。然而，这次的挑战对他而言难度是巨大的。

为此，他成立了自己的团队，在成员们的帮助下，他对自己的赛车进行了全新的改造。有了新的引擎和变速箱，还专门改装了挡位和手刹的位置，当这一切变得得心应手时，他也没忘了加倍努力练习，去更好地驾驭它们。

只要努力，奇迹一定会与你不期而遇。其后，他成功进入2014年欧洲漂移之王的比赛，并取得了不俗的成绩。

他，就是巴尔泰克，世界上首位无臂赛车手。

当他的故事漂洋过海被全世界各种肤色的人们所知时，不断有人问他是如何取得今天的成功的。每每此时，巴尔泰克总是淡然地说："我知道马拉松选手可以放弃奖牌，但绝不会放弃奔跑到终点。就像命运可以无情地夺走我的双臂，却始终无法夺走我的梦想，更夺不走我成为赛车手的初心。"

是啊，命运夺不走追求梦想的初心。无论在人生的赛道上遇到多少艰难险阻，只要不臣服于命运的安排，只要坚定不移地朝着梦想的方向迈进，终有一日，再遥不可及的梦想也会在时光的砥砺下变得触手可及。

你失掉的东西越多，你就越富有；因为心灵会创造你所缺少的东西。

困住你的只是你自己

□ 落 落

1

第一次彻底意识到自己的嗓音特别难听，是小学三年级时在那个脏兮兮的、狭窄的小操场上。

那是一节体育课，在自由活动时间，我被拉着参与了那个名为"老鼠偷油"的游戏。游戏中大家发出各种各样的尖叫声与笑闹声，我也不例外。

正当我累得气喘吁吁地回到"老鼠窝"时，同班有个女生小森，忽然像发现新大陆一样说道："哎，你笑起来的声音怎么那么像乌鸦在叫啊！"

她的话才刚说出来，我就飞快地闭上了嘴，再没有发出一点儿声音。在一群同学注视的目光下，我抿着嘴强装微笑。

当一旁的同学还在发笑时，她又编出一首滑稽的小诗，引发了新一轮更加汹涌的笑声。

那首诗的内容我早已记不清了，只知道身边的同学都开始起哄般地叫那个新鲜出炉的、对我而言如同噩梦般的绰号——乌鸦。

我不记得自己是怎么在一阵哄笑声中离开那个小操场的，只记得我坐在座位上掉眼泪时，没有一个人过来安慰我。

因为他们都觉得这只是一个无关紧要的玩笑。

2

可是对我来说，一切却没那么容易过去。

在这场闹剧之前，我曾作为班级的代表去参加市里举办的征文大赛，拿回了唯一一个第一名。按照惯例，校长会在星期一的升旗仪式上颁发奖状，并请获奖的同学将自己的作文朗读给全校同学听。

结果到了星期一的早上，班主任跟我说："小森是广播站的播音员，由她来帮你朗读获奖作文好不好？"

我隐隐察觉到了什么，却没有想太多，一口就答应了。

小森上了台，给大家鞠躬，说获奖的同学感冒了，喉咙不舒服，所以由她来代劳。

那篇作文小森朗读得很好，她就像是天生的演说家，声音圆润清亮，婉转动听。全校师生都鼓起掌来，我也拼命鼓掌。我倔强地认为，他们都是为作文的内容鼓的掌。

我必须承认自己是个敏感而早熟的小孩儿，在小森还没有在大庭广众之下为我"写诗"的这一刻，站在升旗台下的我已经开始为自己的嗓音隐隐感到不安。

而在这个阴天的午后，在操场上，她忽然开口了。我终日藏着的隐秘的不安和难堪被一寸一寸揭开，平平整整地摊开在所有人的面前。

当我回到教室坐在座位上掉眼泪的时候，后座的女生发现了我的异常，她问我怎么了。

我当时反问她："你知道自尊心是什么吗？"

她一脸迷茫地耸了耸肩。

或许对一个普通孩子来说，自尊心是一种让人难以理解的东西。我再也抑制不住自己的失望，趴在课桌上大哭起来。

3

"乌鸦"这个绰号如影随形地跟了我好几年。六年的中学时光，让我学会了保护自己。我会在开怀大笑的时候突然回过神来，变成抿嘴笑，能不说话的时候绝对不抢着出风头，更不用说在外人面前哭泣了。我开始习惯这样的生活，甚至把我不爱凑热闹的行为归结为我本身就是这样的性格。

真正出现转机是在大学，我考到北方一座遥远的城市，我的身边终于全都是陌生人。小时候梦寐以求的全新的世界来临，在我早已对这个世界的恶意感到麻木的时候。

在那里，我遇见了一个人。

他叫R，学校社团招新的时候，我陪同学去广播站面试。结束之后，我与同学边说着话边离开。他忽然叫住我，问起我的一些情况来，之后又问我："你的声音很特别，你要加入我们社团吗？"

我忙摆手："这怎么行呢？我的

声音如果出现在广播里，恐怕全校的人都要聋了。"

那一刻，我一定脸红了，脸上还挂着尴尬的笑容。

他挠了挠耳朵，笑道："我不是广播站的，我是配音社的社长，被他们叫来帮忙试试新生的。"

说实话，我并没有太在意他的邀请，因为在我的认知里，配音同样看重一个甜美的嗓音。

可R并未放弃，又问了同学我们是哪个班的，然后把招新的宣传单塞到我手里，后面还写着他的电话号码。

"我们拒绝雷同，我们需要个性。"宣传单写得十分俗气，却也十分诱人。

4

后来，我成了配音社的一分子，甚至还在一年后的迎新晚会所播放的创意宣传片中担任了一个不大不小的现场配音角色，得以和R站在同个舞台上谢幕。

不过这些都是后话了。

记得我刚进配音社的时候，什么专业词汇也不懂。社里有很多不同专业的校友，还有许多热爱二次元和电影的女孩。他们性格各异，还有人天天穿着公主裙在学校逛，从来不在意别人的目光。他们混迹各大论坛，经常自发地为自己喜欢的小说或是电影配制音效，表演出色的成员偶尔还能接到有酬劳的广播剧。

我开口的时候，他们纷纷表示很惊讶。我个子不高，不爱说话，常给人一种文静的感觉，一开口却是截然不同的声音。用她们的话来说，我就像个老烟枪，有副天然的烟熏嗓。

从开始尝试到喜欢，我只花了一个月时间。几个月以后，我试着像其他社员一样，去探究自己的声音，尝试了很多角色。暴烈的少女，虚弱的老妪，甚至是男性角色。后来我越来越自如，随时可以控制自己的声音模仿各种各样的桥段，有时还辅以各种浮夸的表情。

大二那年，我成了社里的骨干代表，很多人对我小小的身体爆发出的惊人能量感到惊讶。每到这时，R都会很得意地对他们说："是我慧眼识珠把她挖出来的。"

每次我都会偷看他的神情，总觉得能从他的神情和语气中察觉出一种骄傲。如你所想，我喜欢他，更确切地说，我敬慕他。

我总记得刚进社的时候，我不怎么熟悉配音的操作，压力比较大，于是傍晚常和R在田径场上聊天。也许是我的情绪里透露出特别多的不自信，他忽然问我："你知道《哆啦A梦》里很多男生的角色其实都是女性声优配的吗？特别是小夫的配音演员，从小就被大家称为'丑陋的声音'，不过后来她特别棒，真的。"

我当时就蒙了，惊觉他安慰人特别会找点，简直太聪明了。我喜欢聪明又诚恳的男孩，所以默默地喝下了这碗朴实的鸡汤。

5

后来R毕业了，他将社团交给了社里一位优秀的学姐。再后来我们就分道扬镳了，联系很少。听闻他似乎很快就要结婚了，但我觉得特别坦然，一点儿也不伤心。真的，有的人出现在另一个人的生命里，从来都不是为了和你谈一场轰轰烈烈的恋爱，或是伟大到将你从泥泞中拉出来。

他只是偶然路过的一阵穿堂风，温柔地吹过你躲在门缝处张望的眼睛。不由自主地，你走出了小巷子，这才发现外面的世界是那么大，每个人都形色各异，你的那一点点不同，简直无足挂齿。

我问过我的小学同学，说："你们还记得我有个绰号吗？"

一经提醒，他们哈哈大笑："记得啊，你叫'小乌鸦'嘛，现在听起来怪幼稚的，甚至还有点儿可爱。"

再问那首小诗，却没人记得了，我也不记得了。

是啊，绰号也好，小诗也好，年少时因为自尊心受挫趴在桌上号啕大哭也罢，当你的目光广阔到不介意这些从来都无关紧要的事情，那个被困在小天地里的自己就被解放了。

前两年，记得是在草莓音乐节上，从来没有在人前唱过歌的五十几岁的张曼玉瘦骨伶仃，她在大风中飘摇着、吼叫着摇滚乐，一把烟熏嗓震惊了所有人，就连媒体也不忍心刻薄她。

室友边看新闻边对我说："你也上去唱首歌，肯定能跟她完美和声。"

我说："那可不。"

从没有白费的努力，也没有碰巧的成功

□鹿十七

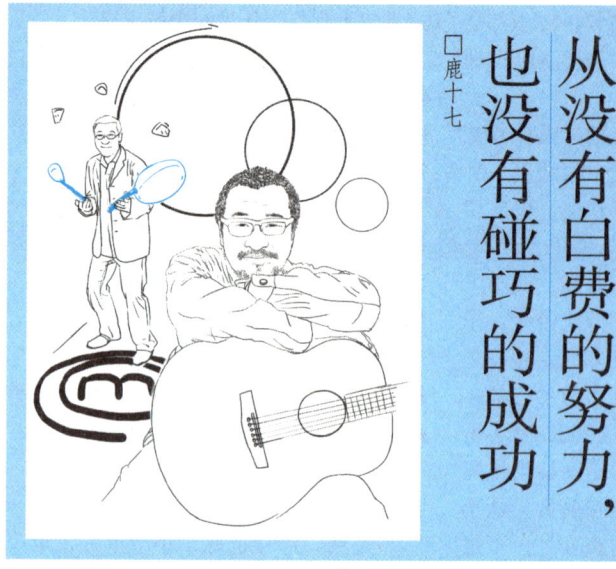

1

前一阵子，看了李宗盛的一个宣传片。他把自己的人生感悟融入那段几分钟的小短片里，告诉所有还在努力中的人：人生没有白走的路，每一步都算数。

不过是一个几分钟的小片子，却让所有看过的人心生万千感慨。原来，每一个生活过行走过的地方都会刻在生命里，化成自己独有的气质。

我们的生命里，藏着我们读过的书、走过的路、爱过的人；那些奋笔疾书的夜晚，那些煮茶读书的日子，那些背起行囊流浪的岁月……它们串联起来，才能换来我们现在丰盛的人生状态。正如李宗盛在片中所讲：时过境迁后终于明白，人一生中每一个经历过的城市都是相通的，每一个努力过的脚印都是相连的，它一步一步带我们到今天，成就今天的我们。

所以，我们要对生命中的每一个阶段都有所敬畏，对每一次努力都有所珍视。

2

读研的时候，我曾帮一位老师做过一个与非洲相关的项目。那位老师不是我的导师，所做的项目我也不是很感兴趣。可是，因为我本科学过法语，而研究非洲国家的历史又必须参考很多法语资料，所以那位老师要求我和他一起做项目，而我的导师也同意了。

起初，我对完成这项任务非常反感——我总是觉得自己是在做一件很累很傻的事。可是，任务压在身上，又不得不做。于是，我只好每天背着电脑和很厚的书去图书馆，耐着性子一点点翻译、一点点整理，再拿着材料去和老师分析探讨，花了近半年时间，才终于写完项目规定的论文。我长吁一口气，觉得以后再也不用和非洲相关的问题打交道了。

可人生总不会完全按我们的心意发展。又过了一年，我准备写毕业论文了。然而，在开题时我遇到了很多麻烦，以至于论文题目迟迟没法确定。导师让我想一想自己对哪方面的问题有较为深入的研究，我低头想了半晌，说出两个字："非洲。"

我没想到，这份我当时无比抵触的工作，如今竟对我的毕业论文产生了极大的帮助。毕业论文很快确定了题目，幸而曾经整理过大量的非洲问题材料，我在毕业论文选题时可以直接想到它们，在之后的研究和写作中，我也因之前的积累而游刃有余。

曾经以为自己帮那位老师做项目是件很傻的事，以为是浪费自己的时间和精力。可到写毕业论文时，我当真无比感激自己曾那般努力地研究过一个问题。

果真，人生没有白费的努力。珍视自己付出的每一份努力，终有一日，它们会盛开如繁花，惊艳我们的生命。

3

因为很多非洲国家都以法语为官方语言，所以不少去非洲的国内工程队都会带几个法语翻译过去。本科毕业时，我们法语班很多同学便选择了这份工作，这意味着毕业之后他们要在那片大陆待三到五年。

M也是如此。根据协议，她要在那里至少工作三年。M的妈妈很反对，可从小就有主见又带点儿小任性的M还是义无反顾地去了。临行时，M兴冲冲地跟我说："等赚到第一桶金，我就回来做点儿自己喜欢的事儿。"

一年后，M告诉我，她染上了痢疾，久治不愈，只好申请回国。M的妈妈在欣喜之余，埋怨她在非洲浪费了一年的时间。M却不这么认为。

M本科时修了经贸类专业的双学位，从非洲回来，她很快就换了新工作，当起了小白领。只是没过多长时间，我又在朋友圈看到她飞去非洲了。好奇之下，我忙问她是不是又辞了国内的工作出去了。

"不是呢，我们公司想开辟非洲市场，刚好我在非洲工作期间积累了一些经验和人脉，就飞过来一趟，准备把这里的人脉关系介绍给公司。"M开心地告诉我，公司很看重她的非洲工作经历，她也因此在刚入职几个月内就得到快速提拔。"你看，我就知道我在非洲工作一年的经验不会白白浪费掉。"

果然，人生没有白去的地方，没有白走的路。即便是有些看似弯路的经历，说不定也能为之后的正途指引方向呢。

4

这世上从没有白费的努力，也没有碰巧的成功。很多看似撞大运的成功经历，往往源于曾经一段看不到光明的默默付出。

无论是5岁学英语，还是8岁学游泳，这在当时看来都好似很"无用"。就好像我在研一时帮老师做我不喜欢的项目，就好像M刚毕业就飞去妈妈很不看好的非洲工作。但是老天爷很可爱，他不忍心让任何一个人的努力白白浪费掉。于是，他可能在后来的日子里，安排一个你喜欢的人约你去游泳，安排一份很好的英文工作让你去做。

命运在用这样的方式告诉我们，只要认真对待生活，终有一天，你的每一份努力，都将绚烂成花。

你那点儿拼，真的不算什么

□袁依

第一次和撒贝宁接触，是在一个月前录制节目的时候。当时的录影棚非常嘈杂，有嘉宾在舞台上演讲，有工作人员拿着麦克风到处走动，还时不时有音乐响起。小撒就坐在一张破旧的桌子前，看着监视器里的现场画面，全神贯注地记笔记，写满一张纸又一张纸。每场录制两个半小时，有时候一天三场，有时候一天两场，他就连续地坐在那里，安静地记录，穿着白衬衣，像个备战高考的少年。后来每次录影都可以看到他坐在那张小破桌子前奋笔疾书的身影。

据同事说，和他合作这么多年来，他没有迟到过一次，没有控场失败过一次，无论接到多么陌生的嘉宾，都能在前一天拿到台本，第二天就能够流畅录制。

也就是在看到这些画面的时候，我对自己所将要从事的行业有了踏实的感觉。主持人是幕前的工作，如果整天面对掌声和光环的他们都能做到如此认真、努力，这个行业就是有遮蔽喧嚣和浮华的可能的。

我来公司参加面试时，制片人问我："你为什么要选择这种职业？"我说："因为我不想过一种整天喝茶看报式没有挑战性的工作。"

她大笑说："现在哪里还有这种工作啊？每个行业竞争都很大，每个人都很拼的。"当时的我，内心并不赞同，因为我的确看到很多人在过着并不热情的生活。

之前碍于视野和接触到的职业，我有一种误解：这世上很多人都是庸庸碌碌，不那么拼的，拼的只是极少数。也就是出于这种认知，我写了很多"鸡血"文章，想给萎靡不振的众人注入一剂燃烧的能量。但现在，我发现我错了，起码是低估了"拼星人"的数量。

有天看到朋友的文章里提到她有同事每天中午都会去健身房健身的事情，我特别惊讶。打电话过去求证真伪，她淡定地说："是啊，我们公司不止她一位呢，还有好几位同事都是十二点的时候就跑去健身房运动一个小时。"我几乎是呼天抢地地说："为什么要这么拼啊？中午不是应该吃过饭，好好睡一觉吗？"

她"火上浇油"地继续向我"炫耀"："你知道吗？我一个同事，每天早上六点起床，步行一

小时到公司呢，就是为了锻炼身体。"我想到自己每天走路半个小时去上班都感觉有点儿不能承受的样子，赶紧挂了电话。就是一个普通的小公司，员工都这样自我要求，甚至有人已经人到中年，还依然能够兴致勃勃地来完成对自我的重新塑造和打磨，并不是一副大腹便便的景象。

每次录节目，都会和很多年轻人打交道。我发现现在的90后、95后真是了不得，拼得不要不要的。高考时努力从小地方考上大城市的名牌大学；大学里面兼任学生干部的同时，奖学金拿到手软，出国机会样样不落；最值得一提的一点是无论从气质谈吐，还是穿着打扮，都特别让人舒服，甚至觉得恰到好处地时尚，这样的年轻人比比皆是，一抓一大把。

每次和他们交流，我都会有一种恨铁不成钢的、自知不好的"圣母"心态。

有时候，我甚至会怀疑到底有没有"拼"这个概念。因为不管是撒贝宁也好，每天去健身房的中年人也好，还是了不得的年轻人也罢，对于他们本身而言，这种别人觉得"拼"的状态，对于他们来说就是常态，是再正常不过的一种生活节奏。

有天，我向一位同事感叹：你怎么可以效率这么高？因为当天下午六点布置的一项按照正常计划需要两天来完成的任务，她在当天夜里一点多准时发到了我们每个人的邮箱。她弄明白我在感叹什么之后，只淡淡地说了一句话："这有什么啊？很正常呀。"

是啊，把每件事都做到既高效又完美，不就是正常的人生状态吗？不知从什么时候起，它反而成为我们的一种追求，一种目标，一种得需要别人狠狠去敲打、去逼迫才能保有的一时激情。

自己做不到的，并不意味着别人没有在做。你那点儿拼，真的不算什么。

当你以为自己顶不住了，这并不是最后的时刻

□ 毕淑敏

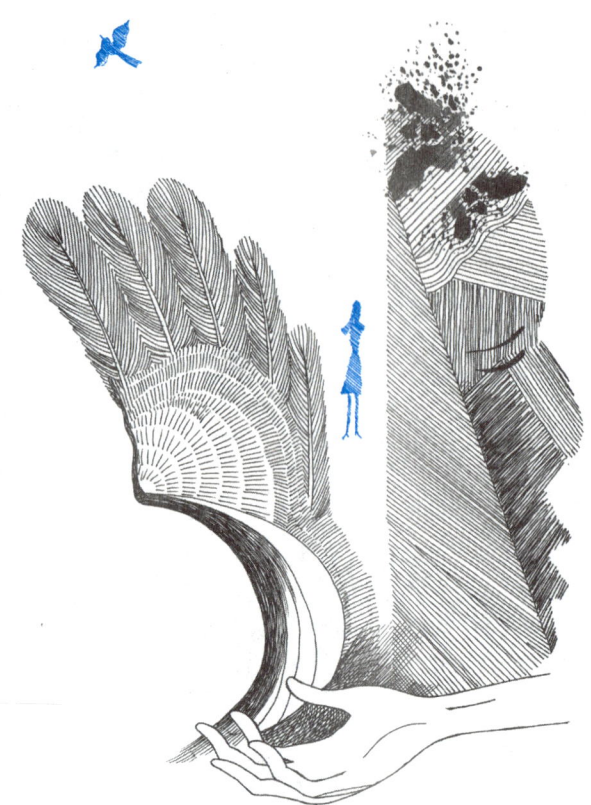

最想放弃的时候，更要坚持

关于"遗憾"，我查过字典，字典里有各式各样的解释。我最喜欢的一个解释就是：我们能够去满足的心愿，却没有去完成，我们深感惋惜。

我年轻的时候，真的有一件万分遗憾的事情。

我记得大概在1971年，我们要去野营拉练，时间正好是寒冬腊月。我们要背着行李包，要背着红十字箱，要背上手枪，要背上手榴弹，还有几天的干粮，一共是60斤重。高原之上，寒冬腊月，滴水成冰，当时的温度大概是零下40摄氏度。

有一天凌晨3点钟，起床号就吹起了，上级要求我们今天要翻越无人区。无人区一共有120华里的路，中间不可以有任何的停留，要一鼓作气地走过去。因为那里条件特别恶劣，而且没有水，走啊走啊，在下午两三点的时候，我觉得十字背包的包带已经全部嵌到我的锁骨里面去了，勒得一句话都说不出来。喉头发咸发苦，我想我要吐一口的话，肯定是血。

我在想，这样的苦难何时才能结束呢？我在想，为什么我所有的神经末梢，都用来忍受这种非人的痛苦？

当时我就做了一个决定：我今天一定要自杀，我不活了，这样的苦难我已经无法忍受。

做了这样的决定以后，我就开始寻找合适的机会。找啊找啊，终于找到了一个特别适合的地方。那地方往上看是峭壁高耸，往下看则是深不见底的悬崖。我想，我只要一松手掉下去，一定会死。但是在最后一刹那，我突然发现我后面的那个战友，他离我太近了，我如果掉下去的话，我一定会把他带下去的。我已经决定要死了，可是我不应该拖累了别人。

队伍在行进中，这样的机会是稍纵即逝的，之后地势又变得比较平坦，我再想找这么一个自杀的地方，就不容易了。这样走着走着，天就黑了，我们也走到了目的地。

120华里路就这样走过去了，背上那60斤的负重一两都不少地，被我背到了目的地。当时我站在雪原之上，把自己的全身都摸了一遍——每一个指关节，自己的膝盖，包括我的双脚，我确信在经历了这样的苦难之后，我的身体上连一根头发都没有少。

那一天给了我一个特别深刻的教育：当我们常常以为自己顶不住了的时候，其实这并不是最后的时刻，而是我们的精神崩溃了；只要你坚持精神的重振，坚持精神的出发，即使是万劫不复的时刻，也可以挺过去。

人生是一张单程车票

在我们的生活当中，会有各式各样的苦难，有时候一些家长会问我：您能告诉我一个方法，让我的孩子少受苦难吗？我说，我能告诉你的唯一可以确定的事情是，你的孩子必然会遭受苦难。

年轻的时候，我们的神经是那么敏感，我们的记忆是那么清晰，我们的感情是那么充沛，我们的每一道伤口都会流出热血。所以尽管有很多人告诉你们，年轻是一个人最美好的时代，我也想告诉你，年轻也是我们最痛苦的时候，我们会留下很多很多的遗憾，而最大的遗憾，就是断然结束自己的生命。我想这是对生命的大不敬。

而且以我个人的经历来讲，那一天我没有结束自己的生命，我坚持下来了，我才发现，原来最不可战胜的，并不是我们的遭遇，而是我们内心的脆弱。

日本有一位医生，他的工作是去照顾那些临终的病人。他和大约1000名临终病人交谈过，后来他总结出了25条人生的遗憾，其中包括：没有吃到美食，没有回过自己的故乡，自己的孩子没有结婚，等等。我和这位医生也深有同感，因为我曾经去过临终关怀医院，也陪伴过那些临终的人，跟他们有过很多倾心的交谈。

我曾经到过一间病房，那里面住着一位80岁的老人，连他的儿女们都不再陪伴在他的身边了。他的儿女们都在外面说，他们不忍心看到那最后一刻。我说我愿意进去陪伴他。

我走进那个房间，深深地吸了一口气，我觉得在那些空气里，有很多临终病人最后吐出的气息。我躺在那位老人的身边，摸着他的手，那老人轻轻地跟我说了一句话："我觉得我这一辈子，怎么好像没活过啊。"

我讲这个故事是想说，我们每一

全力以赴是成功最好的名字

□黄助昌

个人的生命，都是一张单程车票，我们每一个人都没有拿到回来的那张票，所以生命从我们出生那天开始，它就像箭一样射向远方，我们能够把握在自己手里的，就是此时此刻这无比宝贵的生命。

一个年轻的朋友给我写了一封邮件，他说我读过你的好多作品，给我印象最深的是这样一句话：我们都要思考死亡，一个人20岁的时候就想这件事情，和40岁的时候才想，是不一样的，等到了60岁那真的是你不想也得想，因为死亡就在不远处等着我们了。

我们能有如此宝贵的生命，我们能够掌握当下，那我们就不要给人生留下遗憾，因为人生不像我们想的那样漫长。

很多人说我确实有很多想法，可是我现在没有力量，只能把它存在那里，以后再去实现它。但我想说的是，如果你有一个理想，请立即用全副身心去实践它。把理想搁在那里，就如同把它当作一张画贴在墙上，常常去看，却没有行动，那么你的理想终有一天会变成画室，它看起来还在，但是再也没有青春的生命了，它再也不能够抽枝发芽、长成参天大树了。

如果你有愿望，即刻去完成它吧

我一直有一个愿望，去非洲。如果我不抓紧去实现它的话，我会越来越老，身体也会慢慢出现更多的问题：眼睛不再那样明亮，看不了非洲的动物；也许我的思维也不再敏捷，对于那样灿烂的文化和悠远的历史，我理解起来、记忆起来，可能就会有困难；我还要翻山越岭，万一自己跑不动，被狮子追上了，是不是也有点儿危险……

我是学医的，对人我特别有兴趣。我知道我们的心脏是什么样的，肝脏是什么样的……知道这些，人体在我眼中就不那么神秘了。但是在人体之内，除了这些结构，还居住着我们的精神、我们的灵魂。人的心理结构又是怎样的呢？我特别渴望去了解，这也是我的一个愿望，所以在我45岁的时候，我去了北京师范大学心理学院去学习心理学。

所以如果你也有愿望，如果你真的还有力量去实现它，我觉得一定要即刻出发，去完成自己的愿望，让自己的人生少一些遗憾。人生是一个漫长的过程，完全不留遗憾，我觉得做不到。只是我们永远不要去做那些违背美德的事情，那些违背我们所挚爱的价值观的事情。

让我们的内心充满更多的光明和力量，让我们在能够满足自己理想的时候，努力去做，让我们的人生少留遗憾。人生是一个漫长的过程，年轻是多么好，但是请你们记得，有很多的东西，当你不懂的时候，你还年轻；当你懂得了以后，你已年老。

请让我们的理想不要变成化石，让我们现在就行动起来，去实践我们的理想，让我们的人生少留遗憾！

英国管理学家廷克曾说过："如果你处于第二的位置，你就总想全力以赴争夺第一。"此话因为言简意赅而被称为"廷克定律"。在廷克定律中，"第二"并非问题的关键，强调全力以赴的激情才是问题的关键。任何一个具有"向上看"心态的人即使最终没有走到顶点，也很难下跌——这才是廷克定律的真正含义。

石油大王洛克菲勒曾路过两家理发店，他发现这两家店面面积差不多，老板都是二十几岁。第一家理发店里放置了一些消遣性杂志，以供等待理发的顾客阅读；第二家理发店里除了放置这类杂志，还有一些专业性的美容美发时尚杂志。洛克菲勒见此情况，预感第一个老板已经将理发当作终生职业，第二个老板只把理发当作临时性职业。十年之后，洛克菲勒重游此地，果然不出所料，第一个老板还在那家理发店里理发，第二个老板则已经创立了引领洛杉矶时尚的著名美容连锁店。洛克菲勒对此极为感慨："如果从现在开始，将全世界的钱平均分配给每个人，我敢肯定，十年之后，又会分出穷人和富人，而那些穷人和富人仍旧会是原来的那些穷人和富人。"穷人习惯于穷生活，常把自己定位为穷人；富人总把自己定位为富人，一旦贫穷就无法忍受。穷人的心理与那些被甩在后面的运动员相似，富人的心理与跑在第二位的运动员相同。其实，洛克菲勒的感想正是廷克定律的内涵。

"我是否全力以赴？"你可以经常性地反省自己，扪心作答。如果回答是肯定的，曙光就在前头，青春知道去处；如果回答是否定的，沼泽就在脚下，人就困在路途。人唯有不断发问、暗示、激励自己，才可能释放自身蕴藏的巨大能量，理想才可能有一个好的归宿。擎着理想的火把，执着地追求，像追日的夸父，在知识的国度里长征。关山难越，我们越；江河难渡，我们渡。

在我们的基因里，应该有"舍我其谁"的气度。我们要用青春的绿枝拨开蔽日的浓雾，用青春的脊力撞碎横亘的愁苦，让笑声响遏行云，让足下熠熠生辉！

过自律的生活，能够带给我们什么惊喜

□王 珣

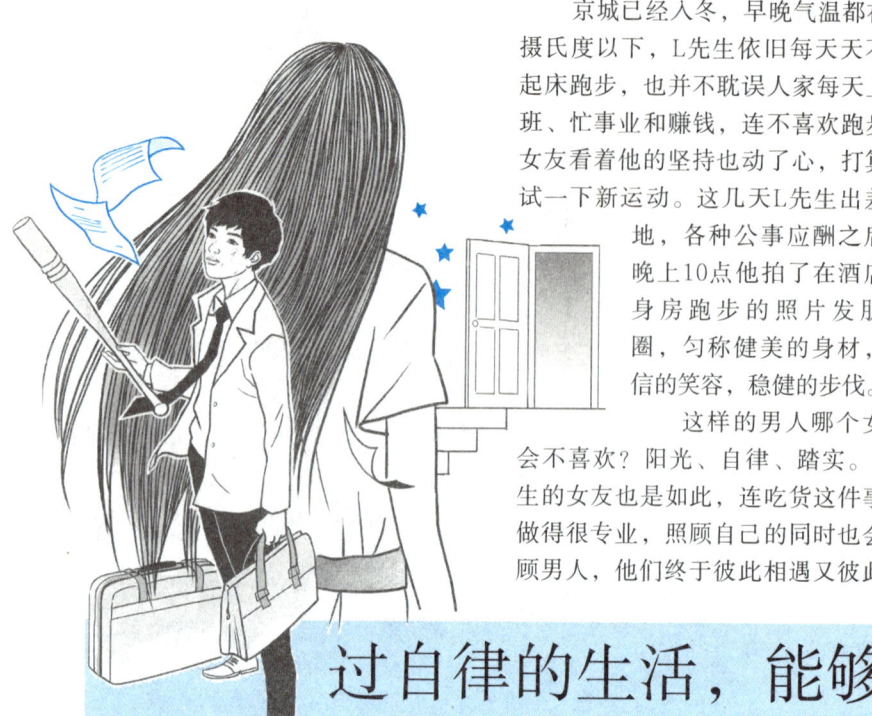

01

同事们发现L先生变了，从穿着风格到颜值状态，都不一样了。而且下班就回家，同事和朋友间的约饭能推就推，去了也是九点前要回家。原来他今年交了新女友，同事偶尔看到了他们俩手牵着手一起逛街，才恍然大悟L先生的变化来自身后的这位女友。

可最近轮到L先生烦恼了，原来他女友是个超级吃货，不光会吃还会做。L先生有口福尝遍美食的同时，体重也飙升了10斤，看着女友一直窈窕的身材，L先生决定用跑步+节食的方式减肥。女友很支持，L先生还有家族高血压病史，她说："你控制住体重不发胖，坚持运动跑步或是游泳两年以上，不靠药物也能控制住血压。"

L先生是大公司金领，工作并不轻松，他还是每天六点起床跑10公里，然后才洗澡换衣吃饭去公司。晚上如果回家早他还要再跑10公里，减肥期间的饮食大多是蔬菜和水果。两个月下来，L先生减重20斤成功回归标准体重之下，但他跑步并未停止，因为原本吃药也控制不佳的血压居然被运动降伏了。

京城已经入冬，早晚气温都在零摄氏度以下，L先生依旧每天天不亮起床跑步，也并不耽误人家每天上下班、忙事业和赚钱，连不喜欢跑步的女友看着他的坚持也动了心，打算尝试一下新运动。这几天L先生出差外地，各种公事应酬之后，晚上10点他拍了在酒店健身房跑步的照片发朋友圈，匀称健美的身材，自信的笑容，稳健的步伐。

这样的男人哪个女人会不喜欢？阳光、自律、踏实。L先生的女友也是如此，连吃货这件事都做得很专业，照顾自己的同时也会照顾男人，他们终于彼此相遇又彼此拥有，又懂得唯有共同成长才有可能与子偕老。

自律能够带给我们自由，最终过上自己想过的生活：干净的圈子，规律的生活，有保障的经济基础，理智的身材和中意的人。这是自己修来的惊喜，也是生活给予的奖赏。

02

我二十多岁的时候做了单亲妈妈，也没有觉得单身有什么不好，忙着学习、工作、旅行、带宝宝，不能不说自己也很辛苦，但我的快乐在于我能行，并且做到了。到了三十岁的时候我有点儿心慌慌，年龄的门槛对谁来说都是一道坎，于是决定离开熟悉的地方，去找一份新的生活继续充实自己，我辞职去了厦门。

我又找到了生活的方向，每天都在面朝大海春暖花开，我并没有刻意盼望有人能够来爱自己，而是自己在变得丰盈的路上，越来越懂得活得漂亮才是硬道理。半年后我去西藏自助旅行，在大昭寺偶遇一位喇嘛，他站在大殿走廊里指着一块心形的石头告诉我："这是许愿石，站在上面许姻缘愿最灵。"几天后我在八朗学旅馆的院子里邂逅了我的爱情。

神奇的事情之所以会发生，是因为我在为这一天时刻准备着，从未放弃过狠狠雕刻自己，尽管这样做有时候也会痛到死，但还是重新塑造了一个更好的自己。

我追寻爱情来到北京，去过那时候自己想过的生活。我们相守了很多个快乐的日子，女儿也在新的城市一天天长大，可我的爱情还是在后来的某一天没有了。

其实是拼了大半条命才挺过了崩溃，但从未对身边人吐过半字，即便经济上也一度拮据，那段日子除了工作更加慎言慎行，越是情绪沮丧就越不能生病，以免祸不单行。我依旧保持不变的身材，每天淡妆靓衫，家里一尘不染，我努力坚守我的好习惯，于是渐渐平和与柔软。

后来，在我看起来已经不再那么年轻的时候，又遇到了年轻的他。他拉着我的手带我去他小时候喜欢去的地方，吃他喜欢吃的东西，他和我一样深深爱着故宫的宫墙柳，原来我的爱情还是被这个城市仔细收藏，之前的苦痛伤愁不过是爱的代价。

自律的生活可以帮助自己挺过人生艰难的时光，可以强迫自己克服不应该有的情感和情绪，即便有条件去做也要克制自己不能做，而忍耐则是接受、改变和挺住。对自己狠就是要坚决坚定，并且全力以赴，做不到就不可能得到自己想要的结果。

我是个舍得对自己下狠手的人，所以任何年龄任何时刻我都能我行我素，从不为任何人任何事破坏底线，当痛苦压得左肩担不住，就换到右肩继续扛。美好的事情一直在，我这样希望也这样做着，如果先从自己身上下手，做自己的太阳晒掉悲伤，那我最终坚持的东西就会成为身上的光。

03

她的生活极有规律，按时作息，锻炼身体，几十年如一日每天走五公里，定时三餐不少吃一点儿，但也绝不多吃一口，体重保持在一个数字上不动。她看书读报，还用笔记录下了

与其迷茫彷徨，不如去闯

来不及就不学了吗

□ 乐乐淘

楼主高中的时候，高一和高二一直是班级倒数十名。

不过这里要注明的是，楼主上的是省级重点高中，每年能有20个学生考上清华北大。即便在那所高中考个倒数十名，考进个一本也不是很难。

高三开始的时候，想努力突破一下，却不知道怎么突破，下了很大决心去学，但是觉得同学们实在太强了，简直无法超越。

我挨个科目问老师求打气，说，老师我现在努力，还来得及吗？绝大部分的老师回答都是："来得及，好好学！"

只有历史老师，眼都没抬说了句："我说来不及，你就不学了吗？"

于是把重心从问人"来不来得及"转到了拼命做题学习上来。再也不去想"来不来得及"。因为的确，别人说来不及，还是要学的，多问也是给自己添堵。

那一年里我每天只睡6个小时，身体很差，每个月挂吊瓶。但后来奇迹真的出现了，我从班里后十名急起直追，在第三次模拟考试时进入了班级前十，老师和学校很惊奇，逐渐把我作为清华北大重点苗子开始培养，并安插进了周末的尖子班。这个班很牛，午级尖子班一共50人，周末抽调全校最强的老师集中补课，免费。目的就是冲清华北大。

当然后来我没考上清华北大，数学分数还是差了点儿，智商问题。只进了一所普通的985，也算是给高中一个满意的答卷了。

再后来是第二件事，练字。

楼主以前写字巨难看。研究生第一年的时候，决心改变一下。

都23岁了，还能练字吗？问人，问网，90%的答复都是晚了。

果真这样吗？我又想起来5年前历史老师的那句话："我说来不及，你就不学了吗？"

然后我就报了一个硬笔书法班，煞有介事跟一群10岁的小朋友做起了同学。

一年下来奇迹就发生了，我连过去怎么写字都不会了，提笔就是新练的字体，很快就被校研究生会的老师发现，并且调去做了个校研究生会的书记员。直到后来考公务员的时候，一手好字还是给了我很多优势，从100来个人当中脱颖而出。

工作逐渐稳定下来，又琢磨着学点儿什么，挺喜欢听钢琴的。小时候家里条件不好没学成。现在能不能学学？

问人，问网，99%回答，晚了，没法跟5岁学琴的孩子比了。

我想想，我今年30岁，我要是75岁挂了，还能活45年，30岁学钢琴，学到40岁也学了十年了。50岁时也能弹点儿什么像模像样的了吧？现在不学，50岁时不还是啥也不会？

然后又想起来那句话了："我说来不及，你就不学了吗？"

于是找了个老师，租了台钢琴，又当起了老师最老的学生。

然后又过了一年，昨天老师跟我说，可以考虑考二级了。因为考级曲目已经拿下来了。问我要不要试试。我想想还是算了，考完级还得加钱。反正简单的儿歌和流行歌曲啥的弹弹已经没啥压力，哄儿子时弹弹儿歌挺好的，同期一起学的妹子和小哥早就不学了，5岁孩子也放弃了好几个。楼主就这样又成了孤独的老学生，继续往前走。

我刚上班那会儿，我们老板说过一句话，现在的社会想要成功太简单，只要1%的努力+99%对网络的抵制就成了。现在想想和那个历史老师的话基本是一个意思，不要太注重无关紧要的看法，认准目标就静下心来干，总会有结果。人不怕笨，就怕被网上言论影响得连自我超越的勇气都没有了，那才是真可悲。

这个家庭的变迁和孩子的成长，说是要留给孙辈看。

从未见她发过脾气打过孩子，一生细语温柔且豁达宽容，苦中能忍甜中能敛，不论顺境逆境始终表里如一。她骨子里流着大家闺秀的血，知书达理慎独自律，即便在沙发上闲坐，也是挺直的坐姿，一天都不会改变。

她和丈夫相敬如宾几十年，养育三个子女，对子女也保持必要的客气，她说："人活着就要有尊严，不论年轻还是老年，不论有钱还是没钱。"她不说"爱"字，却又因为这个字，坚强相守，从不言弃也不言苦，皱纹和牵手里都透着平静安然。如今80岁的她依旧身轻体健，平日走路也健步如飞，她年轻时的美貌已经深入骨髓，举手投足都带着历久弥香。

丈夫去世后，每个子女都可以陪伴她，但她还是坚持独居自理，因为拥有自己的生活情趣，她的日子看起来总是鲜活有趣。她说："老人家也要独立不能依赖。"那些从小养成的性情，读过的诗书，耳濡目染的品格，让她生活的点滴都绽放出非凡的华彩，就像黑暗里她为自己点燃的灯火，一生都无所畏惧。

自律，也是一种自珍，你用珍爱自己的力量塑造出的品德，像一件艺术品般散发出迷人的光芒，沉默无语也会被别人奉若珍宝。自律可以帮助我们活出社会价值和无可替代，梦想和事业才不会成为负累，而最终成为我们个人品质的保证。

面对恐惧，只需要砥砺前行

□ 茅石三

1

相信每个人小的时候都会听说过那么一两个可谓"童年阴影"的恐怖故事。算得上是我们生而为人有意识、有感知之后，第一次面临的来自内心的关于恐惧的挑战。

其实，往往恐怖的不是故事本身，是经过我们自己的头脑风暴和深度加工之后得出来的魑魅魍魉和林林总总。

我父亲是个文化水平不高的退伍军人，教育孩子的方式永远都简单粗暴。

我小时候体弱多病，有老人说像我这样的孩子是最容易招惹那些鬼怪上身的，当时的孩子哪里懂得什么叫无神论，总会被吓得哭鼻子。干什么都胆子好小，不能一个人完成好多事情，非常不独立。

父亲跟我讲："儿子，鬼怪最怕的就是勇敢的人。遇到任何可怕的东西，你能做的就是打出去，哪怕打不过也要打出去，这样你就不用怕它，它反而会怕你。"

农村生活的那几年，父亲为了忙村里的事情总要东家窜西家跑。经常会带着他唯一的儿子在大月亮底下跟着他跑。几十口人家的小乡村里，除了灯火微明的人家就是稀稀拉拉的坟茔，父亲的步子比较大，我总会连跑带跳地跟在后面。

他还会给我讲很多《聊斋志异》里的故事，但所有的妖魔鬼怪最后都会被一个勇士打到抱头鼠窜，那个勇士要么就叫红孩儿要么就叫孙悟空，有的时候还可以叫阿里巴巴和阿凡提。以至于，后来我去读《聊斋志异》的时候总会有一种买到的全是盗版的闹心。

后来搬迁到城镇，小学四年级的时候，我半夜三更拉肚子。当时的民居里是没有卫生间这么个独立的配置的。要想上厕所，只能到外面巷子尽头的公共厕所里去。那时候，外面一片漆黑，正巧厕所旁边的邻居家还有一位老奶奶刚刚过世，还没有过头七。

我想让父亲陪着我一起去，可父亲却很不耐烦，说大小伙子的，还能掉进厕所里不成？自己去！

厕所里没有灯，我只能靠着手里的打火机摸黑前行。解决完问题一路狂飙，回到家门口的时候却怎么也打不开自己家的大门。

我家的大门是左右各一扇的那种黑漆大木门，门上有个里外都能扭动的虎头。明明记得去上厕所之前我是没有落锁的，可现在回来之后怎么拧都拧不动。更奇怪的是，好几次我用双手使劲拧动之后，它自己又能慢悠悠地转回去，我被关在门外面顿觉毛骨悚然。趴在门缝上的猫眼（其实就是大木门上的一个孔洞）往里看，给我吓出了一身冷汗——猫眼的另一端竟然也有一只眼睛在往外看！

我当时的应激反应，就只剩下父亲的那句话——打出去！

门闩被我用尽吃奶的劲儿拧紧，对着大门一脚就踹出去！

推开门之后，我父亲捂着眼睛和额头坐在地上，边揉边说："我儿子真牛！没错，就是这样，打出去！"

我哭笑不得，可怜父母心。

打那之后，我就再也没有惧怕过黑夜和鬼神。我自顾安心做人，遇到"鬼怪"和恐惧，我只需拼尽全力，打出去！

2

她是我最好的女性朋友之一，在国外有过七八年的生活经历。

她身上，拥有的不仅仅是女性应该有的所有魅力，似乎还包含些有的男人好像都不太具有的东西。

她在留学英国的第二年，得到母亲车祸的消息，夜以继日赶到家里的时候还是没能见她母亲最后一面。

葬礼前，她给母亲和自己都换上了新衣，还给自己化了个很精致的妆。这样做的目的是希望母亲能体面地走，自己能体面地送她一程，她身为人女，应该用最漂亮的样子。

她雷厉风行，关于车祸问题，该咨询的咨询，该取证的取证，该安抚好肇事者先安抚好肇事者，直到跟肇事者干脆利索地把赔偿金谈定的时候，对方才发现自己想抵赖已经黔驴技穷。谈完赔偿，取出两万现金，把剩下的钱存在银行卡里塞给父亲。

她用取出来的钱给母亲买了几件金器，火化那天，老人家脖子上和手上都戴着明晃晃金灿灿的器饰。现场跟去的亲朋好友都劝她别做这种没意义的事情，都觉得Linda此举傻得透气，她妈要是活着能被她再气死一次。

她不管不顾，哪怕火化完剩下的骨渣里只剩下一坨坨的小金属块，分不清是金是铁。火化室里的操作员有没有对金器动手脚，也不得而知。

她回忆说，当时她母亲走的时候自己心里一直在默念："嫁妆钱你还没给我出就走得这么着急，我才不能便宜了你！""你不是老吵吵着让我给你买金器嘛，喏，这是你拿命换来的，算是拿你欠我的嫁妆钱买给你的。""咱俩互不相欠，你一路安心。"

我泪眼婆娑地听她说完："你这个女人，心肠真毒得可以……"

她说："哈哈！怎么说得好像我

害死了自己的亲生母亲？"

我说的毒，是她面对自己亲生母亲尸体时的冷静，面对肇事者发难时的淡定和清晰的逻辑。

我问她："你就真的铁石心肠到一点儿也不怕这种生老死别的分离？"

她红着眼眶："我当然会怕啊，不然也不会选择回国来陪着自己的爸爸一起生活。得知妈妈车祸的消息时，在飞机上我把自己的大腿都掐出了血，我祈求自己不会感觉到痛，祈求这只是个噩梦，在机场的厕所里也哭晕过好几次，可我知道，我爸妈就我一个女儿，怕，解决不了任何问题……"

我三伯去世的时候，萦绕在我耳边的就是"树欲静而风不止，子欲养而亲不待"的句子，甚至一度让我动摇了继续待在大城市里的决心，想回到那个小城镇里，跟家人待在一起。人来人往里，怕就怕我们为人子女想要回报的时候却没人回应，无奈就在于我们努力拼命地追求美好的时候，戛然而止，来不及。

有的时候，不是我们寄托了期待和希望，希望就一定会朝着我们想要的航向上靠近。谁也说不准明天和意外哪一个先靠近自己；有些事情，也不是我们希望了，期待了，努力了就一定能如我们所期许。

渐渐地，我们会发现"我希望""我祝福""我期待"这样的句子其实最苍白无力，你希望不了，你期待不得，你的祝福也不一定就能实现。

可是，为了那满怀深情的期待和热望，我们能做的又只有勇敢面对，砥砺前行。

3

记得上初中的时候，在校报当过一段时间的小记者。

学校当时安排我们去养老院采访几位正在安享晚年的革命老前辈。他们中间，有很多人是缺胳膊断腿，还有的是瞎了眼睛，丧失了听力。

我采访的那位爷爷，抗日战争进行到最激烈的时候他才十六岁。

他笑着说："我第一次扛起枪来的时候，怕以后再也见不到自己的母亲，当时就吓尿了裤子。后来打的仗多了，剩下的就只有对胜利的期待和跟敌人拼命的念头了。"

老人家还说："敌人的子弹是欺软怕硬长了眼睛的，专挑贪生怕死的人。"

我问他有没有想到我们的国家今天能有着这样的太平盛世和繁荣富强？

老人家嚅动着没了牙齿的嘴巴告诉我："傻孩子，我们当时打仗的时候根本就不知道哪一场仗能赢，打完这一场仗我们接下来还有没有命，甚至是国家会不会胜利。可是这个仗，你不去打我不去打，总得有人去打不是？"

从老人的笑容里，我第一次看到了"英雄"的样子。

我最喜欢看孩子的眼睛，那眼神里充满纯粹和干净，充满期待和好奇，却看不到一丝懈怠颓废、迷茫无望，甚至是恐惧。

从出生到死去，这个自然更迭的过程里，我们会随着年龄的增长被赋予太多的社会学意义，也会被赋予更多的来自后天的给予，有喜怒哀乐，也有方方面面的压力。我们需要承担责任，需要得到鼓励，我们需要得到回报，我们同样也要去回报一群跟我们一样有期许的人。

困苦和磨难对于任何人都是种常态，我们势必需要去面对去遭遇。

经常会听到身边有人抱怨着生活、工作中的诸多不容易，也有更加脆弱的人甚至说活着好累还不如死去。我倒是觉得，如果我们连死都不再畏惧，还有什么能够阻挡我们努力前行呢？

对困难和未来的抱怨，其本身就来自恐惧，但又不是面对恐惧时应该有的打开方式，是恐惧之余又不敢去面对的一种懒惰和逃避。

我们也会听到一些历经磨难的人经常念叨一句"尽人事，听天命"，"听天命"看似是种屈服，实际上已经是克服了恐惧，那么接下来我们该做的，就只是努力地去"尽人事"就行。

人生已经如此艰难，有些事情，我们反倒应该勇敢地拆穿。克服恐惧和苦难最好的办法，就是想最坏的结果和局面，尽最大的努力和打算。

生活的英雄们，未来的路上，不管是乌云盖顶、荆棘密布，还是光芒万丈、晴空万里，我们应该做的，只需要砥砺前行。

唯独革命家，无论他生或死，都能给大家以幸福。

我想做一个能让你们骄傲的差生

□ SilverFox

虽然爸妈不是北大清华之类顶尖高校毕业的，但是在我眼里已经很厉害了。

爷爷、奶奶都是高中物理老师。我爸自幼聪明但十分贪玩。学习成绩差到连高中都只能靠我奶奶找关系进，却在高考前临阵磨枪考到了某重点大学的物理系。

的？"所以后来我骑车子上学了。然后在高中不负众望地成了一个物理差生。

物理差到什么程度呢？我爸二十多年都没学过的东西现在还能记住，我正在学的东西听我爸讲都听不明白。就算长大后智商还是被虐。有一次跟风玩魔方，我爸几分钟就拼上了，我却连一面都拼不上。

我妈是典型的笨鸟先飞早入林。她是我的家族里唯一的文科生。我妈在遗传给我极弱的理科基因时，她也遗传给我很强的文科基因，所以在我理科垫底时语文却一直都名列前茅。

我最感到庆幸的是，虽然爸妈自己的学习能力很强，但是他们从来没有要求过我拥有与他们一样的学习能力。

学前班时，我被班主任断定为"学习困难""有智商障碍"，我爸妈愤怒地跟老师吵了一架，坚定地告诉我的老师："我们家的女儿不比任何人差。"

初中时，我的成绩稳稳地占据班里的中游，我爸却一直相信我，一直告诉我"你一定能去你想去的学校"。当我查出中考成绩，发现我真的发挥超常，考上全省最好的高中时，我爸却只是淡淡地说："你看，我就知道你可以的！"

高一时，第一次月考我就考了全班倒数第一，并且在此后的一年中稳居全班倒数前十，年级倒数前百分之十。爸妈却从来不强求我，也从来不提别人家的孩子。每次月考成绩出来时，对话大多如下："闺女，咱这回倒数第几呀？""倒数第七！""不错啊，进步了啊，下回争取倒数第八！"

12年级（等于国内高三）时，我已只身在国外求学。与天下的父母一样，我的父母也希望我能进一所一流的学校。我的成绩足以上某国际排名前二十的大学，但我却任性地对他们说："爸妈，我想学摄影，我要做摄影师。"他们也不是没有强烈反对过，但是在听到我说"虽然挣不了什么钱，但这能让我快乐"之后，他们沉默半晌后，说："闺女，去吧，我们支持你。"

过了两天，我爸突然给我发过来几所学校的名字，然后告诉我，这几所北美院校的摄影系很好，你考虑看看。这时我才知道，他在反对我的同时，却也默默地一个个考量北美的艺术学府，帮他任性的闺女实现她的梦想。

后来因为种种原因，我主动放弃了已经录取我的艺术院校，去了那所排名靠前的大学。在这所顶尖的大学里，我又回到了起点，成为一个为成绩苦苦挣扎的差生。但我不怕，因为我的身后，有他和她。我要努力做一个让他们骄傲的差生。

我妈虽然不聪明但是是努力型的学霸，年少时是全县第一。高考没有考好，不过工作后自己考了经济方面的硕士和中文系硕士。文科学霸。可是本应文理双全的我，既没有遗传老爸的智商，也没有遗传老妈的勤奋。

爷爷、奶奶、爸爸、伯伯都是学物理的，所以我爸曾试图在我儿时培养我这方面的兴趣。小学时，别的小女孩玩的是芭比娃娃，唯独我玩的是我爸花了一千多元买的一套电路拼接玩具。可以自己连电路，装太阳能板，然后做以太阳能为动力的磕头机、挖掘机等机械装置。最终这套玩具落灰甚至长了虫子。

在我初中时，有时坐我爸车上学，我爸会突然问我："你看车窗上起雾是因为什么？空调要开冷风还是热风才能除掉？""你不系安全带车就会报警，你猜电路板是怎么构成

你不需要忙，只需要坚持就够了

□汤小小

前几天，有人对我说，管理好自己的时间以后，这段时间忽然就闲了下来，觉得怪怪的，问我要怎么办。

我愣了一下，然后回答她，轻轻松松难道不好吗？

这个回答，好像与大环境不符。这是个什么环境？这个环境是人人都以忙为荣。一群人聚会，人人都嚷着自己有多忙，弄得不忙的人都不好意思开口。

无论是看文章还是听别人的分享，推崇的都是悬梁刺股型的努力，有人每天睡两三个小时，有人从来不过周末，有人在地铁上学英语，有人在孩子的哭声里写作。

首先声明，我对这类人非常佩服。他们挤时间为梦想而努力，真的很了不起。

但扪心自问，我做不到，我相信绝大多数人也做不到。

我一天睡不够八个小时，就会打瞌睡；在不安静的环境里，我没有办法专心，更不能在地铁上看书，甚至我都没有办法一边运动一边思考。

像我这种人，是不是就罪该万死呢？

我最初开始全职写作的时候，真的非常努力。每天早上六点起床，不洗脸、不刷牙，先打开电脑。一个上午坐在那里不动，中午连做饭的时间都没有，还要跑去吃食堂，下午又是在电脑前坐半天，晚饭随便凑合，丢下碗就拿起书本。

我要求自己每个月至少写十万字，只要脑子里有东西，就一天到晚不停地写，恨不能一天写十篇文章。当然，没有东西写的时候，我就疯狂看书、看新闻，各处找素材。

整整半年的时间，我都是这么兵荒马乱，忙乱不堪，比霸道总裁还要日理万机。

结果是视力急剧下降，每天焦虑不安，掉头发、长斑，脾气越来越坏。如果一天一个字都没写，我就恨不得拿把刀捅死自己。

我觉得我很努力了，可是那半年，我真的没有什么成绩，唯一的一点儿成绩，也不过是在报刊上多发了几篇文章而已。

后来我决定调整状态，重新规划时间，规定自己每天上午写一篇文章，下午写一篇文章，哪怕我有一百个素材，也每天只写两篇文章。我不再苛求自己每天无止境地写下去。

一旦把任务量化，人就忽然变得轻松了很多。每天看看新闻、看看书，轻轻松松找两个素材，再花两三个小时写出来。不用工作八小时，而且没有太大压力，有时间做一顿美味的午餐，也有时间听听音乐、打打电话。

这样的计划，我执行了三年，而且养成了习惯，越来越轻松。那时候，我从每天工作八小时以上到每天只工作四小时，而这四小时的时间，却给了我意想不到的结果。

我每年发表一千四百篇文章，就是这每天四个小时创造的价值。

所以我经常对身边的人说，你不需要忙，只需要坚持就够了。只要在这个过程中，你一直坚持做着你想做的那件事情，你的人生就会慢慢地发生改变。

那种每天只睡两个小时的坚持，可以坚持一两天，可以坚持一两个月，但可以坚持一年、两年、八年、十年吗？

也许有人能，但那一定不是你和我。

在这个人人都忙的时代，如果你也很忙，记得要一件一件地去忙，一件一件地去坚持。如果你很闲，也不用不好意思，因为你不需要忙，只需要坚持就够了。

在到达远方之前，我们必须苟且

□叶上清之宿雨

刘同说："理想有时必须要靠工作才能养活，但理想不能消失，因为未来的生活也要靠理想才能撑下去。曲线救国，爱好与现实并存，总有交相辉映的时刻。"在你的能力撑不起你的野心之前，请踏踏实实找一份工作，先填饱自己的肚子。

我不反对将自己的爱好当作全职来做，但辞职或当一名自由职业者是需要看准时机的，不能盲目。

日本著名小说家渡边淳一在从事专职写作前，曾当过10年的外科医生，35岁那年他才弃医从文。当时，心脏移植手术尚在日本进行尝试，技术很不娴熟，渡边淳一所在的札幌医科大学刚巧开设了这样的手术。

一次，渡边淳一在一项手术中对心脏提供者的死亡判定提出了疑问，认为该患者并非脑死亡。怎料，此举竟得罪了医院里的权威，令他无法再继续待下去，于是他递交了辞呈，选择离开。

渡边淳一辞职的时候三十多岁，按理说已有了一定的物质基础。可即便后来去了东京，他还是会在每周三跑去当地的一家医院做医生，借此养活自己。他将这段经历揉碎，写进了长篇小说《无影灯》。可以说是就地取材。

《中国青年报》采访过他，问他当上全职作家是不是偶然。他说，是的，可以这么说。假如我当时所在的医院没有进行这样的手术尝试，假如当时我把自己的怀疑闷在肚子里，也许我会当一辈子医生。这是很难说的事情。

有份与爱好不相关的工作并不是什么坏事。不是离职了就一定能够实现梦想，也不是在职中就一定实现不了梦想。

谁会想到，凭借《三体》荣获第73届世界科幻大会颁发的雨果奖最佳长篇小说奖的刘慈欣，竟然是一个发电厂的工程师。

他就职于小城，周边环境相对封闭，距离市区有一个多小时的车程，过着枯燥刻板的生活。他有妻子儿女，平时也做家务，会送孩子上学。他是个平常到不能再平常的普通人。然而，他钟爱科幻。他说，生活沉闷，但科幻中却有无限精彩。

按说刘慈欣如此热爱写科幻，那他应该立马辞职，全职写作。可他并没有这么做。他照样上他的班，利用余暇时间写作和陪伴家人。这才是真正的人生赢家。

刘慈欣的故事告诉我们，写不写得好和你是否全职没关系。

能力强者尚且还有份工作解决温饱，能力较弱的你又怎能孤注一掷，凭借一时冲动去赌一个不确定的未来呢？

社交网站上看到一个匿名提问：写作应该全职还是兼职？写不出来怎么办？

下面有个匿名回答我觉得说得特别好。"我为了写东西，考上一本，却没去报名。父母整天以泪洗面。你是成年人了，可以决定自己的路了，但是在他们眼里，你走的路充满荆棘，他们却在乎你一路上受了多少伤。"

18岁前，我们被父母托举着，看到了更广阔的世界，是他们的苟且成全了我们的一切。如今，我们终于能够自力更生了，请别再踩着父母的肩膀去实现你口中的梦想。

我不想为了我小小的梦想失去饭碗，让年迈的父母忧心忡忡。

高晓松说，生活不只是眼前的苟且，还有诗和远方。

是，我们需要诗和远方，那是每个人藏在心底的期许。

但是，在到达远方之前，我们必须苟且。

我们需要靠自己的双手赚取财富，那样才能去往远方。

一路向前，就不会倒了

□张佳玮

一路向前，就不会倒了。

我父亲如是说。那是1993年的国庆节，我们一家去乡下吃宴席。吃饱喝足的午后，我父亲突发奇想，企图教时年十岁的我骑自行车：闲着也是闲着，乡下场院地方大，骑吧。

我记得我第一次坐上车时，还不知道如何发力握把——父亲叮嘱过"用力握住车把"，但我并不知如何发力，毕竟力从地起，而我的腰胯还战战兢兢呢。车歪，前轮撞上一棵树，人跌在一片沙子上。现在想来，轮子撞上树时，我感到了那股弹力；人随着车一起歪倒时，我觉得车子真重，身不由己，就倒了！

然后我父亲便说了开头那句话，还加了句：你骑得越快，越不容易倒！

很奇妙，确实如此。我发力踩下车蹬时，听得见车轮微妙的颤音，车头果然笔

与其迷茫彷徨，不如去闯

"乐"心不改

□汪 去

他28岁那年，父亲突发心脏病被送进了抢救室，当时，他正在录音棚里录制一首歌曲。

匆匆赶到，父亲已脱离险境。看着那张写满倦容的脸，他头一次觉得，父亲老了。

是的，人一老，就爱唠叨。

"雷子啊，你快三十岁了吧。"父亲一脸严肃，语调看似漫不经心，他听来却"暗藏杀机"，"这些年来，你总是由着自己的性子，你先学钢琴，改学吉他，后来又组乐队，我和你妈都没拦过你。听说，你最近又改唱歌了，还给别人写歌。雷子啊，那东西能养活你吗？"

他低着头，沉默不语。满屋子亲朋环视，那些眼光让他如芒在背，他想争辩，却什么都没说。父亲却穷追猛打："你今天当着这么多人的面，给我表个态，从此不要再和那些玩意儿打交道，我给你寻了一份工作，你明天就麻利给我上班去。"

他涨红了脸，不知如何作答。

他想不到，父亲竟要他和音乐一刀两断。他的内心激烈地斗争着，这么多年，他是做了不少尝试，但每次改变，都是为了心中那挚爱的音乐啊。

多年后，他已是音乐界的"大咖"，他写了好多脍炙人口的歌曲，获得了无数的音乐奖项，他已经过了不惑之年，大家还是喊他小柯。

2015年，音乐人小柯写了一首《我变了，我没变》的歌曲，被广泛传唱，尤其是那句副歌，"我做了那么多改变，只是为了我心中不变"，大家都说，这首为某电商品牌量身定做的周年庆歌曲真是写绝了，但只有小柯心里最清楚，这首歌，写的其实是他自己。

他独坐录音棚里，杨宗纬磁性的声音在他耳边萦绕，他想起那年在父亲的病榻前，那一次，父亲竟然联合大家演了一场戏，为的就是逼他说出真心话，从而让他坚定自己的意志，不改音乐的初心。

想到此，他笑了，脸上却挂满坚定的热泪。

直向前，带出飒飒的风声。我按刹车，猛了点儿，车停住了，好在那会儿我个子已经够高，能撑住。我停车，回头，我父亲对我竖大拇指。

学会骑车对我而言意义重大：就像今时今日许多人买了汽车，意识到自己活动范围得以增加，于是得以自由似的。学会了骑车，让我获得了相当的自由：市区里，想去哪儿，抬腿推车便去。《阿甘正传》里阿甘如是说："我去哪儿，都跑着去。"这句话中透出的无所不能的自由感，我是通过骑车感受到的。

在我年少时，跟女孩子相好，自行车是件重要道具。放学了，推着车子若无其事地等来某个谁，一起骑车溜达一程。不至于过度亲密到让彼此尴尬，也不至于疏远得无聊。彼此的心情，可以靠骑车速度来感受。如果对方骑车火急火燎，那若非作业太多，便是懒得搭理；倘若对方骑车慢慢悠悠，甚或会肯为你绕个道，意思便自在不言中了。如果居然有人建议停车，在河岸边坐下聊天，简直是破天荒的大事，会引得同路经过的其他同学笑语。我们那里的少年人含蓄又胆怯，就靠自行车传情达意了。

等我到了骑车载女孩子的年纪，大概才明白父母当年的感觉。载着中意的人骑车心中确实高兴，但骑车着实加了许多分量。微妙的是，我在车上，操控自如；车上载的另一个人，却未必随心所欲。载人骑车本就快不起来，加上那位时不时动弹一下，重心实难把握。我有时闪念，想到父亲当年的话："别乱动！"

当然，如果车后座的女孩子都把脑袋靠在你背上了——你还能想象出她笑容温煦如春风——这样的话语自然不好出口。你只好载着这甜蜜的负担，一边晃荡着——载着女孩子骑车，妙处就在这点儿悠悠不急的晃荡上——一边想："当年我父母可真不容易……"

很多年后，在欧洲，我习惯靠跑步了解一个城市，其实论起来，自行车也同理。现代机动车多为密封式，你能看见车窗外的风景，看见地铁站里的装饰画，但仅此而已。跑步，你看得见一切：天空、云、街道、路、河水；骑车则更方便些，轻快，惬意，很自如，线路还很自由，远比坐双层观光大巴或出租车要自由。戛纳海滩那类地方，是有敞篷车出租供你看海滩的，但那是另一回事了。

夏日将终之时，我跑步经过波伏娃桥边的贝西公园。一个金发小姑娘骑着辆粉红色小自行车，用力地一踩一踩，与我并肩而行；我朝她笑，她看看我，又紧张地目视前方。背后，她妈妈在嚷：

Tout droit！Ou tu va tomber！（一路向前！不然会倒！）一路向前，就不会倒了。

全世界的父母，都是这么说的吧？

想不付出任何代价而得到幸福，那是神话。

你觉得为时已晚，恰是刚刚好的开始

□ 韦 娜

1

20岁时，我很胖，有130多斤。室友说你可以减肥，我自卑地说："我现在已经停止生长发育了，胖了好几年，很难减掉的。"

她回答："乱说，任何时候减肥都不晚，女人要保持苗条。"

我信她的话，但我更信自己减不下来，不只是因为懒，还因为我喜欢给自己找借口，让自己心安理得地懒下去。

她接着说："这个暑假你跟着我去游泳，我保证你瘦身成功。"

我本无心和她一起去，但那个暑假，我正好要在学校准备一次英语考试，学习之外也没其他事，便遂了她的意。

一开始我不会游泳，只能泡在游泳池的浅水区，纯属为水池增加温度。那时，她嘲笑我是个"水泡"。最初，她是颇有兴趣教我游泳的，我也一口一个"教练"喊得很带劲，不到三天，她就没了耐心，对我说："你就在这水池里来回走，就能减肥，真的……我得消失一会儿……"

话没说完，她就游走了，像个美人鱼一样在泳池中悠然自得，全然不顾在一旁呛水的我。我看着她消失在水面上，那被她双脚打起的水珠犹如层层水幕，洒在我的脸上。

我回味起她最后的那句话，笨拙地在水池的浅水区来回走动。往下的日子，除了生理期，我几乎每天晚上都会泡在游泳池里。不知泡了多久，喝了多少泳池的水，我居然自学成才了，也成了泳池里的"一条鱼"。

一直到现在，我回忆整个大学时光，都是呛人的泳池味。它混杂着青春的气息，也带着一个胖姑娘不服输的倔强，让我深深怀念。

2

工作多年后，每次遇见无法解决的困难，我都误以为自己又一次跳进了那个呛鼻子的泳池里。这时，我都会告诉自己，没关系，胖姑娘，即使只有你自己，你还是可以游出来……

大学的那个夏天很快就过去，秋天开学时，一上秤，居然瘦了20多斤。同学们看到我活生生瘦成一个窈窕少女，纷纷问我秘诀。我转头问室友："那个秘诀就是，在水池的浅水区不停地走，慢慢就瘦了，我应该这样告诉他们，对吧？"

她哈哈大笑："那是我随口说的，你也信？当时，我只是不想一个人在学校里过暑假，想拉你陪我啊！"

哇，可我那时真的当真了，并奉这句话为真理。但我依然很感动，因为两三个月前那个130斤的胖子，真想不到自己能瘦下来二三十斤。想想之前，我总以为减肥为时已晚，原来下决心让自己变得更好的时候，就是最好的开始。

一直到现在，我都保持了那年夏天的体重。身边不少朋友龇牙咧嘴地吼着减肥，用尽了各种办法，却依然义无反顾地当了一年又一年的胖子。她们先是感慨，这辈子是瘦不下来了，而后又欣然觉得胖女孩也不错。但每次试穿到不合体的衣服时，她们又会懊恼地转头问我："减肥的秘诀究竟是什么？"

3

20多岁的时候，我想写作，写很多故事，成为一位作家。我的一个发小苦口婆心地劝我，写作要看天赋，不是你想写就能写。你看看那些成名的作家，哪个不是从小就秉承天赋？你现在才开始写作，肯定晚了。此外，女孩子干得好不如嫁得好，女人这辈子最重要的是找到一棵大树，高枕无忧地度过这一生……

发小意味深长地说完这些话，便离开了北京，回到了老家的小城，匆匆嫁人，成为家庭主妇，过上了如她所愿的生活，留下我一个人在这个城市漂泊。

我还是想写作，虽然没有大张旗鼓地去报写作的班，却每天坚持下班了看书、写点儿文字。8个月后的一天下午，我看着阳台上被书塞得满满的两个书架，随意翻开一本，都有我画过的痕迹和记录的字，突然泪流满面。

我那时并不知道自己要坚持多久，看多少书，写多少故事，流多少眼泪，经历多少段人生，才能顺利地出版一本书，成就自己的梦。但我想起20岁，自己减肥时，也不知道何时才能瘦下来，可坚持去做了，自然而然也就走到了那一天。于是，擦干眼泪，我趴在写字桌上，又开始创作。

当时我有一个同事，叫涂哥。他和我一样，白天上班，晚上回家画画，坚持了很多年，作品曾在国家博物馆展出，拿过奖。我那时特别仰慕他，每次在他旁边站着，都觉得自己是个初出茅庐的小女生。

遗憾的是，涂哥后来离开北京回了老家。记得把他送到车站的时候，我虔诚地抱着他送给我的画，真诚地祝福他："你在那片山中住着，别忘了画画。"他说："画画不能生活啊，我还要赚钱，还要生活，还要结婚养家。"

涂哥说的我都能理解，但依然觉得很可惜：一个那么热爱画画的人就这么离开了。涂哥告诉我，从事艺术创作，认真你就输了。我却觉得，不管你选择了哪一种生活，不认真你会输得更惨。

掌控人生的姑娘，从不活在PS里

□ 李爱玲

萌妹子，20岁出头，人靓嘴甜，我们互加了微信。几个月后她找我帮她介绍工作，我才知道她现在做文员。

我问她："Word、excel、Powerpoint（办公软件）都能熟练应用吧？"她说："都会。"我给她发了一份商务资料，让她做成PPT发给我看。三天后，她在网上支吾着找我："姐姐，我做得不大好，你先看看？"我打开之后，被晃得睁不开眼，我给她的是一份港口介绍，她配了花里胡哨的卡通背景，港口地图被拉得变了形，还有五六处明显的错别字。我不敢相信这是一个做了三年文员的人完成的PPT。我回绝了帮她找工作的请求，并提醒她要去多积累，多学习。

一段时间后我看到她发的朋友圈，图文大意是："明天正式到某外企做行政前台。"过了大概半年，她因为英文水平迟迟没有进步而被淘汰。再一次苦恼地来找我，让我给她的职业规划支个招儿。坦白说我并不讨厌这妹子，所以我和她坐在星巴克，给她讲了小许的故事。

小许是我刚参加工作时就认识的姑娘。我们年龄相当，那时我们都是20岁出头的普通小职员，小许个子又矮又胖，脸上散落着星星点点的雀斑。出身农村，长相普通，她一个人承担了大半的杂事，后来我才知道，她省吃俭用攒钱报了外语培训班，一学就是三年。语言优势加上她踏实积累的业务经验，四年后，她的异国老板把中国公司的管理全部交给了她。

2009年经济危机，某天在一个客户的朋友圈里，竟发现了脱胎换骨的小许。她不再是土肥圆，退去了乡土气，身量纤纤，妆容精致，身材依旧矮小，气场却明显强大。

难道真的是小许？我忍不住截屏问客户："这美女是谁？客户回复：公司的许总。"

原来她拉着几个人的队伍成立了自己的公司。靠着一股拼劲和良好信誉，熬过了最难的前两年。如今她已将总部定在上海，成为业内规模不大却颇有名气的私企。讲完这些，我向萌妹子坦言："你知道我设置了不看你的朋友圈吗？"

你的朋友圈，除了"集赞可免费拍写真"，就是"转发朋友圈可体验最新韩式离子烫"，如果你大学毕业三年，没完整地读过一本书，如果你每天花两三个小时逛某宝，那你找谁给你做职业规划都没用。我一口气说完这些，她低头搅咖啡，不再说话。

其实我又何尝不是在说曾经的自己？我二十几岁的时候还没有美图秀秀，只有Photoshop（图像处理软件）。我用自学的蹩脚技术处理自己的照片，抹平痘痘，隐藏黑眼圈，修整大饼脸。

可我知道真正的紧致瓷肌，都离不开内外兼修的调理和养护，而能够掌控生活的人，从不活在PS过的人生蓝图里。在美颜的高科技里，我们照花前后镜，花面交相映。看自己美不胜收。沉醉过后，生活这面真实的镜子，瞬间将我们打回原形。思维的刻板，视野的局限，一览无余。比脸上的痘斑、腰间的赘肉、粗短的小腿更让人不堪。

朋友圈可以容忍PS过的照片，生活却不会容忍你长久地自欺欺人。萌妹子若有所思地点着头，不知道她是否真的懂。其实我是想告诉那些和她一样的年轻姑娘，二十几岁，真的是给自己增值的最好时光。

我们最后过上的，都是与自己能力相匹配的生活。这事，什么PS也帮不了你。

4

直到现在，我依然是在北京漂泊的人。一路上，我遇见了很多坚守梦想的人，也有对梦想嗤之以鼻的人。但随着年龄的增长，我真的越来越喜欢"梦想"这个词，不仅如此，我还更欣赏那些懂得认真坚持的人。

我依然走在这条路上，从一无所有到颇有收获，从自我怀疑到信心满满。我不再羡慕任何人，只想认真做好自己。我懂得自己的欲望，也懂得如何去支配它。我终于出版了自己的书，过上了自己想要的生活——想停下来享受生活的时候，敢立刻停下来；想奔在职场的路上时，又可以义无反顾地前进。最初劝我不要盲目的发小，掌着我的书说，真羡慕你，可以为自己而活，你身上拥有我想得到的自由和快乐……听罢，我终于扬眉吐气。

如今，我为自己庆幸，庆幸当初没有盲从身边的声音，认为一切努力都为时已晚。总有一些人、一些事改变了我对自己的看法，让我奔波，让我升腾。那些疼痛，犹如化茧，让我走到三十而立的关口，获得了从未有过的信心。

以前，有人笑我没有天赋，有人笑我难以嫁到理想之人，那时的语境多么刺痛我。再回首，一切云淡风轻。我爱这世界，爱它的繁华，也爱它的脆弱，我试着理解每个人在不同环境下的选择，也尊重任何一个人的决定。

从20岁跳下泳池的那一刻起，我明白，不管任何年纪，我都要很努力，我只想成为自己喜欢的那个人。我不想辜负以后的以后，也盼望老了的时候，可以淡然地对孩子说，几乎所有的事情，你觉得为时已晚，恰恰是刚刚好的开始。

想做什么就去做吧，每一个犹豫不决的挣扎，都是对人生最大的浪费。

你所有的迷惑，都是因为想得太多，做得太少

□ 汤小小

1

作为一个写作培训讲师，我被问到最多的问题就是：

老师，我不知道自己适合写什么类型怎么办？

我不知道哪种文风适合我怎么办？

我想专职写作，又怕赚不到钱怎么办？

我每次的答案都很简单，那就是你不停地写写写，写着写着，你所有的迷惑都会烟消云散。

其实我当初写作时，同样也有类似的迷惑。

我不知道自己适合写什么，不知道要选择哪种文风，不知道自己能不能赚到钱，不知道自己在这条路上能走多远。

这些迷惑让我很不开心，也浪费了很多的时间。我始终想不明白，所以始终迷茫。

后来因为丢了工作，想给自己一个机会，于是我做了全职撰稿人。那时候已经没有退路，因为我知道，这一辈子我可能就只有这一个做全职的机会，如果做不好，肯定乖乖滚出去找工作。

那段时间我特别努力，每天早早起床，写文章，投稿，看别人的文章，看新闻，看书，找素材。就连出去逛街，也一边看着琳琅满目的东西，一边在脑子里构思文章。

除了吃饭睡觉，所有的时间都留给了写作。即使在睡梦中，还是会想写作的事儿，常常半夜爬起来把灵感记下来。

这样努力了几个月后，文章开始铺天盖地地发表，看着一沓沓的稿费单，能不能靠写作赚钱的这个迷惑终于变得清晰明朗。

那时候我是什么类型都写，只要我觉得自己能写的，基本上全都写了一遍。然后在这个过程中，慢慢摸索出一些经验。知道哪些文体是受欢迎的，哪些文体是冷门的，哪些文体是没有办法出书的，哪些文体是只能流行一时的。

根据这些经验，我开始做一些调整，写受欢迎的，以及可以长时间流传的。那种过几天就会被淘汰的文章，那种求奇求怪的文章，我慢慢不再写。于是，写什么类型这个问题也得到了解决。

当然，我也试过很多的文风，唯美的，逗趣的，朴实的。我自己并不知道哪一种是适合自己的，只是怎么顺手怎么写。

后来有读者说，你的文章很幽默很朴实很接地气，我好喜欢。于是我知道，朴实和幽默是适合我的。或者说，是我能够轻松驾驭的。于是，写什么文风这种问题也迎刃而解。

经历过这些，我很能理解很多人对各种问题的迷惑。但是我更想说的是，当你迷惑的时候，你不用到处找答案，最正确的方式，就是好好地写，努力地写。

当你做得足够好时，所有的迷惑都会"拨开云雾见日出"。

2

有位姑娘给我留言，她说刚刚找到工作，是一个很无趣的岗位。在这个岗位上，她看不到任何前途。

我问她，如果不做这份工作，你能做什么？

她想了想，说："我也不知道自己能做什么，而且，我也不知道自己喜欢什么，适合什么。我是不是很糊涂，是不是没救了？"

当然不是，这是很多年轻人的困惑。很多人都是这样，不知道自己能做什么，也不知道自己喜欢什么。唯一可以确定的是，他们不喜欢目前的工作。

我对姑娘说，既然你什么都不知道，那现在只有一条路，就是做好你眼前的工作，尽你最大的努力，把它做到极致。

姑娘听进去了，她开始调整心态，积极主动地工作。即使是一件无足轻重的小事，她也全心全意去做，尽量做到不出一点儿差错，尽量去提高效率，去让整件事情更完美。

以前工作时总想偷懒，有些麻烦的事情不愿意做，现在不管有多么麻烦，哪怕是顶着烈日出去做问卷，她都毫不迟疑。不但去做了，还会在这个过程中不停地总结、反思。

她的努力大家当然看得到，她在办公室的存在感越来越强，与此同时，她自己也学到了很多东西，得到了很多经验。

后来领导把比较重要的事情交给她去做，她同样全心全意做到最好。再后来，交给她做的重要事情越来越多，而那些不太重要的事情，都慢慢转移到了新员工的头上。

现在她已经做了小组长，有了自己的小团队，那些曾经让她迷惑的问题也都有了答案。

她说，她现在知道自己适合做什么了，也知道自己喜欢做什么了。

只要你用心去工作，在工作中不断磨炼自己，提升自己，慢慢你就会发现，所有的迷惑都被抛到了脑后，很多事情都变得越来越清晰明了。

3

昨天看稻盛和夫的《干法》，他

在书里讲了自己年轻时的经历。

大学毕业后，他进入一家很糟糕的公司。所有人都表示同情，即使到小卖部里买东西，老板娘也会一脸同情说，你怎么进了那样的破公司？

他对这家公司很失望，整天抱怨个不停。

跟他一起进来的小伙伴们一个个辞职离开，他也想辞职，但那时辞职比较麻烦，需要家里寄户口簿过来。家人不同意寄，怪他瞎折腾。

也就是说，他根本就没有别的路可以走，只能在这家公司继续待下去。

他为此抱怨了很久，也沮丧了很久，他不知道自己的未来在哪里，他不知道如何面对别人的嘲笑，他对所有的一切都感到迷茫。

但后来他意识到，一直这样下去，根本于事无补，不如好好工作，说不定还有转机。

于是他真的好好工作了，每天都干劲十足，甚至抱着自己的产品睡觉。当然，有时间还会看专业书籍，不断地给自己充电。

这样的努力，终于有了成效，他研发的产品得到了市场的认同，他在公司也变得越来越重要，甚至到后来，以他一人之力，挽救了濒临破产的公司，为公司赢得了源源不断的订单。

后面的事情不再有悬念，他创立自己的公司，他变得越来越优秀，一步步走上人生巅峰。

曾经的那些迷惑还在吗？

当然不在了，不然也不会写书告诉大家：好好工作，好运就会降临。

4

我们都会有迷惑，这很正常。但是，当你迷惑的时候，请你不要仰头望天，而要低头看着手里的工作，专心把它做好。

当你积极主动地去工作，把全部的心思花在工作上，不断地去提升自己，不断地去总结经验，慢慢地，你就会发现，好运悄然降临。那些迷惑，全都在这个过程中有了答案。

我们之所以迷惑，就是因为我们想得太多，做得太少。

很多问题，做着做着就没了。

我们晒晒自己的努力

□ 杨熹文

我在即将离职的前几周，见到了来接替我职位的人。一个22岁的女孩，青春靓丽。她说，她出国六年没有打过工，毕业之后闲在家中，和相处一年的男朋友结了婚。二十岁出头的老公想要做房地产生意，她便撒娇从家中要来20%的首付，买下一块富人区地皮，计划用半年时间建一座豪宅。说起来像儿戏般容易。

我和她相处了几天，看着没有任何工作经验的她，遇见新的问题总是怨声连天，也开始理解，这种朝九晚五的工作，在她的眼中就是漫长而辛酸的"苦日子"。

我们聊到住房情况时，她睁大眼睛，说："你还没有房子啊？"在她的眼中，26岁怎么会连个属于自己的房子都没有呢？为什么上班累个半死还不去求助父母呢？

我很羡慕她可以一撒娇就从家人那里得来一笔巨款，可我也十分骄傲我的账户在三年里攒下了1万元。那是把多少清晨和深夜狠心地拿去工作，用多少顿方便面去替代珍馐美味，把多少次逛街和聚会的时间用来在家中写字，才得来这样微薄的积蓄，那种感觉，多么辛苦也多么踏实。

毕业后，我一直在用最简单的方式衡量自己的价值：当我做一份工作每周只赚400元，那我只有400元的价值；当我只会在餐馆里擦桌子，我只有擦桌子的价值；当我可以教中文时，我就有了老师的价值；当我努力写字被人认可时，我就又多了写字的价值；当我把一件件心中所想的东西搬进生活时，我的价值可以让我拥有一张床，一个书架，一辆车……

而当我奢望着另一些还无法立即实现的梦想时，我知道我必须继续努力，让自己变得更加强大。这样循序渐进的努力，在我看来是人生应有的步骤，并按部就班地成为更好的自己。可身边的年轻人不再看重这样的品质，大家晒包晒车子，却从没有人提出："喂，我们晒晒努力吧！"

记得有一个家境很好的朋友，他爸曾对他说："我可以养活你，一辈子都没有问题，但是你这辈子一定要有一份可以养活自己的工作，你要去找到自己存在的价值。"

所以我看见朋友在富裕的家庭里，依旧同我一样地挣扎。他说："小时候觉得家里特别有钱，能够做很多人都做不到的事，可是努力这件事，让我看到了那么多比我好却比我更加努力的人。自己越努力就越看得到和别人的差距，越感到有差距就越想拼命努力，不甘心一辈子做碌碌无为的人。"

人的一生为什么要努力？因为最痛苦的事，不是失败，是我本可以。

我想，这一生，与其抱着"父母的财富足够我一生挥霍"或者"我老公赚钱很厉害"的心情，不如亲自去尝试下生活的味道，别轻易在苦难面前退缩，这一次学会对自己说"我能行"。

高三来袭，别相信传说

□ 蒋方舟

我也高三过。上高三之前，我对高三所有美好的传说，都赋予不信任。

我不信任半天踢足球，半天上课，晚自习还睡觉的学生，会考上北京大学；我不信任平时交白卷的学生，高考忽然灵光乍现，考了满分；我不信任左手吉他，右手美眉的人，能考过专心致志的学生；我不信任翻围墙去上网的，学功课最灵光；我不信任家长从不过问的学生，心理最健康；我不信任今天经某位名师点穴，明天就逃出生天；我不信任高考会提供作弊的空间；我不信任高考会给予超常发挥的机会；我不信任脑白金脑黄金……上高三之后，学校开了场"高三动员会"。在我看来，前面要加个"运"字——"运动员会"。我上清华以后，认识一个同学，他在高三前，一直是个运动员。上高三之后，成绩排名在三十多名。高三毕业时，高考成绩却是全班第一。问其奥秘，他说："我当运动员的时候，教练说，只有你流的血汗，不会欺骗你。"

我对高三没寄予任何幻想，甚至对大学将要给予我什么，也没过多地期待。高三是个竞技场，你是个运动员。一切的借口，一切的伤痛，一切的眼泪，一切的软弱都无人喝彩。不要说什么过程最重要，只有大学录取通知书才是王道。

如果你没有退路，不能退到国外的大学、父母的摊点、复读学校……那么，来到这条起跑线上，就尽快打消幻想吧。没有奇迹，所有的奇迹都是一步一步发生的，只是最后那一步引起世人关注而已。

高三的老师说过很多好话，但我只相信三句：一、排名比分数重要。二、补弱科。三、不喜欢做题的学生，不是爱学习的学生。

上高三后，学校组织了第一次摸底考试，我考出了一个超级好的分数，数学高达142分，文科总分超过620分。老师说，这是为了让我们"提高自信心"的一次考试。我不关心自信心，不关心分数，只关心排名。我在班上排名第四，在全校文科生中排名第二十一。这就是我高三的第一个起点名次。而高一的时候，因为文理不分，我竟被糟糕透了的理科拖累了总成绩，以致排名在全校一千名之外。分数只会让我迷惑，名次才能给我自信，让我平静，让我知道下一步应该怎么走下去。成绩排名被认为是反教育规律的，现在正被人性化地抨击。但我以"运动员"的思维，认为成绩排名是天经地义的。空口鼓励没有用，数据才是硬道理。这样，你才知道自己身前身后有多少人，你才知道自己的目标定位。才不会在自己蜗行龟步的时候，妄想着拿世界长跑冠军。

考了几次之后，我逐渐知道了自己的成绩区间，在570～590分之间。我的名次从来没有跌落到班级第七名之外。不过要超过前面的人，也不容易，唯一的办法，就是在我的弱科上着手。

我的弱科，也是大部分文科生的弱科，那就是数学和地理。我积攒的一点儿体能和毅力，几乎都给了数学；我的方法是做题、再做题；我积攒的优势，给了语文和外语，我的方法是只参加考试，不交这两科的作业；我积攒的智慧，给了历史和政治，我的方法是做笔记，画表格，理框架，找得分窍门。还有地理，我一直没有找到方法，只是在混乱的调整中跟紧别人的步伐。

我的数学老师说："你是我见过的做题最多的学生。"有一个章节，我没有搞懂，于是去网上下载了有关这个章节所有的试题汇编。打印出来，一共是600页。每天晚自习近四个小时，我都在埋头做题中度过。做完了之后，我常常觉得头已经不在脖子上了。

我所做的题，几乎都不是老师布置的——老师绝不会布置这么多题。我的题，全都来自教辅书市场。每个星期，我都会去补充和更新试题。我是个"教辅书原教旨主义者"，我知道在市场上能找到教辅书的名称、优劣、出版周期。我不会傻到做所有的题。但是我需要大量的信息，才能筛选出对我有效的那一部分。

做题的辛苦，在高考中终于得到了回应。我的数学，是所有科目中考分最高的。我的最弱科目，成了我最强势的一科。

不要抱着"锻炼锻炼"的想法，那只能暴露出你的漫不经心，缺乏诚意。

上高三之前，老师对我说："你的目标是清华和北大。"我知道，在规则允许的范围内，我有上北大或清华的可能性。这不是句空话和豪言，而是种规划和实施。

从暑假开始，我就在为自主招生做准备了。我的自述材料，足足准备了三个多月，前后装订出了一个册子。这期间，我个人、我父母、我的高中母校，还有清华大学和其他大学，都在规则范围内做了大量努力。

最终，在有先例可循的情况下，在规则最宽容和最谨慎的60分优惠条件下，我进入了清华大学新闻传播学院。我的高考分数加上自主招生的优惠分，排名全省二十一名。我从没有放弃希望，也没有错过机会。

后来，有很多人向我咨询自主招生方面的事，我并非这方面的专家，自己也不具备示范效应。但是我看到很多家长，常常是在最后一刻，才寄出孩子的资料。那些资料大多是慌慌张张凑出来的，他们连打印纸都临时借，获奖证书也不知道塞到了哪里，甚至还说："就弄个假的证书，不会有人查的。"对于面试，他们说："哎呀，无所谓，就当是锻炼锻炼吧，说不定就过了呢。"

奇迹也许会从天而降，但是我不相信。

参加自主招生前，我阅读过很多大学的自主招生简章，也登录过很多大学的招生论坛。在那里，接触到了一些大学的招生人员。很多招生信息，都是公开的，也是欢迎考生去咨询的。比如如何准备个人资料，如果寄错了资料该怎么办？具体该找谁联系？招生组负责人的行踪，什么时候可以当面咨询？这些，对于开放的大学，并不是什么保密信息。如果学生的上网时间不能保证，可以委托给家长或者亲友。尽可能地早做准备，尽可能地获取信息，尽可能地符合招生简章上的条件。证书齐备，盖章齐全，耐心等待。

怎样过一个快乐的高三？我没有太多幻想。高三的学生，没有谁还能保持所谓的心理健康。如果你焦虑、烦躁、嫉妒别人比自己好、担忧未来、抱怨父母、痛哭发泄、暴食减压、患得患失，这都没有什么可怕，这就是竞技心理，每天都围绕着高三学生的病态心理。

在高三的那个漫长冬天，我每天都陷入负面情绪：看不到未来，没有一个好消息，觉得苦海无边，孤独，变丑，任何一点儿小小挫折，都让人崩溃非常。我的唯一方法，是给自己写小纸条，给自己做心理按摩，自我暗示。

这些纸条，如今已攒了一抽屉，现在翻出来看，甚是好笑，都是"冬天来了，春天还会远吗""宝剑锋从磨砺出，梅花香自苦寒来"之类的大俗话。开春之后，我的情绪随着成绩的稳定也渐渐稳定了。因为该来的总会来的，我已经做好了心理准备。

我的高三，是在理性中度过的。告别时也非常平静，我不会涕泗交流，不会撕书泄愤，不会跳楼自杀，不会彻夜狂欢。不会过于怀念高三，也不会全盘否定高三。

那是一段短暂的"运动员生涯"，用汗水去追逐光荣与梦想，也感受怅然与失落，如此而已。

"迟到"的弥散效应

□ 蒋晓飞

一次，香港畅销书作家梁凤仪应邀到北京某大学做报告，时间是下午3点。谁知乘车去大学的路上塞车了，结果4点才到。主持人一再强调："梁老师迟到是因为堵车了……"但是，走上讲台的梁凤仪觉得自己是不可原谅的，她说："各位同学，我在此向大家诚恳道歉！北京塞车是常事，但我不应该为自己找借口，我应该把塞车的时间计算在内，做好充分的准备。我知道，今天在座的有一千位同学，我迟到的这一小时，对大家来说，就是浪费了一千个小时的生产力量，影响一千个人的心情啊！我只能盼望你们的原谅——我要是提前一个小时出发，尽管自己多花费了一小时，但可以避免一千小时的浪费！"

我曾在一个单位的服务窗口工作，有一天上午因为办点儿私事，上班迟到了近一个小时。当我来到窗口办公室时，外面早就有十多人在等待。单位领导知道了此事严厉批评了我，最后他又语重心长地给我算了一笔账："你上班迟到了一小时，要知道，浪费的绝不仅仅是你的这一小时——现在有十三个人等你来办事，这意味着，每个人都会被推迟一小时才能办完事。这一上午，由于你的迟到，实际上总共浪费掉十三个小时。按照我们城市现在的平均工资标准，每小时二十元，你迟到一小时的代价就是二百六十元……"

在工作联系日益密切的现代社会，"迟到"绝不仅仅是一个人的事，与你发生联系的人越多，因你一个人迟到所产生的损失就越大——迟到的"弥散效应"，可以让损失放大几十、几百倍，甚至上千倍！

一个高考失败者的逆袭

□十二

我复读过，经历过两次高考。

第一次我过了一本，但家里完全没有经验，填了一个外省211学校，并且报的是只招很少人的专业。结果那个学校那年的分数特别高。而我爸坚持认为，如果上不了名牌大学，那上大学就失去了大半的意义，我听他的，乖乖地重读一年高三。

当时，在我们那里，复读班是不被体制内认可的，我们只能在原学校对面的一栋小楼里，200人挤在一个平时只装60人的教室里，陷身题海战术，日复一日地做着答题机器。

我是那年复读班的班长。我对试卷的熟悉程度，已经超过了对自己的熟悉程度。所有人都认为，我会是这一届毫无疑问的高考成功者。但结果却是，成绩还不如第一年。虽然依然可以读一本，可离所有人期望的名校相去甚远。

我在家痛哭了三天，不知道该如何面对。那些丢书丢试卷的疯狂场面，我全无印象，我害怕和任何同学通电话，我不想和任何人谈到考试或者学校。我在命运面前丢盔弃甲了。

我妈怎么都想不通，为什么会是这个结果。她去当地香火最旺的庙里求签占卜，庙里的和尚对她说，我考试失败，原因是我们家族里有一个早逝的哥哥，阴魂不散地跟着我。她急急地问我，考试的时候是不是头晕，是不是感觉很不舒服。我只好说，是有一点儿。

高考对我唯一并且最大的影响，并不是我没有考上理想的学校，而是它深深地挫败了我对命运的信心，并且这种自卑感，经久不退。

但是多年后，我的朋友都很惊讶地说，在你身上完全看不到挫败感的痕迹，也看不到太多不善言辞、不自信的印迹。你到底是怎样从中脱离出来的？

我坦诚说，恰恰因为我是一个高考失败者。

我相信每个人身上都存在着两面——有听话的一面，也有叛逆的另一面。有负责的一面，也有放任的一面。有妥协的一面，也有自我的一面。

这场失败，反倒让我彻底放弃走学霸路线，放弃了做一个乖孩子，敢于不走寻常路。

首先，大学的课程，除了我真正喜欢的，其他我都只求及格就好。剩下的时间，我在图书馆，在校外租书的小店，去借各种书看，历史的、经济的、哲学的、心理学的，还有各种老师家长不允许看的闲书。（羡慕现在的学生，可以在网上买到各类型的书，而且有很多折扣！）

然后，我遇到了一个超级爱美的室友，我们俩逛遍武汉的各大商场，穷学生，买不起很多，但我们也敢于去试，她的名言是：试又不要钱，要想提高品位，就得多逛！在她的带领下，我还减掉了两年夜宵积累出的十几斤肥肉。

但更重要的是，我敢于做一个不乖的孩子了！既然反正不再是父母心中的优等生，那我就按照自己的想法去选择去生活。

背着父母，和同学去旅行。

拒绝了父母考公务员的建议。

在博客上，丢掉应试作文，重新学习如何写出有自己风格的文字。

拒绝任何体制内的工作，拒绝去传统媒体，跑到深圳成为朝九晚五的上班族。

假如当年我高考成功，我上了名牌大学，我自诩是天之骄子，父母依然认定他们的教育路线多么正确，那么，我就可能和现在的很多乖乖女一样，做着一份安稳的工作，不敢突破自己，不敢叛逆，不敢和大多数人活得不一样。

这就是命运的安排吧。

上天给你关上了一扇窗，却给你打开了另一扇窗。古人说的，祸兮福之所倚。

有一个好朋友曾跟我说，她人生唯一的遗憾是没有读过大学，所以每次遇到那些博士、教授，那些高学历的人，心中都很自卑，不敢多说话，尽管她是很多人心中的女神。

我对她说："当你在羡慕他们学识丰富的时候，他们其实更羡慕你的灵动风趣呢！学问这回事，不是只有在大学里才能得到的。更重要的是，二十几岁，当你脱离学校之后，你是怎样度过你的人生的。"

在我眼里，很多大学生，进了校门之后，几乎很少摸书。毕业之后，更是甚少。像我这样文学院毕业出来的，现在还能写出东西的人，非常之少。

这世上按照轨迹生活的人太多了，他们按部就班地上学、毕业、工作、结婚、生子，一直到身心俱疲无力挣脱的时候，才开始思考：到底错在了哪里，是从什么时候开始错的呢？

只有早早脱离过轨道的人，才有

三天只做一秒

□张君燕

2016年8月,动画电影《冰川时代5:星级碰撞》上映。《冰川时代》是一部2002年蓝天动画工作室制作的完全数字化的动画电影,由20世纪福克斯电影公司发行,迄今为止已经拍到了第五部,几乎家喻户晓,受到了众多影迷的喜爱和追捧。它不仅成为史上最长寿的系列动画电影,也是系列动画的票房之冠。

看过电影后,很多人都对电影中动物惟妙惟肖的表情和灵活自如的动作所惊叹,被丰富多样的色彩和色彩间自然的衔接折服。"画面真的太美了!尤其是闪电的效果,堪称完美。你们是怎么做到的呀?"记者在采访参与《冰川时代》制作的动画大师埃里克时问。埃里克笑了笑,反问道:"你猜一下,闪电出现的这一秒需要制作多长时间?""一个小时?或者半天?"记者默默计算了半天回答。埃里克摇摇头,认真地说:"三天。一般情况下,观众在大荧幕上看到的一秒钟的画面,动画师们平均要两三天才做完。而在这部电影中,仅仅是闪电的一道光,我们就做了两个月!当然动画师不止一人,大家同时做,每人每天完成零点几秒。"

一部动画约90分钟,即5400秒!这么算下来,一部片要做多久才能做完!难怪蓝天工作室出品动画长片的规律,都是每一两年才一部。埃里克介绍说,片子里,一个角色回头,动作时长要16秒。虽然头部的起点和终点不变,但中间可以有很多种回头的方式,可以直接回头,可以转一下再回头,也可以先低头再回头等;一只做瑜伽的美洲驼,有几个瑜伽姿势,每个姿势出现都不到一秒,但在这不到一秒之内,动作的转换又要很有趣;根据光线的不同,同一只动物,皮毛颜色一样,但深浅又不同,有的有阴影,有的比自然色更亮。还有很多类似的细节,都要花费时间去琢磨去研究。

"动画不只是让东西动起来,而是通过动作,赋予角色个性和风格,要让它们有灵魂。"埃里克笑着说。是的,技术固然重要,但技术背后,永远少不了的是"三天只做一秒"的那份认真、诚意与热爱。

幸更早去思考:我是谁?我应该怎样生活?我希望未来的生活,是什么样子?

对我来说,后来的人生,一切轨迹,都没有按照我父母想的那样去发展,可大概也有了远远超出了他们想象的发展。

很奇怪的是,自我以后,我们家族的女孩子,似乎都没有考试运。堂妹高考600多分,也是那年第一志愿的录取分数太高,因为我的前车之鉴,她报了一所二本,后来自己努力考到美国读研究生。

后来另一个妹妹也是这样,过了一本线,读了二本。当时她问我,我对她说:"选一个喜欢的学校和专业就好,读什么大学,的确会影响你未来几年的就业,但并不会真的影响你一辈子。"

我想,我并不是一个足够好的榜样。但至少证明,真考砸了,也不是什么坏事。我依然认为,如果有可能,尽量去读更好的大学,因为那里会有更好的氛围,更好的老师。名校并非一定出人才,只是概率更高,因为读名校的人本身就已是小概率。普通学校照样有优秀的人,只是概率更小。

假若高考失败,那也并不代表一个人真的不幸,更不代表你是那个不值得被上天宠爱的人。你依然可以通过努力,成为那个小概率中的某一位。

很多朋友说,迄今,压力大的时候,还是会做关于考试的梦,那种记忆太刻骨铭心了。

可作为一个高考失败者,我真的很少会梦到考试。在我的记忆里,关于青春,更多的是骑着自行车披星戴月的充实,还有对老师对知识无尽的感激,早已没有那些孤独、压抑、悲痛的记忆。

因为失败,让做了十几年乖乖女的我,真实发现自己的内心就是一个倔强、骄傲、理性,有点儿叛逆,有点儿仗义,能吃苦,不服输的女汉子,我并不想活得像大多数人那样。

十几年后,我翻开那本毕业纪念册,那些陌生的名字里是这么写我的:很惊讶你作为文科生,数学成绩那么好,你真的很厉害。

那些熟悉的名字是这么写我的:其实你可以和大家更亲近一点儿,不要假装很高傲的样子,让人不敢接近。

我翻开它,我知道,其实我一直都没有变过。

最后真正解救自己、释放自己的,仍然是我自己。

虽然我还是那样会感觉孤独,会讨厌自己的软弱,但我花了十几年的时间,跋山涉水,摸索、碰壁,终于敢活得更像我自己。

因为心里总会有一句话:反正都那样失败过,还怕什么失败呢?这句话听起来悲观,却令我一直活得很勇敢。

我觉得,我应该为我自己骄傲。你们说呢?

许多想做的事

□ 李松蔚

一个学生告诉我,他渴盼放假。"我有许多想做的事,只是没有时间。"他说。

"你想做什么事?"我问他。

"太多了。我想学一些技能,还想看好多书。可以出门旅行,存过很多想去的地方。待在宿舍也很好,就算什么都不做,硬盘里攒的电影也够看一年了。"

我说:"哇,你有这么多想做的事,从哪一件开始呢?"

他说:"哪一件都可以,但是没有时间。"

"假设奇迹出现,你有了无限的时间呢?"我问,"总要先从一件事开始。"

"无限的时间……噢,"我注意到他眼睛亮了一下,那光芒迅速又黯淡下了,看起来开始烦恼纠结,"先做哪一件呢?感觉也没什么差别,是,总要选一个的。"

他沉吟了一小会儿:"我想先出去旅行吧。"

"想去的第一个地方是哪里?"我不依不饶。

他摇了摇头:"想这种事情有意义吗?我又不可能真有那些时间。"

"想一想嘛,"我说,"我知道只是一个假设。"

"好吧,"他勉为其难地想了想,最后还是摇头,"可是我也没那么多钱。如果有钱又有时间,我倒是想去欧洲,每个国家玩一遍。但这种空想有什么意义?"

"去欧洲的话,你会从哪一个国家开始?"我还是同样的问法。

我注意到,他在讲自己的愿望时,常常会用一种很模糊的说法,目标是以集合状态出现的,而不是排好顺序一个接一个。"一些技能""好多书""每一个国家",这些说法对他似乎有特别的重要性。一方面愿望很强烈,另一方面这些愿望永远不会提上日程。

他有点儿恼怒:"这么问下去是干什么?我也不可能真有钱!"

他用预算来限制思考。我换了一种问法:"按你现在的预算,可以去哪儿?"

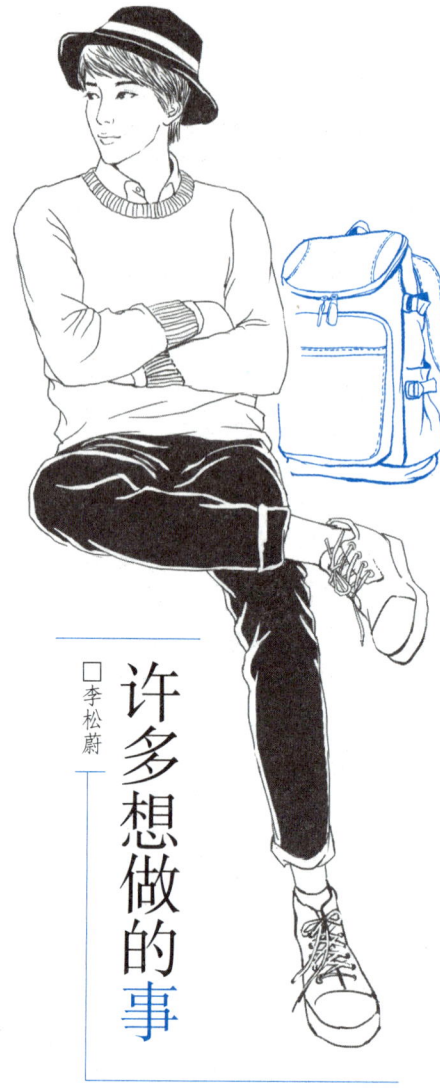

他苦笑了一下:"哪儿都去不了,只能在北京城里逛逛。"

"北京城里有你特别想去的地方吗?"

"也有,很多地方都想。"他还是那种回答。

"第一个想去的地方是哪里?"

他陷入了沉默,两只手不安地合在一起,脸色也凝重起来,似乎意识到这个问题的不容回避。过了好几分钟,他小声地开口:"我不知道,我从来没想过这个问题……"他抬头看我脸色,用一种询问的语气说:"去,去玉渊潭公园看樱花……算不算?"

他的脑子里有那么多的想法,但是从一开始谈话到现在,经过十几分钟的纠结和躲闪,才能说出一个具体的目标。那个目标就好像刚刚诞生在他脑子里,头一次被捕捉到,以至于他用了一种相当不确定的语气。我说:"似乎你对这个答案没什么信心。"

他说:"嗯,我不知道这算不算第一想去的地方。"

"是怎么想到玉渊潭的?"

他挠了挠头:"几个同学前几天刚去过,我在赶作业,就没去。但我觉得这个季节应该去,再等花就谢了。主要就是有花吧,我也说不清这里还有什么特别的。可能还有其他更想去的地方,我一时没想到。想到的那些好像也没什么差别……"

一个缺乏底气的答案,然而才是他的真实答案。

在这之前,他以为有很多美好的想法,那些想法之所以美好,是因为它们还只是"想法"而已。

不费力气地想一想,一个人足以在头脑中游历全世界,足以做成一切事,成就一切美好的可能,"没有时间"就是最好的堡垒。一旦这道堡垒被攻破,里面的种种美好就必须接受现实的风化。他经历了一段排除法,花了很长时间。不是没想法,而是想法太多,但哪一个都不如以前的光彩照人。

理所当然,下一次咨询他告诉我,他去了玉渊潭。再怎么没时间,也不至于去一趟公园的余暇都没有。事实上,我们上午谈完话,中午吃过饭他就去了。

"比想象中失望。"他说,"全是人,到处逛了一通,没什么意思。"这很好,起码他失望过了。我问:"第二个想去的地方是哪里?"他笑了,这次答得相当确定:"我想去看一场话剧。"

"许多想做的事"是一种最常见的防御,让人自以为充满目标。这就是为什么很多人永远在抱怨"没有时间"。你永远没办法找到足够的时间,完成"许多"事情。所以有许多想做的事,约等于什么都不想做;只有想做一件事,才是真的想做这件事。

与其迷茫彷徨，不如去闯

拼命了十一年的新人演员

□老 妖

晚上八点多还在办公室，一个朋友给我发微信聊天，我说等会儿啊，我正在忙。她很惊讶地说，你怎么还在工作？不过是个小编辑，赚的钱又不会比大明星还多。那么拼命干吗？

突然想起来，我还真认识个不算大明星的演员，真说起拼命，她可比我拼命多了。

我们在一次饭局上认识，她是那种能够在人群中被人一眼看到的女孩，个子高，身材好，漂亮，不仅是那种五官精致的漂亮，是那种一看就特别有气场的漂亮。后来我才知道她叫思漩，是个演员，我很尴尬地问她演过什么，她说了几个名字，我都不知道，更加尴尬。她有些调皮地说，没事，本来就是小明星，你不认识正常。

她说她6岁开始学跳舞，9岁时就来北京独自求学。思漩说，她刚进学校的时候，还是班长呢！不过，才一天就被撤职了。因为第一天上课早，别的同学都在操场上集合了，她还在宿舍没出来，她不会自己穿衣服，鞋子也穿反了。说完，她哈哈笑起来。我却莫名有些心酸。

13岁时，思漩毕业了，成了一名文艺兵，过着每天跳舞的日子，她表现很好，13岁时，就升到了排长，是整个部队里年纪最小的排长。如果她没有从文工团离开，国家会给她分房子，待遇很好，工作也稳定，但思漩感觉自己并没有那么喜欢跳舞，她想出来考学。

17岁的时候，她机缘巧合认识了一位台湾的制片人。制片人跟她说，你条件挺好的，签我们公司吧。思漩没多想，就签了，离开了文工团，成了一个演员。

我们总以为，进入娱乐圈，光鲜和财富都会来得比普通人容易。思漩却说，其实娱乐圈比外面竞争更复杂，很多人拍了一辈子戏都只是个跑龙套的，还有很多人走到一半就走不下去了，真正能大红大紫的，也只有你能看到的那么几个人。思漩路子走得并不顺畅，拍了很多戏，参加过很多比赛，东方卫视的、湖南卫视的，拿过不错的名次，却一直没有被人记住。

那你想过退出吗？思漩摇了摇头：我妈也劝我，要不算了，娱乐圈太苦了。但我舍不得放弃，我喜欢演戏，我总想，也许我以后还有机会。

这次见面之后，我们很长时间都没联系，直到2012年，思漩告诉我：我签英皇了。我都打算去美国念书了，出发前三天，见到英皇有部电影招新人，就寄去了录像带，参加了面试。在美国念了一个半月的时候，又接到英皇的电话，说要签我。我连合同都没看，也没见老板，就签了。

我说，你这也太草率了吧？她说，这是我最后一次机会了，我一定要抓住这个机会不再错过。

后来，我写了篇题为《从小到大长得不好看是种怎样的体验》的文章，被很多人转载。我收到了思漩的微信，她很严肃地教训了我一番说，女孩子不管日子过得怎么样，都得对自己有信心，不可以说自己丑，也不可以说自己不行，如果比不上别人，就咬牙把自己变得更好。

去年五月，看到她的消息，因为电影《一个人的武林》获得了华鼎奖的最佳新人。我发短信恭喜她，她回复说：我上台领奖的时候，特别想说一段话，谢谢给我这个奖，我努力了整整11年，总算没有白费。我问她为什么没有说，她笑，因为公司说是新人奖啊，干吗要提11年。

这段时间经常加班，一个人深夜下班走出办公室，也会有压力大到爆棚，想要拍桌子走人的时候。每次感觉快撑不下去了，总会想起思漩，这个高挑、漂亮、笑起来很爽朗的姑娘。

很多时候我都认为，大多数人的迷茫，都只是害怕付出之后得不到自己想要的结果。但我们唯一能做的，就是付出最大的努力，给自己一个机会，去证明当初我们要做的那件事，是对的。

想走捷径的，最后都走了弯路

□艾小羊

1

朋友报了个健身私教班，一个月腰围减了7厘米，我们决定跟她一起去见识一下。

我们这些人，都是"先吃吃吃，然后减减减"培训班的常客，管不住嘴，迈不开腿，偶尔发奋健身三个月，腰细了，腿有劲了，杨颖同款连衣裙可以穿了，优雅绑带高跟鞋也能驾驭了。然而，胡吃海塞两星期，一夜回到解放前。

健身是最残酷的事业，想要减肥不反弹，吃苦就不能间断。

可是，人的天性中就有爱幻想的基因。所以昨天，我们跟她去了私教的健身房，却收获了满满的失望。本来以为教练掌握了独门秘籍，结果发现，他只招"听话"的学员：晚上十一点之前必须睡觉；低卡低脂饮食；每周至少上三次课，每次至少两小时。做不到就请回去吧，我教不了你。

当时，我心里的想法是，如果我能做到这些，还干啥要你教？所以，今天早晨七点，我就去健身房打卡了。边走跑步机，边想幸亏没报私教课，跑那么远花那么多钱做的事，跟在家门口健身房一样。

2

大家都想做聪明人，不想做笨人，但只有走过很多弯路以后才明白，抵达目标的路或许有很多条，但绝对没有捷径。

七月，我回老家，清理书架时发现许多高中的英语工具书，包括《中国人的第一本单词书》《单词快速记忆法》《创新方法记单词》《这样记单词最省力》……百感交集。套用一个时髦的句式是：你看了那么多技巧书，也没有学好英语。

高中时，同桌是英语课代表，我是英语差生。我总觉得自己英语学得差，是没掌握方法，一定有一本神奇的书，可以开启我的神奇之旅。所以，同桌背字典的时候，我在研究快速记忆法；同桌背课文的时候，我在研究怎么记单词最省力；同桌背句型的时候，我在研究学英语的创新方法。后来，同桌上了北外，我进了大学还是英语差生。

我曾经认真跟同桌探讨，到底有没有学外语的捷径。她也认真地回答我："功夫到了，一通百通，可能就是你说的捷径；功夫不到，找捷径就是浪费生命。"

最近几年接触不少创业者，基本可以分为两大类。一种擅于从最小的事情做起，充满热爱与激情，像养孩子一样养公司；另外一种，擅于从信息、人脉做起，每天都在找贵人拉投资，只动嘴、不动手，幻想借别人的力量壮大自己。他们知道很多高深的商业名词，却忘了一个最简单的道理：只有站在同一水平线的人，才有机会合作。

有些事情，的确有捷径可走，比如餐厅爆满的时候，别人在等位，你眼尖看到一个空位就坐了。这是小聪明，小聪明用在小事上。但凡关系到事业、家庭的大事，想走捷径的，往往走了弯路，绕一圈回来，还得老老实实地以毅力加持天分，用坚持延续好运。

3

爱情和婚姻中，想走捷径的人更多。以为找一个合适的人就可以一劳永逸，结果不出三年，对方就从合适的人变成了坏人。

嫁给谁，是爱情的终点，却是婚姻的起点。这是电影前传与续集的关系，第一部得了奥斯卡，不代表第二部也能。

结婚变得越来越难，同样与太多人想走捷径有关。结婚前千挑万选，有时候难免挑花眼或者越挑胆子越小、顾虑越多。结婚这件事，不是把人选对了，从此王子公主就过上了幸福的生活，而是无论这个精心选择的人，当初满意度有多高，结婚后依然要面临经营与磨合的问题。

每一个幸福的家庭都是相似的，双方彼此坦诚、包容、赞美；擅于学习、反思；不断刷新自己对于婚姻的认知，坚持去爱，努力去爱，不管能不能白头偕老，都要有白头偕老的决心……

4

幸福的婚姻三分天注定，七分靠经营，无论你遇到谁，都没有捷径可走。

相信捷径可以通往成功的人，失败的时候，经常叹息运气太差。可是，生活不是博彩，运气从来不是大哥，每一个好运的人，都是在简单的道路上，坚持前行的人。

与其迷茫彷徨，不如去闯

你不是一个人在焦虑

□李尚龙

打败焦虑最有效的方法其实很简单——立刻、马上去做那些让你焦虑的事。

还有一个多月就要考四六级的时候，很多学生问："老师，现在准备，还来得及吗？"

离考研还有两个月左右，离下次托福考试还有不到半个月，离最近的一次GRE考试还有不到一周，离期末考试还有不到六十天……

天啊，现在准备，还来得及吗？

我们焦虑的原因，往往是自己和目标差距太大，或者和别人的距离太远，不知道如何下手。

其实，你不是唯一焦虑着的人。

那些并不觉得焦虑的人，只是因为他们正在做那些让他们焦虑的事情。打败焦虑最有效的方法其实很简单——立刻、马上去做那些让你焦虑的事。

几年前，我在一家考研补习班做授课老师，那个班里，来了一个三十多岁的女人。一开始我以为她是哪个学生的家长，后来才知道是她自己要考研。她告诉我，自己本来有一个很幸福的家庭，她当全职妈妈，后来老公出轨，她的世界忽然坍塌了。于是她决定考研，争取经济独立，改变自己的生活。

我以为是一个励志的故事。结果她说，因为自己太久没学习，输入系统全部坏了，现在英语也就是停留在小学水平，现在准备还来得及吗？

那时，离考研还剩两个月。

我心想，坏事，来不及了。

那时，我见过几个孩子，从还剩两个月的时候开始准备，最后分数都不理想，因为他们在准备的时候不停地动摇，不停地质疑自己，后来，看似在图书馆坐了两天，其实也就背了几页单词。焦虑，逐渐打败了他们。

我跟她说："加油，豁出去努力，别管结果。"

后来，我才知道，她拿出了所有的积蓄，报了英语、政治、专业课的一对一辅导课程。她出现在我的一对一课堂上时，我有点儿震惊。

我说："干吗报这么贵的课？"

她说："来不及了，只有全力以赴了。"

那段时间，我每天连轴转地上课，可是只要是她的课，她都会提前十分钟在门口等我，然后拿出单词书背单词，她把鸡肋时间用得很好，上课提前进入状态，早上去学校图书馆占座位，晚上熬到半夜。我赶校区到处讲课的时候，她总是主动要求开车送我，这样能在路上问我一些问题。

有一天，我看到她额头上有两个重重的火罐印，吓了一跳，说："你怎么考个试还被人打了啊？"

她不好意思地笑着说："中医说，这样有利于记忆。"她的头发好久没洗，衣服也没怎么换，每次来都跟我道歉，说自己失态了。直到开考前，她还给我打了一个电话，说考前拜拜大神，沾点儿运气。

最后，她考上了中央音乐学院，成为那一级年龄最大的研究生。后来她毕业了，就留校当老师，有了一份不错的工作，并有了自己想要的生活。

现在她上课的口头禅，就是我曾经跟她说过的那句话——打败焦虑最好的办法，就是赶紧去做那些让你焦虑的事情。

如果你还在纠结，还在迷茫，我想认真地告诉你——你不是一个人在焦虑。

那些看起来一点儿都不费力的人，谁知道他被论文、考试虐过多少次？那些整天在笑的人，谁知道他深夜哭过多少回？那些站起来的人，谁知道他背后跪了多少次？那些人之所以成功，是因为他们永远不拖延，他们永远在路上。他们没时间焦虑。

他们已经在路上，你呢？

如果你自认为聪明、努力，却经常被生活打脸，给你三条建议。

第一，你可以"不走寻常路"，但只有不寻常的努力，才配得上不寻常的创意。

第二，没有一种答案可以解决所有问题。生命是一个积累问题、解决问题的过程，在这个复杂而庞大的体系中，寻找总开关注定徒劳无益。无论你多牛，生活在你面前依然是一团乱麻，你要有足够的能力、耐心、技巧，一一解锁。然后，调整表情，露出白牙，迎接下一团乱麻。

第三，你与传奇之间，隔的不是运气而是坚持。把一件简单的事做到100分，一次是小事，100次就是大事，1000次可能就是传奇。你看到是别人的第1000次，所以误解有一条路，能从0直接跨越到1000，可事实却并非如此。要知道，听再多传奇故事，都不如沉下心来，做好手上的事，善待身边的人，一砖一瓦地去构建你的梦想国。

不聪明的我如何进北大

□ 李玉水

身居燕园,被爷爷奶奶称赞为"脑瓜子好",被同学羡慕的我,并不是一个聪明的人。

初三,每天十二点睡六点起,然而我不聪明恰恰是我的中考成绩单告诉我的:踩着扩招线进入市重点。当时由于现实和自己焚膏油以继晷的努力差得太多,心情沮丧了很长一段时间,好容易在高中军训之前才接受了这个看起来比较残酷的现实。

常幻想自己将来能进清华北大,甚至于剑桥哈佛。当时我们都没有看明白,清华北大的道路不是一般人走的。

其实我的父母也如同天下所有的父母一样,在我很小的时候就告诉我:"你将来要上清华北大!"可是,这么一个不聪明的家伙,是怎么进的北大呢?

高一军训之后,进入班级。当时我们共有十个班级,由于中考成绩,我自然被分到平行班。开学了,好戏上演了。不过主角不是别人,是我。第一次月考,三科班级第一,除了语文之外都是班级前五。期中考试,全校第十一名。

由于觉得自己不聪明,我不敢有丝毫的懈怠,不敢有一点儿的懒散,不敢有一丝侥幸心理,以最老实的方式学习。

高一上学期比较悲剧的期末考试结束后,下一学期开学,调班。尽管上次期末考试数理化一塌糊涂,但还是班级第一。不算文科成绩,我的总成绩在班级内来看也很不错。但是,分班的时候,本人进入四班,而另一个成绩不如我的同学进入二班。

事实证明,命运对待我很好,我在四班遇到了一个在我看来很好的数学老师和班主任老王,在很多人看来,老王讲课太慢、太琐碎、太弱智、太催人入睡。然而,这却对我的路。

高三开学,重新分班,TOP50被分到一个班,激烈而残酷的竞争开始了,一开始我就暴露了自己的弱点,在竞争中经历挣扎。高三9月,化学竞赛,在主场优势的情况下,没进省队。化学竞赛停课结束后,回班级的第一次物理考试,不及格。然而,那个时候我却不害怕了、不犹豫了,因为我知道,梦想已经在我手上。高三第一学期期中考试前,我定了这样一个目标:如果进前10,那我就可以稳稳进北大。然而高三期中考试结束,30名开外。虽然几个参加数学竞赛的同学在缺课两个半月的情况下,成绩非常好,但是我仍然相信,我有能力进入自己想去的地方。

自主招生报名的时候,我知道自己排名很差,很难获得校荐名额,但还是抱着试一试的心态,写了"北大自主"四个字,交了上去。最终结果呢,却是我阴差阳错地拿到了校荐名额——我是那个拿到校荐名额里期中考试成绩最差的,但是,这没有什么影响。

几个报清华北大交大自招保送的同学,为了准备保送考试,在考前两个星期左右,开始在实验楼5楼那个平常不用的计算机室里自习。这一阵,我们没人管,是真真正正的"自主学习"。除了我,似乎每个人看上去都胸有成竹。保送考试前最后一天晚上,那里只剩下我和另外两个同学。三个人以水代酒,相约考试同成功。杯子空的时候,心里的感觉告诉我,北大离我不远了。北大的考试到来了。数学、语文很难,作文是我高中三年唯一一次按真情实感写得很深刻的文章。英语、物理、化学则是平淡无奇。同时准备的浙大自招,数学发挥出了高中最好水平,一分钟的面试则表现出众。

回来之后,安安稳稳地期末复习,这个时候的平静,是为我最后的愿望冲刺。北大出笔试成绩那天,妈妈发来了短信,如我所愿,笔试通过了,要去面试。

最后,如我所料,北大录取我了。这就是我的故事。有几样东西比聪明更重要——信心、决心、努力、判断,以及一点点运气。

低头努力，剩下的交给时光

□ 一直特立独行的猫

有一次健身课的内容是拳击，我打了半场下来坐在场边休息喝水。我问教练："教练，你说我以后能当教练吗？"其实我并不是想当教练，无非是没话找话问一句，这样一来二去交流点儿什么，能给自己争取多一些时间休息，要知道，我的教练可是健身房著名的"铁血教练"啊。

"你不能。"教练看都没看我，一边喝水一边说。

"为什么？"我很诧异。虽然我腰腹还没练平坦，但也可以心比天高嘛！

"我从来没想过我会当教练。"他坐在我身边开始讲故事，"我第一次开始学拳击是11岁，自己喜欢，打了几年，教练说我可以打比赛了，我就去了。比赛获了一些奖，身体也强壮了很多，慢慢开始接触健身，自己练。练了一两年，身体也长成熟了，进步特别快，又参加了一些健美类的比赛。之后我的教练让我帮忙做助教，做了一段时间，教练让我去考健身教练的各种资格证。从11岁开始到我真正当教练差不多十年吧，到现在也快30年了。我就是这么走上健身教练的路，从老家的训练馆，一步步走到北京的健身房，慢慢这么走过来的。"

我的教练是个铁血但不善言辞的人，我明白了他的意思，其实就是：你要真的热爱并努力，而不是从开始就想着要拿到怎样的结果。如果我的目标就是当教练，我做不成好教练，顶多是个用一两年练出个好身材就敢指点江山的二把刀。我突然间想到，之前经常有网友在网上问我，想赚点儿外快，因此想要投稿，问我该如何写东西或者写什么样的东西比较容易发表。我回答不了，因为我也就只是一直写，没想过什么结果。普通的写作者也真赚不到什么钱，文章发表后就是千字一百元都算多。在这种情况下，没有热爱真撑不下来。这么一类比，我就更明白了教练的意思。

豆瓣网上有篇挺有名的健身类的文章，叫作《塑身300天，时间是怎么样划过了我皮肤》，我深有感触。

记得第一天我跟教练做体形测试的时候，各种数据差到临界点，整个人是腰粗腿肥臀没型。现在差不多两个半月过去了，我虽然没有一步到位"欧美风"，但腰细了，腿和胳膊都有力了很多，翘臀更是明显，而且每周至少三四次的狂出汗，让身体皮肤都好到不需要任何磨砂膏和沐浴乳。可这一切是怎么得来的，我比谁都清楚：是每一个即使2点睡但必须7点起的早晨，是深蹲训练从徒手到负重30公斤的飞跃，是挑战了很多我觉得根本做不到的动作和重量……我已经很多年没有大汗淋漓，甚至都忘记了汗臭的味道。昨天下拳击课教练给我解手上的绷带的时候说："连绷带都湿透了。"健身塑形这种事，时光是最好的答案。

我最近关注了一个人，就是豆瓣网粉丝数第一名的那位，原来我一直以为他是靠哗众取宠上位。可前几天我点开他的页面，没看到什么特别文艺的文章，但我看到他的相册里有1600多个主题相册。1600是什么概念？我真的特别惊讶。我相册里连1600张图都没有，更别提1600个相册了。这是要用多大的热情多少的时间才能建立起来的数字，那一个一个时辰熬出来的第一名，没有人会不服吧。

我曾看到过这样一段话："如果从一开始就选择可以自我实现的工作，并对所钟爱的工作全心投入，只要公司体制完善，机制健康，加薪晋职这些物质和精神的收获，就是随之而来的副产品。"对这种人，我一直都特别敬佩，也特别尊重，他们有一股韧劲，低头努力，剩下的交给时光。

"垃圾王子"汪剑超：让收破烂儿变得高大上

□张珠容

收破烂历来被人们认为是又脏又累又没尊严的活儿。然而，有个80后小伙子用他的亲身经历告诉人们：只要方式时尚、方法得当，收破烂也能变得高大上。这个小伙子，就是素有"垃圾王子"之称、中国唯一一家专业从事城市生活垃圾回收及资源化的企业——"绿色地球"的执行总裁汪剑超。

汪剑超从小就是学霸。大学毕业时，他就加入了微软北京公司，因为工作能力强，汪剑超被派到美国的微软公司总部开会。在那之前，汪剑超也听说过"垃圾分类"，但他从没想到，原来美国的垃圾可以分得这么细致。

这件事给汪剑超的感触特别深。他意识到了一点：不论好的环境，还是坏的环境，都是由人决定的。回到北京后，他对国内垃圾处理的问题加倍关注。于是汪剑超做出决定：去做一些让周围环境变得更好的事。恰巧，同窗好友在此时向他发出了邀请，邀请他到成都共创城市垃圾资源化回收的事业，即创建"绿色地球"。汪剑超辞去了高薪工作，开启了他与垃圾奋战的人生。

汪剑超要做的，就是跑到无数小区进行试点推广。他动员住户注册自己的信息，为他们提供免费的环保箱，一遍又一遍地讲解垃圾分类的标准。可汪剑超很快就发现，很多人虽然注册了，但还是习惯随手就把垃圾卖给传统收废品的人。怎样做才能改变人们根深蒂固的生活习惯呢？汪剑超每天都在苦思冥想。

很快，他就想到了一套推广方法。汪剑超先从孩子抓起。"绿色地球"设计了许多关于垃圾分类的儿童游戏，然后进入小区、学校，带着孩子们一起玩，让他们通过游戏了解垃圾的分类规则。

之后，"绿色地球"在试点的每个小区都配上他们专门研制订购的分类垃圾箱——二维码垃圾箱。垃圾箱边配有免费的二维码打印机，用户只要输入信息，就可以打印自己的专属二维码。用户每次投递分类好的垃圾，只要贴上这种二维码，"绿色地球"工作人员就能通过扫描的方式知道哪袋垃圾是哪个人丢进去的。有了二维码，用户便能累积他们投递的垃圾积分，之后再用积分兑换牙膏、香皂等生活用品，或者给手机充话费。为了管理好用户投递的垃圾重量，"绿色地球"还把普通电子秤改装成"高科技新产品"。他们在秤上加装好天线，再连到电脑主机。这样的话，垃圾过秤时系统就能自动将重量返回计入用户账户，保证用户能尽快拿到应得的积分。

截至目前，"绿色地球"已经运营了8年时间，在成都市服务460多个小区，拥有16万户居民家庭注册用户。因为分类清楚，"绿色地球"把不计其数的垃圾从焚烧厂和填埋场抢救出来，变成再生资源。如今的汪剑超，已彻底从当初的学霸、IT精英变成"破烂王"，还获封"垃圾王子"的称号。汪剑超挺喜欢这个称号。他说，"绿色地球"的团队在今后将更加努力，帮助中国更多家庭进行更智能化、人性化的垃圾分类，让人们的生活方式变得更加绿色。

天才们也是要打草稿的

□张佳玮

卢浮宫举办过一个"拉斐尔最后几年"的展览，凡是他能搬得动的作品都送来展览了。以我所见，看这展览有两件事令人鼓舞。

其一，因为作品齐全，易于对比。哪怕拿外行人的眼光看，你也能发现：拉斐尔25岁时的画，就是不如33岁时的圆润活泛——就是说，这么大的人物，也是一点儿一点儿进步，而非娘胎里出来就开始"唰唰"画的。

其二，展览里抖出了他的一些草稿。你会发现：拉斐尔那些被艺术史家齐赞为圆润、完美、轻盈不着力、信手拈来的神作，也都是有草稿的。实际上，拉斐尔的草稿和如今每一个艺校学生的一样，有叠笔、有勾勒、有许多不确定的试探定型，也缭乱，也杂散。总之，很好看的草稿，但终于还是草稿。

人都爱天才，因为"天才"这个词美妙清脱，是神赐的恩德。但大多数时候，每个一朝成仙的传奇，都曾默默面壁打坐渡尽劫难。就像天才们最后回顾各自的传奇人生时，并不总会提起他们不朽作品背后，那些他们拾级而上、狼藉散乱、堆山填海的草稿纸。